普通高等教育"十一五"国家级规划教材（修订版）
高等职业技术教育机电类专业系列教材
陕西省普通高等学校优秀教材
机械工业出版社精品教材

电工电子技术基础

第4版

主　编　申凤琴

副主编　杨　宏　田培成

参　编　张利玲

机械工业出版社

本书是普通高等教育"十一五"国家级规划教材的修订版。

本书主要内容包括直流电路、正弦交流电路、变压器、异步电动机、常用半导体元器件及其应用、运算放大器及其应用、数字电路基础及组合逻辑电路以及时序逻辑电路。

本书配有相关实验及边学边练内容,边学边练中包含【读一读】、【议一议】及【练一练】等栏目,便于自学;本书各章章前有【本章知识点】,各章有形式多样的习题;书末附有部分思考题与习题答案,可供读者参考。

本书采用双色套印技术,突出显示基本定义、重点记忆内容等,利于学生重点学习和记忆,方便总结复习。

本书可供高等职业院校机电类专业(少学时)和相关专业使用,也可作为相关岗位的岗前培训教材。

为方便教学,本书配有微课、视频、免费电子课件、习题详解、模拟试卷及答案等,凡选用本书作为授课教材的教师,均可登录机械工业出版社教育服务网(http://www.cmpedu.com)注册后下载。咨询电话:010-88379375。

图书在版编目(CIP)数据

电工电子技术基础/申凤琴主编. —4 版. —北京:机械工业出版社,2023.11(2025.9 重印)

普通高等教育"十一五"国家级规划教材:修订版. 高等职业技术教育机电类专业系列教材

ISBN 978-7-111-74410-8

Ⅰ.①电… Ⅱ.①申… Ⅲ.①电工技术-高等职业教育-教材②电子技术-高等职业教育-教材 Ⅳ.①TM②TN

中国国家版本馆 CIP 数据核字(2023)第 236126 号

机械工业出版社(北京市百万庄大街 22 号 邮政编码 100037)
策划编辑:王宗锋   责任编辑:王宗锋
责任校对:张亚楠 贾立萍 陈立辉   封面设计:马若濛
责任印制:单爱军
保定市中画美凯印刷有限公司印刷
2025 年 9 月第 4 版第 6 次印刷
184mm×260mm · 12.5 印张 · 309 千字
标准书号:ISBN 978-7-111-74410-8
定价:39.90 元

电话服务   网络服务
客服电话:010-88361066   机 工 官 网:www.cmpbook.com
         010-88379833   机 工 官 博:weibo.com/cmp1952
         010-68326294   金 书 网:www.golden-book.com
封底无防伪标均为盗版   机工教育服务网:www.cmpedu.com

第4版前言

本书第 1 版 2006 年 6 月出版，被评为普通高等教育"十一五"国家级规划教材，共印刷 9 次。第 2 版 2012 年 8 月出版，共印刷 13 次。第 3 版 2018 年 5 月出版，共印刷 23 次。

第 3 版获得了 2019—2022 年度"机械工业出版社职业教育畅销教材"，同期，主编荣获"机工社 70 周年百佳作译者"称号。

本书保留了前 3 版的结构体系、特点和全部内容。

本书主要修订内容：增加了两个扩展内容，即光伏发电和光刻机；升级了数字课程资源，内容包含课程介绍、课程大纲、授课教案、电子课件、模拟试卷、习题详解和知识点视频资源等；部分知识点视频资源以二维码形式插入书中相应位置，方便读者学习。

本书参考学时为 70 ~ 80 学时，课时分配参见第 2 版的前言说明，实验课时不含边学边练课时，根据实际情况，机动课时可安排习题课，也可安排边学边练。

本书由西安理工大学申凤琴任主编，同时编写第三 ~ 第六章，实验一 ~ 实验三，边学边练一、二，扩展阅读一；杨宏任副主编，同时编写第一、二章；田培成任副主编，同时编写第七、八章，边学边练三、四，扩展阅读二；张利玲编写实验四 ~ 实验七。全书由申凤琴统稿。

由于编者水平所限，书中难免存在错误与疏漏，敬请读者批评指正。

编 者

第3版前言

本书第1版2006年6月出版，是普通高等教育"十一五"国家级规划教材，6年共印刷9次。第2版2012年8月出版，5年共印刷13次，得到了师生们的好评。

根据高等职业教育的发展和现状，对第2版教材进行了修订，保留了原书的结构体系、特点和精华内容，难易程度符合现高职的生源状况。

本书主要修订内容：采用双色套印技术，用彩色标出基本定义、重点记忆内容等，利于学生重点学习和记忆，方便总结复习；修订了部分例题。

本书参考学时为70~80学时，学时分配参见第2版前言的相关说明。其中，实验学时不含边学边练学时，根据实际情况，机动学时可安排习题课，也可安排边学边练。

本书由申凤琴任主编并编写第三章~第六章，实验一~实验三，边学边练一、边学边练二；杨宏任副主编，编写第一章、第二章；田培成任副主编，编写第七章、第八章，边学边练三、边学边练四；张利玲参编，编写实验四~实验七。全书由申凤琴统稿。

由于编者水平所限，书中难免存在错误与疏漏，敬请读者批评指正。

编　者

第2版前言

本书第 1 版 2006 年 6 月出版，被评为普通高等教育"十一五"国家级规划教材，并于 2009 年获西安理工大学优秀教材一等奖，2011 年获陕西省普通高校优秀教材二等奖；共印刷 9 次，使用 6 年来，得到了师生们广泛好评。

根据高等职业教育的发展和现状，对第 1 版教材进行了修订。第 2 版保留了原书的结构体系、特点和精华内容，难易程度符合现今高等职业教育的生源状况。

本书主要修订内容包括：①本次主要对电子技术部分进行了修订，降低了理论难度。②修改了部分实验内容。③增加了边学边练内容，旨在使学有余力的学生开阔视野，掌握更多的电工电子技术技能。边学边练内容将所学内容分解成若干小块，有利于自学。

本书参考学时为 70 ~ 80 学时，学时分配见学时分配建议表，供教师参考。其中，实验学时不含边学边练学时，根据实际情况，机动学时可安排习题课，也可安排边学边练。

学时分配建议表

序号	课程内容		学时数			
			合计	理论	实验	机动
1	电路基础	直流电路	12	8	2	2
		正弦交流电路	14	10	2	2
2	电动机与变压器	变压器	4	4		
		异步电动机	8	6	2	
3	模拟电子技术	常用半导体元器件及其应用	12	8	2	2
		运算放大器及其应用	10	6	2	2
4	数字电子技术	数字电路基础及组合逻辑电路	10	6	2	2
		时序逻辑电路	10	6	2	2
合　计			80	54	14	12

本书由申凤琴任主编，田培成、杨宏任副主编，参加编写的还有张利玲。其中，申凤琴编写第三章~第六章，实验一~实验三，边学边练一、边学边练二；田培成编写第七章、第八章，边学边练三、边学边练四；杨宏编写第一章、第二章。张利玲编写实验四~实验七。全书由申凤琴统稿。

由于编者水平所限，书中难免存在错误与疏漏，敬请读者批评指正。

编　者

第1版前言

本书是高等职业技术教育机电类专业规划教材。供 2 年制、3 年制高等职业教育机电类专业（少学时）使用。总学时 70～90。

本教材的特点是：

1）每章前编排有【本章知识点】，旨在引导学生抓住重点内容复习，章末有思考题与习题，书后附有部分思考题与习题答案，便于学生自学。

2）本教材含有实验内容，利于学生预习实验，以加强实际能力的培养。

3）书中内容浅显易懂，以定性阐述为主。

4）本着"必需、够用"的原则，侧重强调元器件的外特性，突出应用。

5）不拘形式，以知识面宽而浅且实用为宗旨，反映了日常生活、生产技术领域的新知识、新技术和新器件。

根据近年来高等职业技术教育机电类专业的教学改革，已将传统《电工电子技术基础》教材中的电机控制部分和PLC应用技术单列为《电器与PLC控制技术》，故本教材不含此内容。所以，本教材主要突出电路基础、异步电动机与变压器、电子技术等知识的原理与应用。

本书由申凤琴编写第三～八章及实验一～实验三；杨宏编写第一、二章；田培成编写第九、十章；张利玲编写实验四～实验七。

由于编者水平所限，书中难免存在错误与疏漏，敬请读者批评指正。

编　者

二维码清单

序号	名称	图形	页码	序号	名称	图形	页码
1	电功率		3	9	电阻的并联和分流		12
2	电压源		6	10	电源等效变换		14
3	电流源		7	11	叠加定理的应用		15
4	基尔霍夫电流定律		8	12	戴维南定理的应用		16
5	基尔霍夫电压定律		8	13	相位差		29
6	支路电流法		10	14	有效值		30
7	二端网络的等效概念		11	15	正弦量的相量表示法		31
8	电阻的串联和分压		12	16	电阻元件上电压与电流的相量关系及功率		33

（续）

序号	名称	图形	页码	序号	名称	图形	页码
17	电感元件上的电压与电流的相量关系及功率		35	27	特殊二极管及其应用		90
18	电容元件上的电压与电流的相量关系及功率		37	28	整流电路		91
19	电路的性质及功率		42	29	晶体管的特性曲线和三种工作状态		95
20	三相负载的分类与连接方式		51	30	基本共射放大电路的工作原理		99
21	变压器		59	31	基本共射放大电路的静态分析		100
22	三相异步电动机工作原理		70	32	基本共射放大电路的动态分析		101
23	半导体的基本知识		87	33	晶体管的微变等效电路		101
24	杂质半导体		87	34	分压式偏置电路的特点及计算方法		102
25	PN 结及 PN 结的单向导电性		87	35	差动放大电路的工作原理		107
26	二极管的特性及电路分析		88	36	理想运放的条件和传输特性		121

（续）

目　录

第一章

直流电路

本章知识点

（1）本章基本知识。典型习题 1-1 ~ 1-13。
（2）功率的计算。典型习题 1-15、1-16。
（3）等效电阻及基尔霍夫定律。典型习题 1-19、1-20。
（4）电源的等效变换及戴维南定理。典型习题 1-26。
（5）叠加定理。典型习题 1-24。

第一节　电路的组成及主要物理量

一、电路的组成

电路是各种电气元器件按一定的方式连接起来的总体。在人们的日常生活和生产实践中，电路无处不在。从电视机、电冰箱、计算机到自动化生产线，都体现了电路的存在。

最简单的电路实例是图 1-1 所示的手电筒电路：用导线将电池、开关、白炽灯连接起来，为电流流通提供了路径。电路一般由三部分组成：一是提供电能的部分，称为电源；二是消耗或转换电能的部分，称为负载；三是连接控制电源和负载的部分，如导线、开关等，称为中间环节。

一个实际的元件，在电路中工作时，所表现的物理特性不是单一的。例如，一个实际的线绕电阻，当有电流通过时，除了对电流呈现阻碍作用之外，还会在导线的周围产生磁场，因

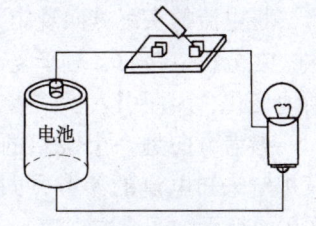

图 1-1　手电筒电路

而兼有电感器的性质。同时还会在各匝线圈间存在电场，因而又兼有电容器的性质。所以，直接对由实际元件和设备构成的电路进行分析和研究，往往很困难，有时甚至不可能。

为了便于对电路进行分析和计算，常把实际元件加以近似化、理想化，在一定条件下忽略其次要性质，用足以表征其主要特征的"模型"来表示，即用理想元件来表示。例如，"电阻元件"就是电阻器、电烙铁、电炉等实际电路元件的理想元件，称为模型。因为在低频电路中，这些实际元件所表现的主要特征是把电能转化为热能，所以可用"电阻元件"这样一个理想元件来反映消耗电能的特征。同样，在一定条件下，"电感元件"是线圈的理想元件，"电容元件"是电容器的理想元件。

由理想元件构成的电路，称为实际电路的"电路模型"。图 1-2

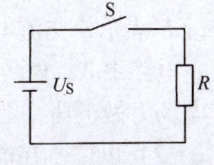

图 1-2　手电筒电路的
电路模型

是图 1-1 所示实际电路的电路模型。

二、电路中的基本物理量

研究电路的基本规律，首先应掌握电路中的基本物理量：电流、电压和电功率。

1. 电流

电流是电路中既有大小又有方向的基本物理量，其定义为在单位时间内通过导体横截面的电荷量。电流的单位为安培（A），简称为安。

电流主要分为两类：一类为大小和方向均不随时间变化的电流，为恒定电流，简称直流（简写 DC），用大写字母 I 表示。另一类为大小和方向均随时间变化的电流，为变化电流，用小写字母 i 或 $i(t)$ 表示。其中一个周期内电流的平均值为零的变化电流称为交变电流，简称交流（简写 AC），也用 i 表示。

几种常见的电流波形如图 1-3 所示，图 1-3a 为直流，图 1-3b、c 为交流。

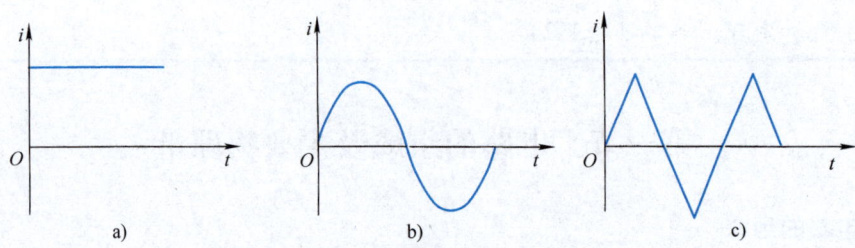

图 1-3　几种常见电流的波形

将电流的实际方向规定为正电荷运动的方向。

在分析电路时，对于复杂电路，由于无法确定电流的实际方向，或电流的实际方向在不断地变化，因而引入了"参考方向"的概念。

参考方向是一个假想的电流方向。在分析电路前，需先任意规定未知电流的参考方向，并用实线箭头标于电路图上，如图 1-4 所示，图中方框表示一般二端元件。

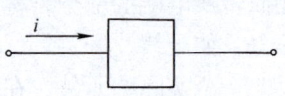

图 1-4　电流参考方向标注方法

注意：图中实线箭头和电流符号 i 缺一不可。

若计算结果（或已知）$i>0$，则电流的实际方向与电流的参考方向一致；若 $i<0$，则电流的实际方向和电流的参考方向相反。这样，我们就可以在选定的参考方向下，根据电流的正负来确定某一时刻电流的实际方向。

2. 电压、电位

（1）电压　电压是电路中既有大小又有方向（极性）的基本物理量。直流电压用大写字母 U 表示，交流电压用小写字母 u 表示。

电路中 A、B 两点间电压的大小等于电场力将单位正电荷从 A 点移动到 B 点所做的功。若电场力做正功，则电压 u 的实际方向从 A 到 B。电压的单位为伏特（V），简称为伏。

（2）电位　在电路中任选一点为电位参考点（即零电位点），则某点到电位参考点的电压就称为这一点（相对于电位参考点）的电位。如 A 点的电位记作 V_A。当选择 O 点为电位参考点时，则

$$V_{\mathrm{A}} = U_{\mathrm{AO}} \tag{1-1}$$

电压是针对电路中某两点而言的，与路径无关。所以有

$$U_{\mathrm{AB}} = U_{\mathrm{AO}} - U_{\mathrm{BO}} = V_{\mathrm{A}} - V_{\mathrm{B}} \tag{1-2}$$

这样，A、B 两点间的电压，就等于该两点电位之差。所以，电压又称为电位差。引入电位的概念之后，电压的实际方向是由高电位点指向低电位点。

在分析电路时，也需对未知电压任意规定电压"参考方向"，其标注方法如图 1-5 所示。其中，图 1-5a 所示的标注方法中，参考方向是由 A 点指向 B 点；图 1-5b 所示的标注方法，即参考极性标注法中，"＋"表示参考高电位端（正极），"－"表示参考低电位端（负极）；图 1-5c 没有标注参考方向。在标注参考方向时，常用图 1-5b 的标注方法。

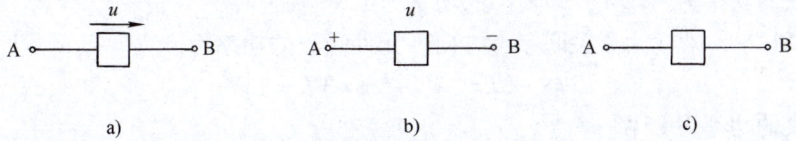

图 1-5 电压参考方向的标注方法

选定参考方向后，才能对电路进行分析计算。当 $u > 0$ 时，该电压的实际极性与所标的参考极性相同；当 $u < 0$ 时，该电压的实际极性与所标的参考极性相反。

例 1-1 在图 1-6 所示电路中，方框泛指电路中的一般元件，试分别指出图中各电压的实际极性。

解 各电压的实际极性为

1）图 1-6a 中，A 点为高电位，因 $u = 24\mathrm{V} > 0$，故所标参考极性与实际极性相同。

2）图 1-6b 中，B 点为高电位，因 $u = -12\mathrm{V} < 0$，故所标参考极性与实际极性相反。

3）图 1-6c 中，不能确定，虽然 $u = 15\mathrm{V} > 0$，但图中没有标出参考极性。

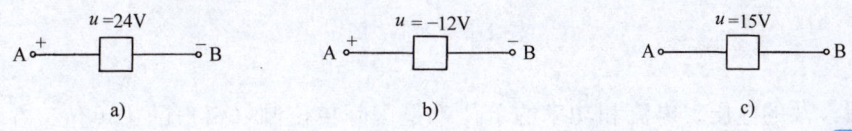

图 1-6 例 1-1 图

电功率

当元件上的电流参考方向是从电压的参考高电位指向参考低电位时，称为关联参考方向，反之称为非关联参考方向，如图 1-7 所示。

3. 电功率

电功率是指单位时间内电路元件上能量的变化量。它是具有大小和正负值的物理量。电功率简称功率，其单位是瓦特（W），简称为瓦。

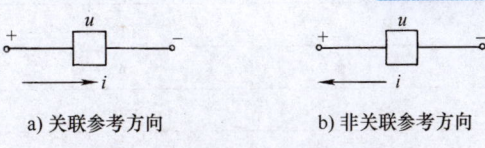

图 1-7 关联与非关联参考方向

在电路分析中，通常用电流 i 与电压 u 的乘积来描述功率。

在 u、i 关联参考方向下，元件上吸收的功率定义为

$$p = ui \tag{1-3}$$

在 u、i 非关联参考方向下，元件上吸收的功率为

$$p = -ui \tag{1-4}$$

不论 u、i 是否是关联参考方向，若 $p > 0$，则该元件吸收（或消耗）功率；若 $p < 0$，则该元件发出（或供给）功率。

以上有关元件功率的讨论同样适用于一段电路。

例 1-2　试求图 1-8 所示电路中元件吸收的功率。

解　1）图 1-8a 中，u、i 为关联参考方向，元件吸收的功率为

$$P = UI = 4 \times (-3) \text{W} = -12 \text{W}$$

此时元件吸收的功率为 -12W，即发出的功率为 12W。

2）图 1-8b 中，u、i 为非关联参考方向，元件吸收的功率为

$$P = -UI = -(-5) \times 3 \text{W} = 15 \text{W}$$

此时元件吸收的功率为 15W。

3）图 1-8c 中，u、i 为非关联参考方向，元件吸收的功率为

$$P = -UI = -4 \times 2 \text{W} = -8 \text{W}$$

此时元件发出的功率为 8W。

4）图 1-8d 中，u、i 为关联参考方向，元件吸收的功率

$$P = UI = (-6) \times (-5) \text{W} = 30 \text{W}$$

此时元件吸收的功率为 30W。

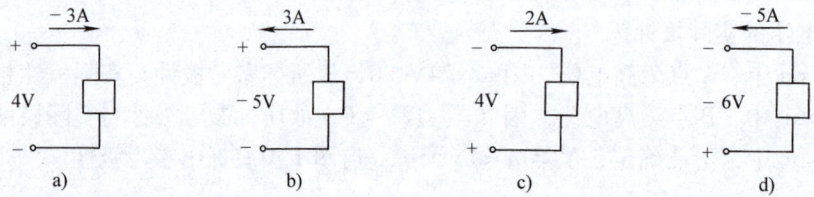

图 1-8　例 1-2 图

以上所涉及的电压、电流和功率的单位都是国际单位制（SI）的主单位，在实际应用中，还有辅助单位。辅助单位的部分常用词头见表 1-1。

表 1-1　部分常用词头

词头名称		符　号	因　数
中　文	英　文		
皮	pico	p	10^{-12}
微	micro	μ	10^{-6}
毫	milli	m	10^{-3}
千	kilo	k	10^{3}
兆	mega	M	10^{6}

第二节　电路的基本元件

一、电阻元件

1. 电阻和电阻元件

电荷在电场力作用下做定向运动时，通常要受到阻碍作用。物体对电流的阻碍作用称为该物体的电阻，用符号 R 表示。电阻的单位是欧姆（Ω），简称为欧。

电阻元件是对电流呈现阻碍作用的耗能元件的总称，如电炉、白炽灯及电阻器等。

2. 电导

电阻的倒数称为电导，电导是表征材料的导电能力的一个参数，用符号 G 表示。电导与电阻的关系为

$$G = 1/R \tag{1-5}$$

电导的单位是西门子（S），简称为西。

3. 电阻元件上的电压、电流关系

1827 年，德国科学家欧姆总结出：施加于电阻元件上的电压与通过它的电流成正比。图 1-9 所示电路中，u、i 为关联参考方向，其伏安关系为

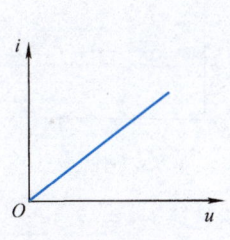

图 1-9　电阻元件的图形符号

$$u = Ri \tag{1-6}$$

若 u、i 为非关联参考方向，则伏安关系为

$$u = -Ri \tag{1-7}$$

在任何时刻，两端电压与其电流的关系都服从欧姆定律的电阻元件称为线性电阻元件。线性电阻元件的伏安特性是一条通过坐标原点的直线（R 是常数），如图 1-10 所示。非线性电阻元件的伏安特性是一条曲线，如图 1-11 所示，该曲线为二极管的伏安特性。

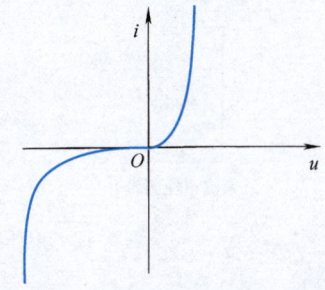

图 1-10　线性电阻元件的伏安特性　　　　图 1-11　非线性电阻元件的伏安特性

本书只介绍线性电阻元件及含线性电阻元件的电路。为了方便，常将线性电阻元件简称为电阻，这样，"电阻"一词既代表电阻元件，也代表电阻参数。

对于接在电路 a、b 两点间的电阻 R 而言，$R = 0$ 时，称 a、b 两点短路；$R \to \infty$ 时，称 a、b 两点开路。

4. 电阻元件上的功率

若 u、i 为关联参考方向，则电阻 R 上消耗的功率为

$$p = ui = (Ri)i = Ri^2 \tag{1-8}$$

若 u、i 为非关联参考方向，则

$$p = -ui = -(-Ri)i = Ri^2$$

可见，$p \geqslant 0$，这说明电阻总是消耗（吸收）功率，而与其上的电流、电压极性无关。

例1-3　电路如图1-9所示，已知电阻 R 吸收的功率为3W，$i = -1A$。求电压 u 及电阻 R 的值。

解　由于 u、i 为关联参考方向，由式（1-8）可得

$$p = ui = u \times (-1)A = 3W$$

$$u = -3V$$

所以，u 的实际方向与参考方向相反。

因 $p = Ri^2$，故

$$R = \frac{p}{i^2} = \frac{3}{(-1)^2}\Omega = 3\Omega$$

> 实际使用时应注意两点：①电阻值应选附录A所示的系列值；②消耗在电阻上的功率应小于所选电阻的额定功率（或标称功率）。

所谓额定功率，是指电阻在一定环境温度下，长期连续工作而不改变其性能的允许功率，如1/4W、1/8W等。

电阻在电路中的主要作用有两个：①限制电流；②分压、分流。

二、电压源

电压源是实际电源（如干电池、蓄电池等）的一种抽象表示。本节内容仅涉及直流电压源（恒压源），其端电压用符号 U_S 表示。电压源的图形符号及其伏安特性如图1-12所示。其中，图1-12a中的"+""−"是 U_S 的极性，图1-12b中的长线表示"+"极性，短线表示"−"极性。

电压源

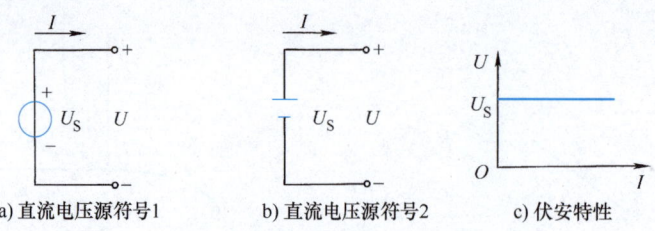

a) 直流电压源符号1　　b) 直流电压源符号2　　c) 伏安特性

图1-12　电压源的图形符号及其伏安特性

> 电压源具有如下两个特点：
> 1）它的端电压固定不变，与外电路取用的电流 I 无关。
> 2）通过它的电流取决于它所连接的外电路，是可以改变的。

电压源与外电路的连接如图1-13所示。对该电路进一步说明：无论电压源是否有电流输出，$U = U_S$，与 I 无关；I 的大小由 U_S 及外电路共同决定。

例如，设 $U_S = 5V$，将 $R = 5\Omega$ 的电阻连接于 U_S 两端，则 $I = 1A$；若将 R 改为 10Ω，则 $I = U_S/R = 0.5A$。

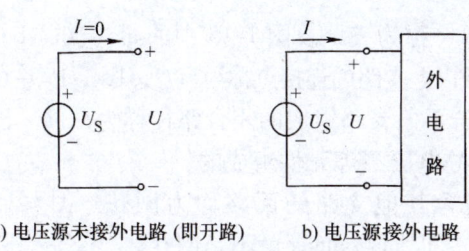

a) 电压源未接外电路 (即开路) b) 电压源接外电路

图 1-13 电压源与外电路的连接

三、电流源

电流源也是实际电源（如光电池）的一种抽象表示。本节内容仅涉及直流电流源（恒流源），其输出电流用符号 I_S 表示。电流源的图形符号及其伏安特性如图 1-14 所示。图 1-14a 中箭头所指方向为 I_S 的方向。

电流源

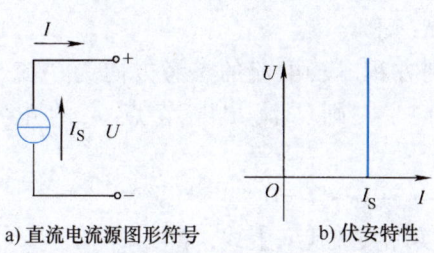

a) 直流电流源图形符号 b) 伏安特性

图 1-14 电流源的图形符号及其伏安特性

电流源具有如下两个特点：

1）电流源流出的电流 I 是恒定的，即 $I = I_S$，与其两端的电压 U 无关。

2）电流源的端电压取决于它所连接的外电路，是可以改变的。

例如，设 $I_S = 3A$，将 $R = 5\Omega$ 的电阻连接于 I_S 两端，则 $U = 15V$；若将 R 改为 6Ω，则 $U = I_S R = 18V$。

第三节 基尔霍夫定律及其应用

前面介绍了元件的伏安关系，即元件的约束关系，是电路分析方法的一个重点。如果这些电路的基本元件按一定的连接方式连接起来，就组成一个完整的电路，如图 1-15 所示，那么，电路应该遵守什么约束关系呢？基尔霍夫定律就是电路所要遵守的基本约束关系，称之为结构约束关系。电路分析方法的根本依据是：①元件约束关系；②结构约束关系，即基尔霍夫定律。

一、几个有关的电路名词

在介绍基尔霍夫定律之前，首先结合图 1-15 所示电路介绍几个有关的电路名词。

（1）支路 电路中具有两个端钮，且流过同一电流的一

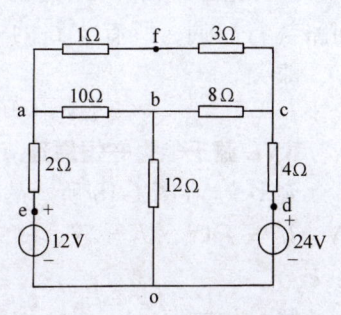

图 1-15 电路的组成

段电路（至少含一个元件），称为支路。图 1-15 中的 afc、ab、bc 及 aeo 均为支路。

（2）节点　三条或三条以上支路的连接点称为节点。图 1-15 中的 a、b、c 及 o 点都是节点。

（3）回路　电路中由若干条支路组成的闭合路径称为回路。图 1-15 中的回路 aboea 是由 10Ω、12Ω、2Ω 电阻及 12V 电压源等元件组成的。

（4）网孔　内部不包含其他支路的回路称为网孔。图 1-15 中的回路 aboea 既是回路，也是网孔，但回路 afcoa 就不是网孔。

二、基尔霍夫电流定律（简称 KCL）

基尔霍夫
电流定律

KCL 指出：任一时刻，流入电路中任一个节点的各支路电流代数和恒等于零，即

$$\sum i = 0 \tag{1-9}$$

KCL 源于电荷守恒原理。

例 1-4　在图 1-16 所示电路的节点 a 处，已知 $i_1 = 3A$，$i_2 = -2A$，$i_3 = -4A$，$i_4 = 5A$，求 i_5。

解　步骤一：据 KCL 列方程。若电流的参考方向为"流入"节点 a 的电流取"+"，则"流出"节点 a 的电流取"−"。

$$i_1 - i_2 - i_3 + i_4 - i_5 = 0$$

步骤二：将电流本身的实际数值代入上式，得

$$3A - (-2)A - (-4)A + 5A - i_5 = 0$$

$$i_5 = 14A$$

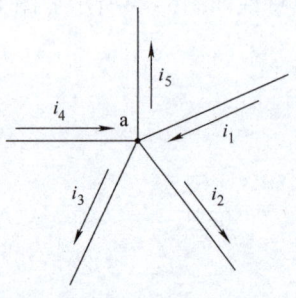

图 1-16　节点电流的分配

KCL 还可以推广应用于电路中任一假设的闭合面（广义节点）。例如，图 1-17 所示电路中圆圈是把 NPN 型晶体管围成的闭合面视为一个广义节点，由 KCL 得

$$i_b + i_c - i_e = 0$$

在应用 KCL 解题时，实际使用了两套"+、−"符号：①在公式 $\sum i = 0$ 中，以各电流的参考方向决定的"+、−"；②电流本身的"+、−"。这就是 KCL 定义式中电流代数和的真正含义。

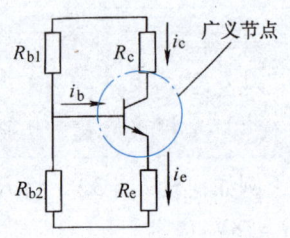

图 1-17　广义节点

三、基尔霍夫电压定律（简称 KVL）

KVL 指出：任一时刻，沿电路中的任何一个回路绕行一周，所有支路的电压代数和恒等于零，即

$$\sum u = 0 \tag{1-10}$$

KVL 源于能量守恒原理。

例 1-5　在图 1-18 所示的电路中，已知 $U_1 = 3V$，$U_2 = -4V$，$U_3 = 2V$。试应用 KVL 求电压 U_x 和 U_y。

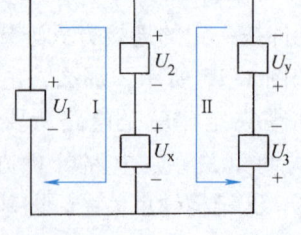

基尔霍夫
电压定律

图 1-18　例 1-5 方法一图

解　方法一

步骤一：在图 1-18 所示的电路中，任意选择回路的绕行方向，并标注于图中（如

图 1-18 所示回路 I 、II)。

步骤二：根据 KVL 列方程。当回路中的电压参考方向与回路绕行方向一致时，该电压取 "+"，否则取 "-"。

回路 I ：
$$-U_1 + U_2 + U_x = 0$$

回路 II ：
$$U_2 + U_x + U_3 + U_y = 0$$

步骤三：将各已知电压值代入 KVL 方程，得

回路 I ：
$$-3V + (-4)V + U_x = 0$$

解得
$$U_x = 7V$$

回路 II ：
$$(-4)V + 7V + 2V + U_y = 0$$

解得
$$U_y = -5V$$

可以看出，KVL 和 KCL 一样，在实际应用中也使用了两套 "+、-" 符号：①在公式 $\sum u = 0$ 中，各电压的参考方向与回路的绕行方向是否一致决定的 "+、-"；②电压本身的 "+、-"。这就是 KVL 定义式中电压代数和的真正含义。

方法二

利用 KVL 的另一种形式，用 "箭头首尾衔接法"，直接求回路中唯一的未知电压，其方法如图 1-19 所示。

回路 I ：$\quad U_x = -U_2 + U_1 = -(-4)V + 3V = 7V$

回路 II ：$U_y = -U_3 - U_x - U_2 = -2V - 7V - (-4)V = -5V$

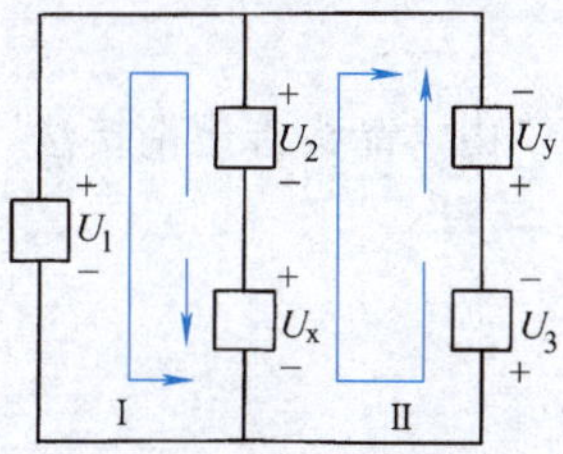

例 1-6 电路如图 1-20 所示，试求 U_{ab} 的表达式。

解 应用 KVL 的 "箭头首尾衔接法"，分别列出下列方程：

图 1-19 例 1-5 方法二图

因为
$$U_{ab} = U_{ac} + U_{cb}$$

图 1-20a：$\quad U_{ac} = IR \quad U_{cb} = U_S \quad$ 所以 $\quad U_{ab} = IR + U_S$

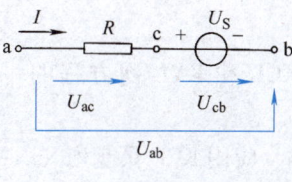
a)

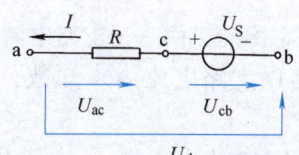
b)

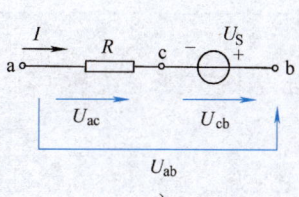
c)

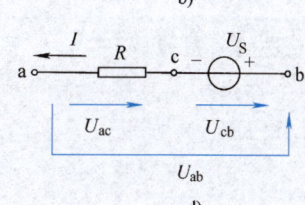
d)

图 1-20 例 1-6 图

图 1-20b：$\quad U_{ac} = -IR \quad U_{cb} = U_S \quad$ 所以 $\quad U_{ab} = -IR + U_S$

图 1-20c：$\quad U_{ac} = IR \quad U_{cb} = -U_S \quad$ 所以 $\quad U_{ab} = IR - U_S$

图 1-20d：$\quad U_{ac} = -IR \quad U_{cb} = -U_S \quad$ 所以 $\quad U_{ab} = -IR - U_S$

例 1-7 电路如图 1-21a 所示，试求开关 S 断开和闭合两种情况下 a 点的电位。

解 图 1-21a 是电子电路中的一种习惯画法，即不画出电源符号，而改为标出其电位的极性和数值。图 1-21a 可改画为图 1-21b。

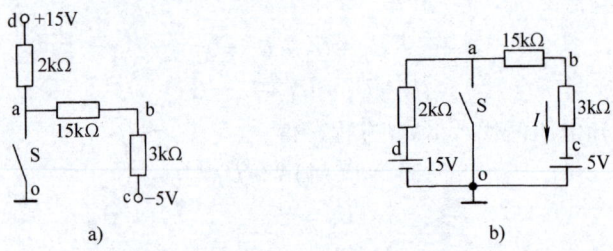

图 1-21 例 1-7 图

（1）开关 S 断开时

据式（1-2）得

$$(2 + 15 + 3)k\Omega \cdot I = (5 + 15)V$$

$$I = \frac{5 + 15}{2 + 15 + 3}mA = 1mA$$

由"箭头首尾衔接法"得

$$V_a = U_{ao} = U_{ab} + U_{bc} + U_{co} = (15 + 3)k\Omega \cdot I - 5V$$
$$= (18 \times 1 - 5)V = 13V$$

或

$$V_a = U_{ao} = U_{ad} + U_{do} = -2k\Omega \cdot I + 15V$$
$$= (-2 \times 1 + 15)V = 13V$$

（2）开关 S 闭合时

$$V_a = 0$$

四、基尔霍夫定律的应用——支路电流法

支路电流法

支路电流法是以支路电流为未知数，根据 KCL 和 KVL 列方程的一种方法。

可以证明，对于具有 b 条支路、n 个节点的电路，应用 KCL 只能列 $(n-1)$ 个独立的节点方程，应用 KVL 只能列 $l = b - (n-1)$ 个独立的回路方程。

> 应用支路电流法的一般步骤：
> 1）在电路图上标出所求支路电流的参考方向，再选定回路绕行方向。
> 2）根据 KCL 和 KVL 列方程。
> 3）联立方程组，求解未知量。

例 1-8 电路如图 1-22 所示，已知 $R_1 = 10\Omega$，$R_2 = 5\Omega$，$R_3 = 5\Omega$，$U_{S1} = 13V$，$U_{S2} = 6V$，试求各支路电流及各元件上的功率。

解 （1）先任意选定各支路电流的参考方向和回路的绕行方向，并标于图上。

（2）根据 KCL 列方程

节点 a $\qquad I_1 + I_2 - I_3 = 0$

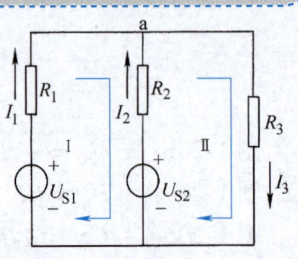

图 1-22 例 1-8 图

（3）根据 KVL 列方程

回路 I：
$$R_1 I_1 - R_2 I_2 + U_{S2} - U_{S1} = 0$$

回路 II：
$$R_2 I_2 + R_3 I_3 - U_{S2} = 0$$

（4）将已知数据代入方程，整理得

$$\begin{cases} I_1 + I_2 - I_3 = 0 \\ 10\Omega \cdot I_1 - 5\Omega \cdot I_2 = 7\text{V} \\ 5\Omega \cdot I_2 + 5\Omega \cdot I_3 = 6\text{V} \end{cases}$$

（5）联立求解得

$$I_1 = 0.8\text{A}, \quad I_2 = 0.2\text{A}, \quad I_3 = 1\text{A}$$

（6）各元件上的功率计算

$$P_{S1} = -U_{S1} I_1 = -13 \times 0.8\text{W} = -10.4\text{W}$$

即电压源 U_{S1} 发出功率10.4W。

$$P_{S2} = -U_{S2} I_2 = -6 \times 0.2\text{W} = -1.2\text{W}$$

即电压源 U_{S2} 发出功率1.2W。

$$P_{R1} = I_1^2 R_1 = (0.8)^2 \times 10\text{W} = 6.4\text{W}$$

即电阻 R_1 上消耗的功率为6.4W。

$$P_{R2} = I_2^2 R_2 = (0.2)^2 \times 5\text{W} = 0.2\text{W}$$

即电阻 R_2 上消耗的功率为0.2W。

$$P_{R3} = I_3^2 R_3 = 1^2 \times 5\text{W} = 5\text{W}$$

即电阻 R_3 上消耗的功率为 5W。

电路功率平衡验证：

1）电路中两个电压源发出的功率为

$$10.4\text{W} + 1.2\text{W} = 11.6\text{W}$$

2）电路中电阻消耗的功率为

$$6.4\text{W} + 0.2\text{W} + 5\text{W} = 11.6\text{W}$$

即

$$\sum P_{发出} = \sum P_{吸收} \tag{1-11}$$

可见，功率平衡，即

$$P_{S1} + P_{S2} + P_{R1} + P_{R2} + P_{R3} = (-10.4 - 1.2 + 6.4 + 0.2 + 5)\text{W} = 0$$

$$\sum P = 0 \tag{1-12}$$

第四节　简单电阻电路的分析方法

一、二端网络等效的概念

1. 二端网络

网络是指复杂的电路。图 1-23a 所示电路中，网络 A 通过两个端钮与外电路连接，A 称为二端网络。

二端网络的
等效概念

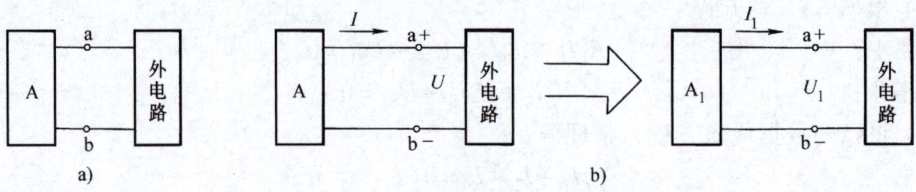

图 1-23　二端网络等效示意图

2. 等效的概念

当二端网络 A 与二端网络 A_1 的端钮的伏安特性相同时，即 $I = I_1$，$U = U_1$，则称 A 与 A_1 是两个对外电路等效的网络，如图 1-23b 所示。

二、电阻的串并联及分压、分流公式

1. 电阻的串联及分压公式

图 1-24a、b 所示为电阻的串联及其等效电路。根据 KVL 得

$$U = U_1 + U_2 = (R_1 + R_2)I = RI$$

式中，R 为串联电路的等效电阻，$R = R_1 + R_2$。

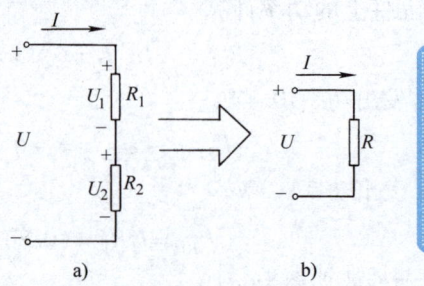

电阻的串联
和分压

同理，当有 n 个电阻串联时，其等效电阻为

图 1-24　电阻串联及其等效电路图

$$R = R_1 + R_2 + R_3 + \cdots + R_n \tag{1-13}$$

当有两个电阻串联时，其分压公式为

$$U_1 = IR_1 = \frac{U}{R_1 + R_2}R_1$$

所以

$$U_1 = \frac{R_1}{R_1 + R_2}U \tag{1-14}$$

同理

$$U_2 = \frac{R_2}{R_1 + R_2}U$$

2. 电阻的并联及分流公式

图 1-25a、b 所示为电阻的并联及其等效电路。根据 KCL 得

$$I = I_1 + I_2 = \frac{U}{R_1} + \frac{U}{R_2} = \left(\frac{1}{R_1} + \frac{1}{R_2}\right)U = \frac{1}{R}U$$

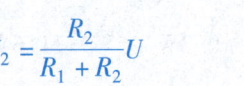

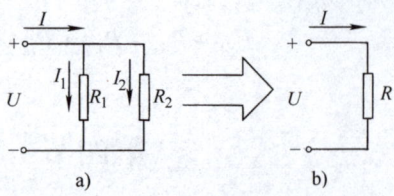

电阻的并联
和分流

式中，R 为并联电路的等效电阻，$\dfrac{1}{R} = \dfrac{1}{R_1} + \dfrac{1}{R_2}$（或 $R = \dfrac{R_1 R_2}{R_1 + R_2}$）。

图 1-25　电阻并联及其等效电路图

同理，当有 n 个电阻并联时，其等效电阻的计算公式为

$$\frac{1}{R} = \frac{1}{R_1} + \frac{1}{R_2} + \cdots + \frac{1}{R_n} \tag{1-15}$$

用电导表示为

$$G = G_1 + G_2 + \cdots + G_n$$

当两个电阻并联时，其分流公式为

$$I_1 = \frac{U}{R_1} = \frac{IR}{R_1}$$

所以 $$I_1 = \frac{R_2}{R_1 + R_2} I \tag{1-16}$$

同理 $$I_2 = \frac{R_1}{R_1 + R_2} I$$

例1-9 今有一满偏电流 $I_g = 100\mu\text{A}$，内阻 $R_g = 1600\Omega$ 的表头，如图 1-26 所示，若要改变为能测量 1mA 的电流表，问需并联的分流电阻为多大。

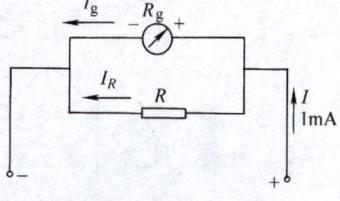

解 要改装成 1mA 的电流表，应使 1mA 的电流通过电流表时，表头指针刚好满偏。根据 KCL

$$I_R = I - I_g = (1 \times 10^{-3} - 100 \times 10^{-6})\,\text{A} = 900\mu\text{A}$$

根据并联电路的特点，有

$$I_R R = I_g R_g$$

则 $$R = \frac{I_g}{I_R} R_g = \frac{100}{900} \times 1600\Omega = 177.8\Omega$$

图 1-26 例 1-9 图

即在表头两端并联一个 177.8Ω 的分流电阻，就可将电流表的量程扩大为 1mA。

例1-10 多量程电流表如图 1-27 所示。若 $I_g = 100\mu\text{A}$，$R_g = 1600\Omega$，今欲扩大量程 I 为 1mA、10mA、1A 三档，试求 R_1、R_2、R_3 的值。

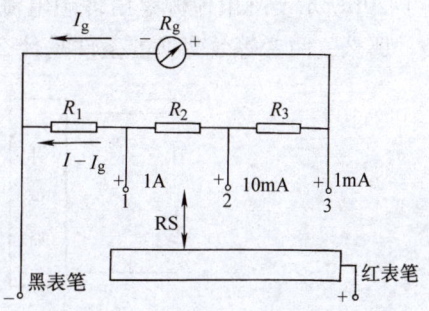

解 1mA 档：当分流器 RS 在位置"3"时，量程为 1mA，分流电阻为 $R_1 + R_2 + R_3$，由例 1-9 可知，分流电阻为

$$R_1 + R_2 + R_3 = 177.8\Omega$$

10mA 档：当分流器 RS 在位置"2"时，量程为 10mA，即 $I = 10\text{mA}$，此时，$(R_1 + R_2)$ 与 $(R_g + R_3)$ 并联分流，有

图 1-27 例 1-10 图

$$(I - I_g)(R_1 + R_2) = I_g(R_g + R_3)$$

故 $$R_1 + R_2 = \frac{I_g}{I}(R_g + R_1 + R_2 + R_3)$$

$$= \frac{100 \times 10^{-6}}{10 \times 10^{-3}} \times (1600 + 177.8)\,\Omega$$

$$= 17.78\Omega$$

$$R_3 = (177.8 - 17.78)\,\Omega = 160\Omega$$

1A 档：当分流器 RS 在位置"1"时，量程为 1A，即 $I = 1\text{A}$，此时，R_1 与 $(R_g + R_2 + R_3)$ 并联分流，有

$$(I - I_{\mathrm{g}})R_1 = I_{\mathrm{g}}(R_{\mathrm{g}} + R_2 + R_3)$$

故
$$R_1 = \frac{I_{\mathrm{g}}}{I}(R_{\mathrm{g}} + R_1 + R_2 + R_3)$$

$$= \frac{100 \times 10^{-6}}{1} \times (1600 + 177.8)\,\Omega$$

$$= 0.1778\,\Omega$$

$$R_2 = 17.78\,\Omega - R_1 = (17.78 - 0.1778)\,\Omega = 17.6\,\Omega$$

例1-11　电路如图1-28所示，试求开关S断开和闭合两种情况下b点的电位。

解　（1）开关S闭合前

$$I = \frac{15 - 5}{15 + 2 + 3}\,\mathrm{mA} = 0.5\,\mathrm{mA}$$

$$V_{\mathrm{b}} - 5\mathrm{V} = 3\mathrm{k}\Omega \cdot I$$

$$V_{\mathrm{b}} = 3 \times 0.5\mathrm{V} + 5\mathrm{V} = 6.5\mathrm{V}$$

（2）开关S闭合后

$$V_{\mathrm{b}} - V_{\mathrm{a}} = \frac{2}{2 + 3} \times 5\mathrm{V} = 2\mathrm{V}$$

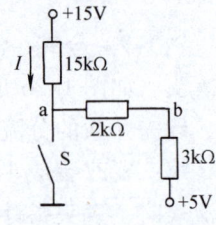

图1-28　例1-11图

由于
$$V_{\mathrm{a}} = 0$$
所以
$$V_{\mathrm{b}} = 2\mathrm{V}$$

三、实际电压源与实际电流源的等效变换

图1-29a所示实际电压源是由理想电压源 U_{S} 和内阻 R_{S} 串联组成的。
图1-29b所示实际电流源是由理想电流源 I_{S} 和内阻 R_{S}' 并联组成的。

那么，两者等效变换的条件是什么呢？

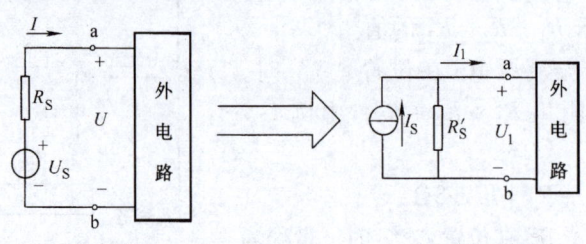

a) 实际电压源　　　　b) 实际电流源

图1-29　实际电压源等效为实际电流源示意图

电源等效变换

由图1-29a得
$$U = U_{\mathrm{S}} - IR_{\mathrm{S}} \qquad (1\text{-}17)$$

由图1-29b得
$$I_1 = I_{\mathrm{S}} - \frac{U_1}{R_{\mathrm{S}}'}$$

所以
$$U_1 = I_{\mathrm{S}}R_{\mathrm{S}}' - I_1 R_{\mathrm{S}}' \qquad (1\text{-}18)$$

根据等效的概念，当这两个二端网络相互等效时，有 $I = I_1$、$U = U_1$，比较式（1-17）、式（1-18）得出

$$U_{\mathrm{S}} = I_{\mathrm{S}}R_{\mathrm{S}}' \qquad (1\text{-}19)$$

$$R_{\mathrm{S}} = R_{\mathrm{S}}' \qquad (1\text{-}20)$$

式（1-19）和式（1-20）就是实际电压源与实际电流源的等效变换公式。

例1-12　试完成图1-30所示电路的等效变换。

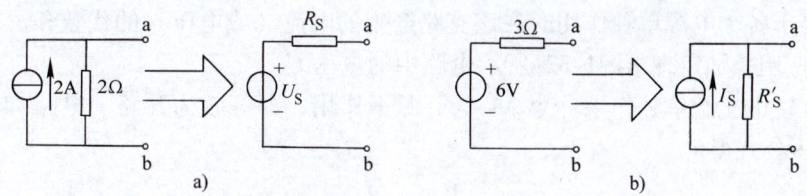

图 1-30 例 1-12 图

解 图 1-30a：已知 $I_S = 2A$，$R_S' = 2\Omega$，则

$$U_S = I_S R_S' = 2 \times 2V = 4V$$

$$R_S = R_S' = 2\Omega$$

图 1-30b：已知 $U_S = 6V$，$R_S = 3\Omega$，则

$$I_S = \frac{U_S}{R_S} = \frac{6}{3}A = 2A$$

$$R_S' = R_S = 3\Omega$$

例 1-13 电路如图 1-31a 所示，试用电源变换的方法求通过电阻 R_3 的电流 I_3。

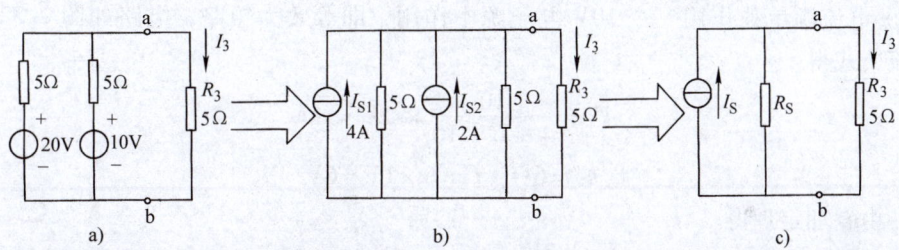

图 1-31 例 1-13 图

解 将 R_3 看成外电路，对 a、b 端钮左边的二端网络进行等效变换。

步骤一：将实际电压源等效为实际电流源，如图 1-31b 所示。

$$I_{S1} = \frac{20}{5}A = 4A$$

$$I_{S2} = \frac{10}{5}A = 2A$$

步骤二：合并等效，如图 1-31c 所示。

设合并后的电流源为 I_S，则有

$$I_S = I_{S1} + I_{S2} = (4 + 2)A = 6A$$

设合并后的电阻为 R_S，则有

$$R_S = \frac{5 \times 5}{5 + 5}\Omega = 2.5\Omega$$

步骤三：对上一步得到的图 1-31c，用分流公式计算 I_3，得

$$I_3 = \frac{R_S}{R_S + R_3}I_S = \frac{2.5}{2.5 + 5} \times 6A = 2A$$

四、叠加定理

叠加定理指出：当线性电路中有几个电源共同作用时，各支路的电流

叠加定理的
应用

（或电压）等于各个电源单独作用时在该支路产生的电流（或电压）的代数和。

例1-14 用叠加定理求图1-32a所示电路中的电压 U。

解 （1）电压源单独作用 令2A电流源不作用，即等效为开路，电路如图1-32b所示，根据分压公式得

$$U' = \frac{6}{10 + 4 + 6} \times 10\text{V} = 3\text{V}$$

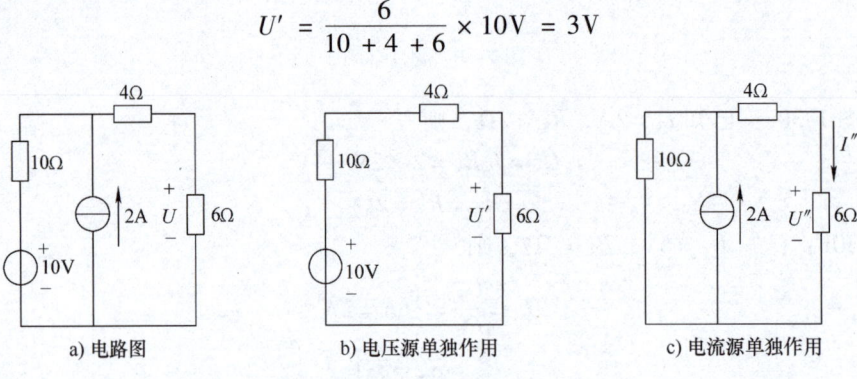

a) 电路图　　　　　b) 电压源单独作用　　　　　c) 电流源单独作用

图1-32　例1-14 图

（2）电流源单独作用 令10V电压源不作用，即等效为短路，电路如图1-32c所示，根据分流公式得

$$I'' = \frac{10}{4 + 6 + 10} \times 2\text{A} = 1\text{A}$$

所以

$$U'' = 6\Omega \cdot I'' = 6 \times 1\text{V} = 6\text{V}$$

（3）由叠加定理得

$$U = U' + U'' = 3\text{V} + 6\text{V} = 9\text{V}$$

注意：1）应用叠加定理对电路进行分析，可以分别看出各个电源对电路的影响，尤其是交、直流共同存在的电路。

2）由于功率不是电压或电流的一次函数，所以不能用叠加定理来计算功率。

五、戴维南定理

戴维南定理指出：一个由电压源、电流源及电阻构成的二端网络，可以用一个电压源 U_{oc} 和一个电阻 R_i 的串联电路来等效。U_{oc} 等于该二端网络的开路电压，R_i 等于该二端网络中所有电压源短路、所有电流源开路时的等效电阻，R_i 称为戴维南等效电阻。

戴维南定理
的应用

例1-15 用戴维南定理计算图1-33a所示电路中的电流 I_3。

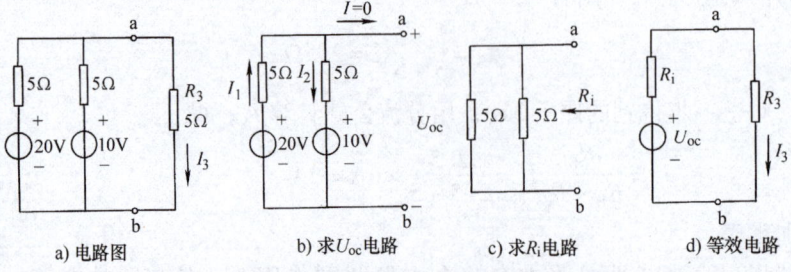

a) 电路图　　　　b) 求U_{oc}电路　　　　c) 求R_i电路　　　　d) 等效电路

图1-33　例1-15 图

解 （1）求开路电压 U_{oc} 将图 1-33a 所示电路中的 a、b 两端开路，得电路如图 1-33b 所示。由于 a、b 断开，$I=0$，则 $I_1=I_2$，根据 KVL 得

$$5\Omega \cdot I_1 + 5\Omega \cdot I_2 + 10V - 20V = 0$$

$$I_2 = 1A$$

$$U_{oc} = 5\Omega \cdot I_2 + 10V = (5 \times 1 + 10)V = 15V$$

（2）求 R_i 将电压源短路，电路如图 1-33c 所示，从 a、b 两端看过去的 R_i 为

$$R_i = \frac{5 \times 5}{5 + 5}\Omega = 2.5\Omega$$

（3）画等效电路图，并求电流 I_3 等效电路如图 1-33d 所示，得

$$I_3 = \frac{U_{oc}}{R_i + R_3} = \frac{15}{2.5 + 5}A = 2A$$

提示：请与例 1-13 作比较，从而体会两种方法的特点。

例 1-16 用戴维南定理计算图 1-34a 所示电路中的电压 U。

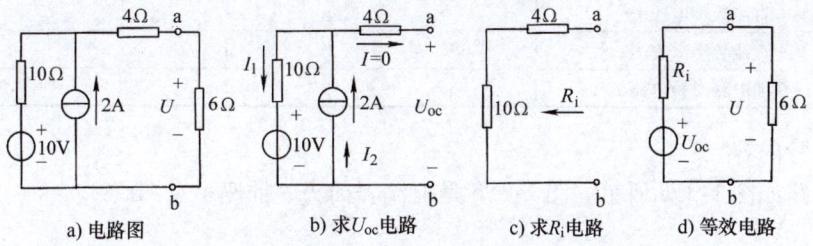

a) 电路图   b) 求 U_{oc} 电路   c) 求 R_i 电路   d) 等效电路

图 1-34 例 1-16 图

解 （1）求开路电压 U_{oc} 将图 1-34a 所示电路中 a、b 两端开路，电路如图 1-34b 所示。由于 a、b 断开，$I=0$，$I_1=I_2=2A$，即流过 10Ω 电阻的电流为 2A，方向自上而下。根据 KVL 得

$$U_{oc} = 10\Omega \cdot I_1 + 10V = (10 \times 2 + 10)V = 30V$$

（2）求 R_i 将电压源短路，电流源开路，电路如图 1-34c 所示，从 a、b 两端看过去的 R_i 为

$$R_i = 4\Omega + 10\Omega = 14\Omega$$

（3）画等效电路图，并求电压 U 等效电路如图 1-34d 所示，由分压公式得

$$U = \frac{6\Omega}{6\Omega + R_i}U_{oc} = \frac{6}{6 + 14} \times 30V = 9V$$

> **注意**：戴维南定理和叠加定理的应用条件是：只适用于线性电路（线性电路是指只含有线性元件的电路）。

实验一 直流电路综合训练

一、实验目的

1）验证基尔霍夫定律的正确性，加深对基尔霍夫定律的理解。

2）学会使用电流插头、插座测量各支路电流的方法。

3）验证线性电路叠加定理的正确性，从而加深对线性电路的叠加性的认识和理解。

二、预习要求

1）通读实验内容，熟悉实验内容及要求。

2）根据图 1-35 中的电路参数，计算出待测电流 I_1、I_2、I_3 及各电阻上的电压值，记入表 1-3 中，以便实验时能正确选用毫安表和电压表的量程。

3）实验电路中，若将一个电阻用二极管代替，试问叠加定理是否成立？

三、实验仪器

实验仪器见表 1-2。

表 1-2 实验仪器清单

序号	名　　　称	型号与规格	数　　量	备　　注
1	直流稳压电源 U_{S1}	+ 12V	1	
2	直流稳压电源 U_{S2}	+ 6V	1	
3	直流数字电压表		1	
4	直流数字毫安表		1	
5	叠加电路实验电路板		1	DGJ-03 或自制

四、实验内容

实验电路如图 1-35a 所示。图 1-35b 是电流表插头、插座示意图。

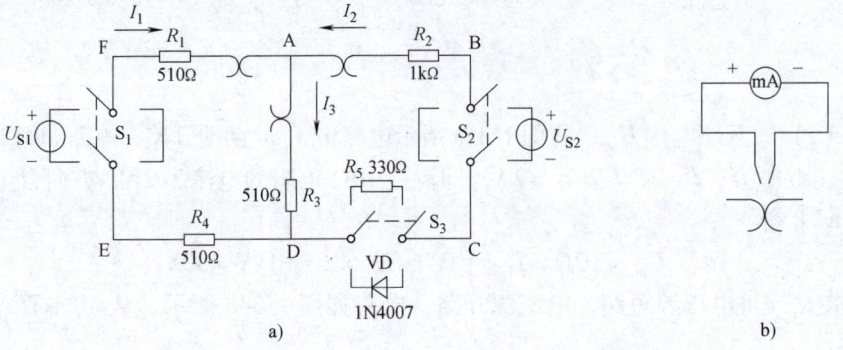

图 1-35 实验电路及电流表插头、插座示意图

【任务1】 KCL、KVL 的验证

1）按图 1-35a 所示电路接线，使 $U_{S1} = + 12V$，$U_{S2} = + 6V$，并将开关 S_1 投向 U_{S1} 侧，开关 S_2 投向 U_{S2} 侧，开关 S_3 投向 R_3 侧。

2）用直流数字毫安表（接电流插头）和直流数字电压表测量各支路电流及各电阻元件两端的电压，数据记入表 1-3 中。

表 1-3 验证 KCL、KVL

被测量	I_1 /mA	I_2 /mA	I_3 /mA	U_{S1} /V	U_{AB} /V	U_{S2} /V	U_{CD} /V	U_{DA} /V
计算值								
测量值								

【任务2】 验证线性电路叠加定理的适用性

按图 1-35a 所示电路接线，使 $U_{S1} = +12V$，$U_{S2} = +6V$。

1）令 U_{S1} 单独作用（即将开关 S_1 投向 U_{S1} 侧，开关 S_2 投向短路侧，开关 S_3 投向 R_3 侧），用直流数字毫安表（接电流插头）和直流数字电压表测量各支路电流及各电阻元件两端的电压，数据记入表 1-4 中。

2）令 U_{S2} 单独作用（即将开关 S_1 投向短路侧，开关 S_2 投向 U_{S2} 侧，开关 S_3 投向 R_3 侧），重复实验内容1）的测量，数据记入表 1-4 中。

3）令 U_{S1} 和 U_{S2} 共同作用（即将开关 S_1 投向 U_{S1} 侧，开关 S_2 投向 U_{S2} 侧，开关 S_3 投向 R_3 侧），重复实验内容1）的测量，数据记入表 1-4 中。

表 1-4 验证线性电路叠加定理适用性

被 测 量	U_{S1} /V	U_{S2} /V	I_1 /mA	U_{AD} /V
U_{S1} 单独作用				
U_{S2} 单独作用				
U_{S1}、U_{S2} 共同作用				

【任务3】 验证非线性电路叠加定理的不适用性

1）实验电路同前。

2）将 R_5 换成一只二极管 1N4007（即将开关 S_3 投向二极管 VD 一侧），重复任务2的测量过程，数据记入表 1-5 中。

表 1-5 验证非线性电路叠加定理的不适用性

被 测 量	U_{S1} /V	U_{S2} /V	I_1 /mA	U_{AD} /V
U_{S1} 单独作用				
U_{S2} 单独作用				
U_{S1}、U_{S2} 共同作用				

五、注意事项

1）所有需要测量的电压值，均以电压表测量值为准，不能以电源表盘指示值为准。

2）防止电源"+、−"极碰线短路。

3）用电流插头测电流时，应注意表头的"+、−"极。

4）注意仪表量程的及时更换。

边学边练一　万用表的使用

读一读1 仪表的选择

电工仪表按被测电量分为直流表（—）和交流表（~），对直流电量，广泛采用磁电系仪表（⊟），对于正弦交流电，可选用电磁系（⊗）或电动系（⊞）仪表。仪表的准确度可分为0.1、0.2、0.5、1.0、1.5、2.5和5.0共七级，实验室常用仪表的准确度在0.5～2.5级，准确度等级数字越大，准确度越低，误差越大。仪表的工作位置分为标尺位置垂直（⊥）和标尺位置水平（一）。为了充分利用仪表的准确度，应按照尽量使用标尺后1/4段的原则选择仪表的量程。

 读一读2　万用表的使用方法

万用表又分为数字万用表和指针（模拟）万用表，分别如图1-36和图1-37所示。

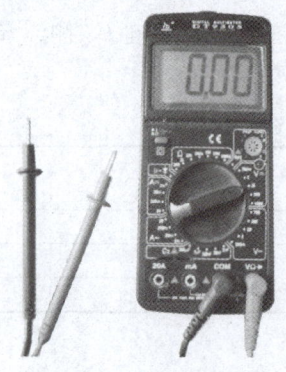

图1-36　数字万用表

图1-37　指针万用表

一、DT9505数字万用表的使用方法

测量时，将电源开关拨至"ON"，黑表笔一直插入"COM"插孔，红表笔则应根据被测量的种类和量程的不同，分别插在"V·Ω""mA"或"20A"插孔内。

1. 直流电压的测量

量程开关置于直流电压档的适当档位。将红表笔插入"V·Ω"插孔，电源开关拨至"ON"，两表笔并联在被测电路两端，显示屏上就会显示出直流电压的数值。若输入超量限，则显示屏左端显示"1"或"－1"的提示符。小数点由量限同时控制左移或右移。

2. 交流电压的测量

量程开关置于交流电压档的适当档位，表笔接法、测量方法与直流电压的测量相同。

3. 直流电流的测量

量程开关置于直流电流档的适当档位，将红表笔插入"mA"（电流值小于200mA）或"20A"插孔（电流值大于200mA）。将万用表串联在被测电路中，显示屏上即可显示出直流电流的数值。

4. 交流电流的测量

量程开关置于交流电流档的适当档位，表笔接法、测量方法与直流电流的测量相同。

5. 电阻的测量

量程开关置于欧姆档的适当档位，将红表笔插入"V·Ω"插孔。若量程开关置于200M、20M或2M档，则显示值以"MΩ"为单位，其余档均以"Ω"为单位。

6. 二极管的测量

量程开关置于欧姆档，将红表笔插入"V·Ω"插孔，接二极管正极；黑表笔接二极管负极。此时显示的是二极管的正向电压。若为锗管应显示0.150～0.300V，若为硅管应显示 0.550~0.700V。若显示 000，则表示二极管被击穿；若显示 1，则表示二极管内部开路。

7. 晶体管 h_{FE} 的测量

将被测晶体管的管脚插入 h_{FE} 相应孔内，根据被测管子的类型选择"NPN"或"PNP"档位，显示值即为 h_{FE} 值。

> **注意：** 严禁在被测电路带电的情况下测量电阻；严禁在测量高电压和大电流时拨动量程开关；无法估算被测电量的大小时，应从最大量程开始粗测，再选择合适的量程细测。

二、MF47 指针万用表的使用方法

指针万用表是利用一只磁电系表头，通过转换开关变换不同的测量电路而制成的，可用于测量直流电流、直流电压、交流电压及直流电阻等多种物理量，是一种具有多种量限的常用电工仪表。

1. 表笔

指针万用表只有两个输入插孔。测量直流电流时，应将万用表串入被测电路，且电流应从"+"极流入；测量直流电压时，应将万用表并联在被测电路两端，且红表笔接实际高电位，否则表笔会反偏而损坏万用表。当实际电位未知时，可用表笔轻点测量点，以此先判断电位的高低再测量。测量电阻时，应断开测量电路的电源。

2. 调零

指针万用表有一个机械调零旋钮和一个欧姆调零旋钮。机械调零旋钮用于调整指针处于零位置（零偏）。欧姆调零旋钮用于当红表笔和黑表笔短接时，调节指针在 0Ω 处（满偏）。每一个电阻档都要进行欧姆调零，若不能调零，则应更换电池。

3. 读数

表盘上共有 6 个刻度标尺，从上向下依次为 Ω、$\approx$V·mA、h_{FE}、L、C 和 dB（分贝）。

（1）Ω 档读数　Ω 档的表盘读数与档位是倍数关系。如表盘读数为 2.5，且此时在 $R\times$ 10 档，则实际测量值为 $2.5\times10\Omega=25\Omega$。

Ω 档除了可直接测量电阻外，在断电情况下，还可检查电路的通断。当 a、b 两点电阻接近 0 时，a、b 两点电路通；当 a、b 两点电阻接近 ∞ 时，a、b 两点电路断。测量 PN 结时应注意，黑表笔接内部电池的正极，这点与数字万用表相反。

（2）$\approx$V·mA 档读数　测量值 = 档位÷满刻度量程×表盘读数，如在交流电压 500V 档位上，满刻度量程是 250V，表盘读数为 110V，则测量值为 220V。交直流电压档以 V 为单位，直流毫安档以 mA 为单位。交流电压读数为有效值，如果测量对象不是正弦交流电，或是频率超过表盘上的规定值，则测量误差将增大。

议一议　你学会万用表的使用方法了吗？

测量电压时，万用表应怎样接入电路？

测量电流时，万用表应怎样接入电路？

用万用表测量电阻时，可否带电测量？

万用表换档时应注意什么？

练一练　MF47 指针万用表的使用训练

 任务 1　测量稳压电源输出电压 U_S

将稳压电源输出电压 U_S 分别调至2V、4V、6V 和 8V，将万用表转换开关置于直流电压 10V 档，红表笔接稳压电源正极，黑表笔接稳压电源负极，测量上述各电压值，记入表 1-6 中。

将稳压电源输出电压 U_S 分别调至 10V、20V、30V 和 40V，将万用表转换开关置于直流电压 50V 档，测量上述各电压值，记入表 1-6 中。

 任务 2　测量图1-38 所示电路中的电流

接电路的一般原则：从电源的正极开始接，根据元件的摆放位置，应遵循上进下出，左进右出的原则。

将万用表转换开关置于直流电流 100mA 档，红表笔接电路 A 点，黑表笔接电路 B 点，万用表串入电路，稳压电源 U_S 输出取 10V，R 取 100Ω，可变电阻器 RP（200Ω，1A）调至最大值 R_P，闭合开关 S，可变电阻器 RP 分别取 $R_P/4$、$R_P/2$、$3R_P/4$ 和 R_P，测量相应的直流电流值，记入表 1-6 中。改变量程时，应断开开关 S。

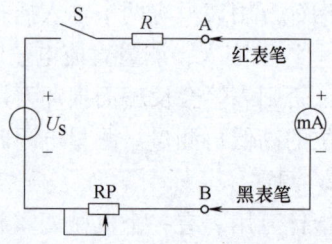

图 1-38　用万用表测量电路中的电流

 任务 3　测量电阻的实际值

取5Ω、10Ω、20Ω、100Ω、200Ω、1kΩ、20kΩ 和 500kΩ 的电阻各一个，将万用表转换开关分别置于 $R×1$、$R×10$、$R×1k$、$R×10k$ 电阻档，每档找三个电阻测量，将结果记入表 1-6 中。

 任务 4　测量实验设备上220V 和 380V 的交流电源电压

将万用表转换开关分别置于交流电压档 250V 和 500V 档，测量实验桌上 220V 和 380V 的交流电源电压，记入表 1-6 中。

表　1-6

项　目		测 量 结 果							
直流电压	直流电源电压/V	2	4	6	8	10	20	30	40
	测量电压值/V								
直流电流	可变电阻器 RP	$R_P/4$		$R_P/2$		$3R_P/4$		R_P	
	测量电流值/mA								
电阻	电阻档倍率	$R×1$		$R×10$		$R×1k$		$R×10k$	
	测量电阻值/Ω								
交流电压	交流电源电压/V	220				380			
	测量电压值/V								

 思考题与习题

一、填空题

1-1 图 1-39 所示为某二端网络，对图 1-39a，若 $I = 3A$，则 $U_{ab} = ($ $)$；对图 1-39b，若 $U_{ab} = 9V$，则 $I = ($ $)$；对图 1-39c，若 $I = 3A$，则 $U_{ab} = ($ $)$；对图 1-39d，若 $U_{ab} = -12V$，则 $I = ($ $)$。

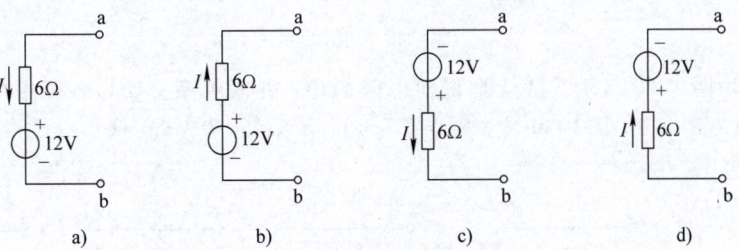

图 1-39 题 1-1 图

1-2 电路如图 1-40 所示，若 $U_{ab} = 21V$，则 $I = ($ $)$。

1-3 电路如图 1-41 所示，若 $I = 10A$，则 $U_{ab} = ($ $)$。

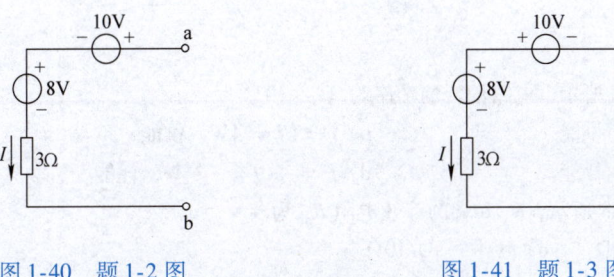

图 1-40 题 1-2 图   图 1-41 题 1-3 图

1-4 电路如图 1-42 所示，试应用 KVL，计算各点的电位及回路电流。$V_a = ($ $)$，$V_b = ($ $)$，$V_c = ($ $)$，$I = ($ $)$。

1-5 电路如图 1-43 所示，根据分压公式填空，$U_{ac} = ($ $)$，$U_{cb} = ($ $)$。

1-6 电路如图 1-44 所示，根据分流公式填空，$I_1 = ($ $)$，$I_2 = ($ $)$。

1-7 电路如图 1-45 所示，试根据电源的等效变换填空，图 1-45a 中，$I_S = ($ $)$，$R'_S = ($ $)$。图 1-45b 中，$I_S = ($ $)$，$R'_S = ($ $)$。

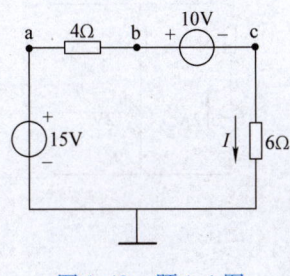

图 1-42 题 1-4 图

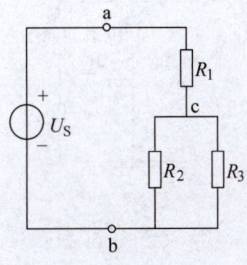

图 1-43 题 1-5 图

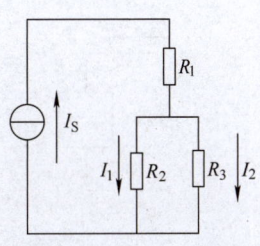

图 1-44 题 1-6 图

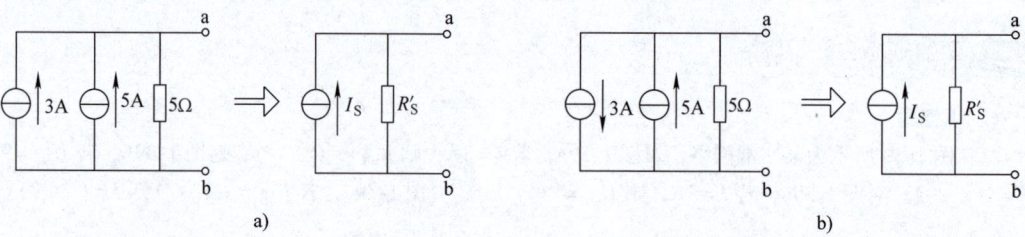

图 1-45　题 1-7 图

1-8　电路如图 1-46 所示，试认真识别电阻的串、并联关系，计算各图中的等效电阻 R_{ab}。图 1-46a 中，$R_{ab}=(\quad)$；图 1-46b 中，$R_{ab}=(\quad)$；图 1-46c 中，$R_{ab}=(\quad)$；图 1-46d 中，$R_{ab}=(\quad)$；图 1-46e 中，$R_{ab}=(\quad)$。

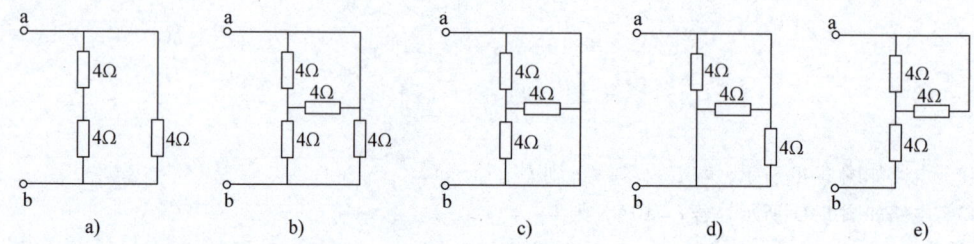

图 1-46　题 1-8 图

二、单项选择题

1-9　电路如图 1-47 所示，电路消耗的功率为（　　）。

a) $P=UI=-24\text{W}$，供能　　　　　　b) $P=UI=24\text{W}$，供能

c) $P=-UI=24\text{W}$，耗能　　　　　　d) $P=-UI=-24\text{W}$，耗能

1-10　电路如图 1-48 所示，a、b 端的等效电阻 R_{ab} 为（　　）。

a) 6.2Ω　　　b) 9.1Ω　　　c) 5Ω　　　d) 10Ω

1-11　电路如图 1-42 所示，回路电阻所消耗的总功率为（　　）。

a) $P=I^2\times(4+6)\ \Omega$

b) $P=\dfrac{U_{ab}^2}{4\Omega}-I^2\times6\Omega$

c) $P=\dfrac{V_a^2}{4\Omega}+\dfrac{V_c^2}{6\Omega}$

d) $P=I^2\times4\Omega-I^2\times6\Omega$

1-12　电路如图 1-49 所示，试应用戴维南定理分析，正确答案为（　　）。

a) $U_{oc}=U_{abo}=22\text{V}$，$R_i=5\Omega$　　　　　b) $U_{oc}=U_{abo}=22\text{V}$，$R_i=2.5\Omega$

c) $U_{oc}=U_{abo}=2\text{V}$，$R_i=5\Omega$　　　　　d) $U_{oc}=U_{abo}=12\text{V}$，$R_i=2.5\Omega$

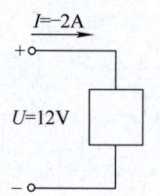

图 1-47　题 1-9 图

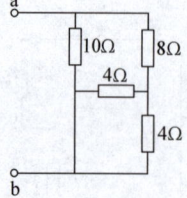

图 1-48　题 1-10 图

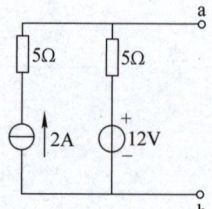

图 1-49　题 1-12 图

1-13　电路如图 1-50 所示，试应用戴维南定理分析，正确答案为（　　）。

a) $U_{oc} = U_{abo} = 12V$, $R_i = 2.5\Omega$

b) $U_{oc} = U_{abo} = 6V$, $R_i = 2.5\Omega$

c) $U_{oc} = U_{abo} = 12V$, $R_i = 5\Omega$

d) $U_{oc} = U_{abo} = 6V$, $R_i = 5\Omega$

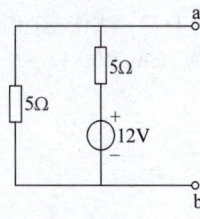

图 1-50 题 1-13 图

三、综合题

1-14 试求图 1-51 所示电路吸收的功率，并说明该元件是供能元件还是耗能元件。（1）$U = 20V$，$I = 2A$。（2）$U = 36V$，$I = -2A$。

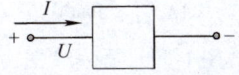

图 1-51 题 1-14 图

1-15 试求图 1-52 所示电路吸收的功率，并说明该元件是供能元件还是耗能元件。（1）$U = -24V$，$I = 1A$。（2）$U = 18V$，$I = 2A$。

1-16 试求图 1-53 所示电路中的 U_1、U_2 及 6Ω 电阻上吸收的功率。

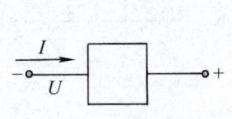

图 1-52 题 1-15 图

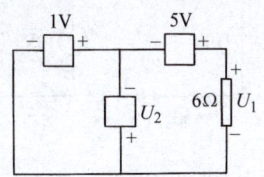

图 1-53 题 1-16 图

1-17 试求图 1-54 所示电路中的 I_1、I_2、I_3 及 5Ω 电阻上吸收的功率。

1-18 试求图 1-55 所示电路中的 I、U。

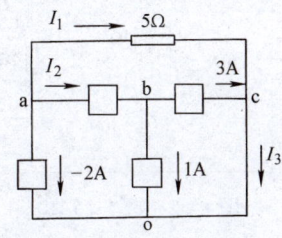

图 1-54 题 1-17 图

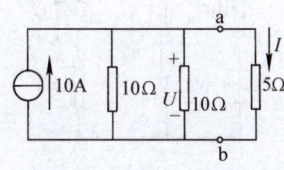

图 1-55 题 1-18 图

1-19 电路如图 1-56 所示，已选定 o 点为电位参考点，已知 $V_a = 30V$，试求：

（1）电阻 R_{ab} 和 R_{ao}。（2）b 点电位 V_b。

1-20 电路如图 1-57 所示，已知 $R_1 = 3\Omega$，$R_2 = 2\Omega$，$U_{S1} = 6V$，$U_{S2} = 14V$，$I = 3A$，求 a 点的电位。

1-21 一个内阻 R_g 为 2500Ω、电流 I_g 为 100μA 的表头，如图 1-58 所示。现要求将表头电压量程扩大为 2.5V、50V、250V 三档，求所需串联的电阻 R_1、R_2、R_3 的阻值。

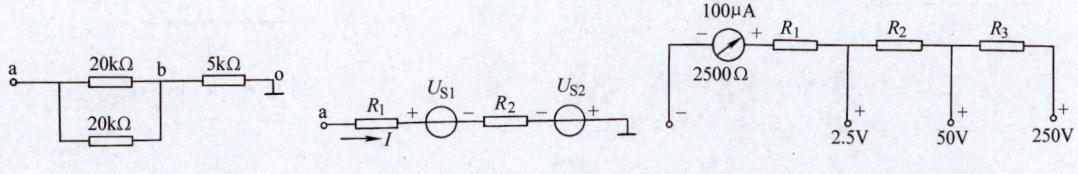

图 1-56 题 1-19 图   图 1-57 题 1-20 图   图 1-58 题 1-21 图

1-22 现有一个内阻 R_g 为 2500Ω、电流 I_g 为 100μA 的表头，如图 1-59 所示，要求将表头电流量程扩大为 1mA、10mA、1A 三档，求所需并联的电阻 R_1、R_2、R_3 的阻值。

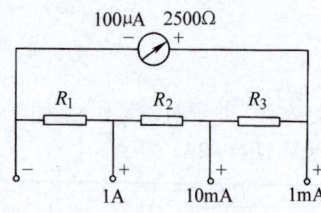

图 1-59　题 1-22 图

1-23 将图 1-60a、b 所示电路等效变换为电流源与电阻并联模型；将图 1-60c、d 所示电路等效为电压源与电阻的串联模型。

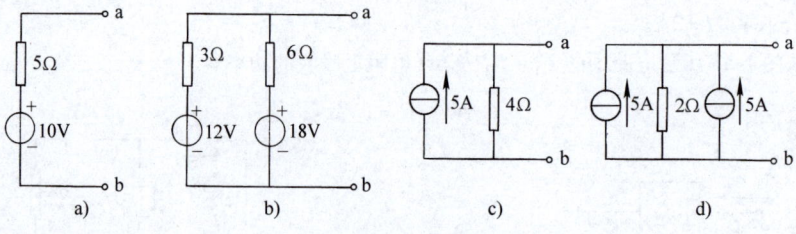

图 1-60　题 1-23 图

1-24 应用叠加定理求图 1-61 所示电路中的电流 I。

1-25 试用叠加定理求图 1-62 电路中的电流 I。

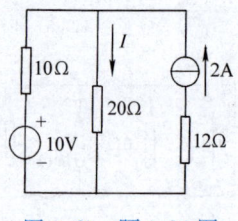

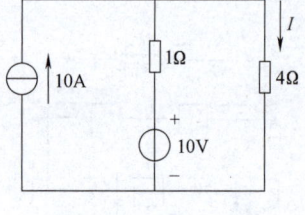

图 1-61　题 1-24 图　　　　　　　　图 1-62　题 1-25 图

1-26 试用戴维南定理化简图 1-63 所示电路。

1-27 试用戴维南定理求图 1-64 所示电路中的电流 I。

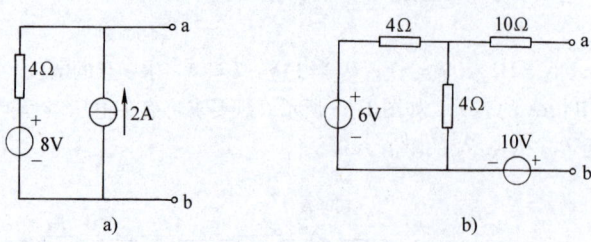

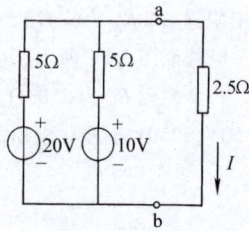

图 1-63　题 1-26 图　　　　　　　图 1-64　题 1-27 图

第二章
正弦交流电路

本章知识点

（1）本章基本知识。典型习题 2-1 ~ 2-10。

（2）R、L、C 单一元件在正弦交流电路中的基本规律。典型习题 2-15、2-16、2-18。

（3）RLC 串联电路的分析方法。典型习题 2-20、2-21。

（4）简单电路的有功功率、无功功率与视在功率的计算。典型习题 2-24。

（5）对称三相电路电压、电流和功率的计算方法。典型习题 2-26、2-27。

第一节　正弦量及其相量表示法

在正弦交流电路中，由于电流或电压的大小和方向都随时间按正弦规律发生变化，因此，在所标参考方向下的电流或电压值也在正负交替。如图 2-1a 所示电路，交流电路的参考方向已经标出，其电流波形如图 2-1b 所示。当电流在正半周时，$i > 0$，表明电流的实际方向与参考方向相同；当电流在负半周时，$i < 0$，表明电流的实际方向与参考方向相反。

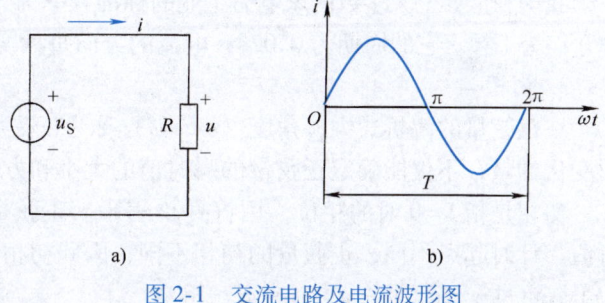

图 2-1　交流电路及电流波形图

由于电流、电压等物理量按正弦规律变化，因此常称为正弦量。其解析式如下：

$$i = I_{\mathrm{m}}\sin(\omega t + \psi_i)$$

$$u = U_{\mathrm{m}}\sin(\omega t + \psi_u)$$

从上式可知，当 I_{m}、ω 和 ψ_i 三个量确定以后，电流 i 就被唯一地确定下来了。因此，振幅、角频率和初相这三个量就称为正弦量的三要素。

一、正弦量的三要素

1. 振幅值（最大值）

正弦量在任一时刻的值称为瞬时值，用小写字母表示，如 i、u 分别表示电流及电压的瞬时值。正弦量瞬时值中的最大值称为振幅值也叫最大值或峰值，用大写字母加下标 m 表示，如 I_{m}、U_{m} 分别表示电流、电压的振幅值。图 2-2 所示波形分别表示两个振幅值不同的正弦交流电压。

2. 角频率

角频率是描述正弦量变化快慢的物理量。正弦量在单位时间内所经历的电角度，称为角频率，用字母 ω 表示，即

$$\omega = \frac{\alpha}{t}$$

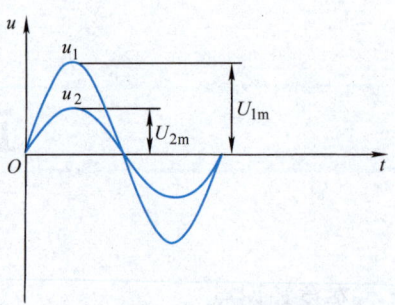

图2-2 振幅值不同的正弦量

式中，ω 的单位为弧度/秒（rad/s）。

在工程中，还常用周期或频率表示正弦量变化的快慢。正弦量完成一次周期性变化所需要的时间，称为正弦量的周期，用 T 表示，其单位是秒（s）。正弦量在 1s 内完成周期性变化的次数，称为正弦量的频率，用 f 表示，其单位是赫兹（Hz），简称赫。

根据定义知，周期和频率的关系互为倒数，即

$$f = \frac{1}{T} \tag{2-1}$$

在一个周期 T 内，正弦量经历的电角度为 2π rad，所以角频率 ω 与周期 T 和频率 f 的关系是

$$\omega = \frac{2\pi}{T} = 2\pi f \tag{2-2}$$

我国和世界上大多数国家电力工业的标准频率为 50Hz，也有一些国家采用 60Hz，工程上称它们为工频。它的周期为 0.02s，电流的方向每秒变化 100 次，它的角频率为 314rad/s。

3. 初相

在正弦量的解析式中，角度（$\omega t + \psi$）称为正弦量的相位角，简称相位，它是一个随时间变化的量，不仅能确定正弦量的瞬时值的大小和方向，而且能描述正弦量变化的趋势。

初相是指 $t = 0$ 时的相位，用符号 ψ 表示。正弦量的初相确定了正弦量在计时起点的瞬时值。计时起点不同，正弦量的初相不同，因此初相与计时起点的选择有关。我们规定初相 $|\psi|$ 不超过 π rad，即 $-\pi \leqslant \psi \leqslant \pi$。相位和初相的单位通常用弧度（rad），但工程上也允许用度（°）做单位。

正弦量在一个周期内瞬时值两次为零，现规定由负值向正值变化且瞬时值为零的点叫作正弦量的零点。图 2-3 所示是不同初相时的几种正弦电流的波形图。若选正弦量的零点为计时起点（即 $t = 0$），则初相 $\psi = 0$，如图 2-3a 所示。若零点在计时起点之左，则初相为正，$t = 0$ 时，正弦量之值为正，如图 2-3b、c 所示。若零点在计时起点之右，则初相为负，$t = 0$

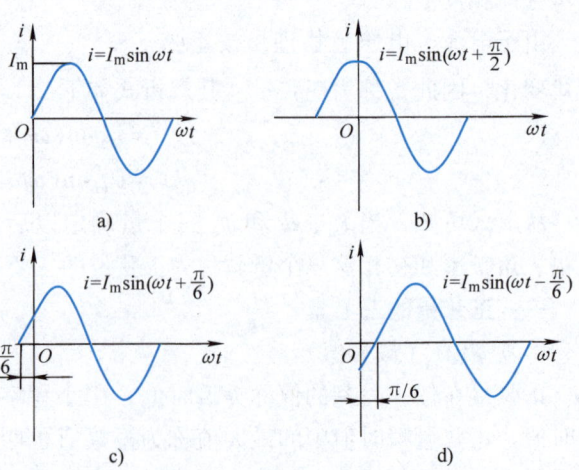

图2-3 初相不同的几种正弦电流的波形图

时，正弦量之值为负，如图 2-3d 所示。

正弦量的瞬时值与参考方向是对应的，改变参考方向，瞬时值将异号，所以正弦量的初相、相位以及解析式都与所标的参考方向有关。由于

$$-I_m \sin(\omega t + \psi_i) = I_m \sin(\omega t + \psi_i \pm \pi)$$

所以改变参考方向，就是将正弦量的初相加上（或减去）π，而不影响振幅和角频率。因此，确定初相既要选定计时起点，又要选定参考方向。

例 2-1　在选定参考方向的情况下，已知正弦量的解析式为 $i = 10\sin(314t^{\ominus} + 240°)\,A$。试求正弦量的振幅、频率、周期、角频率和初相。

解
$$i = 10\sin(314t + 240°)\,A = 10\sin(314t - 120°)\,A$$
$$I_m = 10A$$
$$\omega = 314\text{rad/s}$$
$$T = \frac{2\pi}{\omega} = \frac{2\pi}{314}\text{s} = \frac{1}{50}\text{s} = 0.02\text{s}$$
$$f = \frac{\omega}{2\pi} = \frac{314}{2\pi}\text{Hz} = 50\text{Hz}$$
$$\psi_i = -120°$$

例 2-2　已知一正弦电压的解析式为 $u = 311\sin\left(\omega t + \dfrac{\pi}{4}\right)\text{V}$，频率为工频，试求 $t = 2\text{s}$ 时的瞬时值。

解　工频 $f = 50\text{Hz}$

角频率 $\omega = 2\pi f = 100\pi\ \text{rad/s} = 314\text{rad/s}$

当 $t = 2\text{s}$ 时，有

$$u = 311\sin\left(100\pi \times 2 + \frac{\pi}{4}\right)\text{V} = 311\sin\frac{\pi}{4}\text{V} = 311 \times \frac{\sqrt{2}}{2}\text{V} = 220\text{V}$$

二、相位差

两个同频率正弦量的相位之差，称为相位差，用 φ 表示。如

$$u = U_m \sin(\omega t + \psi_u)$$
$$i = I_m \sin(\omega t + \psi_i)$$

则两个正弦量的相位差

$$\varphi = (\omega t + \psi_u) - (\omega t + \psi_i) = \psi_u - \psi_i$$

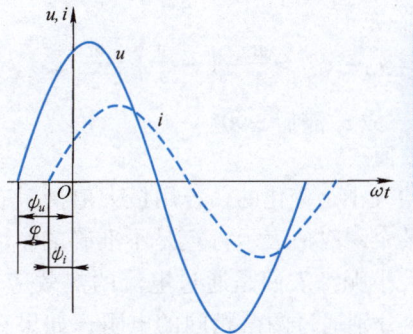

相位差

图 2-4　初相不同的正弦波形

上式表明，同频率正弦量的相位差等于它们的初相之差，不随时间改变，是个常量，与计时起点的选择无关。如图 2-4 所示，相位差就是两同频率正弦量相邻两个零点（或正峰值）之间所间隔的电角度。

在图 2-4 中，u 与 i 之间有一个相位差，u 比 i 先到达零值或峰值，$\varphi = \psi_u - \psi_i > 0$，则称

$\ominus$　式中 t 的单位为 s，本书中均如此。

u 比 i 在相位上超前 φ 角，或者说 i 比 u 滞后 φ 角。因此相位差是描述两个同频率正弦量之间的相位关系，即到达某个值的先后次序的一个特征量。我们规定：相位差的绝对值不超过 $180°$，即 $|\varphi| \leqslant 180°$。

当 $\varphi = 0$，即两个同频率正弦量的相位差为零时，两个正弦量将同时到达零值或峰值。我们称这两个正弦量同相，波形如图 2-5a 所示。

当 $\varphi = \pi$，即两个同频率正弦量的相位差为 $180°$ 时，则一个正弦量达到正峰值时，另一个正弦量刚好达到负峰值，我们称这两个正弦量反相，波形如图 2-5b 所示。

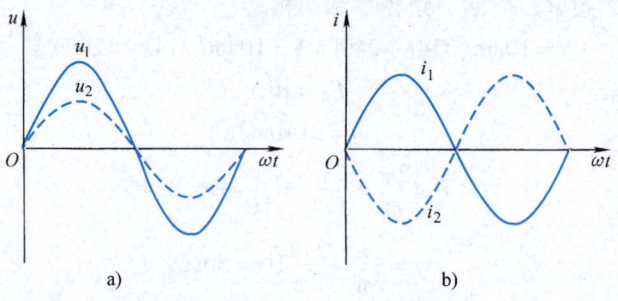

图 2-5　同相与反相的正弦波形

例 2-3　两个同频率正弦交流电流的波形如图 2-6 所示，试写出它们的解析式，并计算二者之间的相位差。

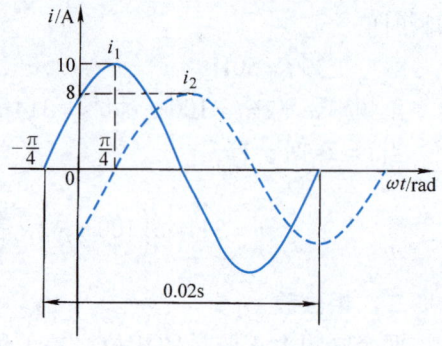

图 2-6　例 2-3 波形图

解　解析式

$$i_1 = 10\sin\left(314t + \frac{\pi}{4}\right)A$$

$$i_2 = 8\sin\left(314t - \frac{\pi}{4}\right)A$$

相位差为　$\varphi = \psi_{i1} - \psi_{i2} = \frac{\pi}{4} - \left(-\frac{\pi}{4}\right) = \frac{\pi}{2}$

i_1 超前 i_2 $90°$，或 i_2 滞后 i_1 $90°$。

三、有效值

交流电的大小是变化的，若用最大值衡量它的大小显然夸大了它们的作用，随意用某个瞬时值表示肯定是不准确的，应该用怎样一个数值准确地描述交流电的大小呢？人们是通过电流的热效应来确定的。把一个交流电流 i 与直流电流 I 分别通过两个相同的电阻，如果在相同的时间内产生的热量相等，则这个直流电流 I 的数值就叫作交流电流 i 的有效值，用大写字母 I 表示。同样交流电压 u 可以用 U 来表示其有效值。

直流电流 I 通过电阻 R，在一个交流周期的时间 T 内所产生的热量为

$$Q = I^2 RT$$

交流电流 i 通过电阻 R，在一个交流周期的时间 T 内所产生的热量为

$$Q = \int_0^T i^2 R\mathrm{d}t$$

由于产生的热量相等，所以

$$\int_0^T i^2 R \mathrm{d}t = I^2 RT$$

若交流电流为正弦交流电流 $i = I_\mathrm{m} \sin\omega t$，则

$$I = \sqrt{\frac{1}{T} \int_0^T I_\mathrm{m}^2 \sin^2 \omega t \mathrm{d}t} = \frac{I_\mathrm{m}}{\sqrt{2}} = 0.707 I_\mathrm{m}$$

即

$$I = \frac{I_\mathrm{m}}{\sqrt{2}} = 0.707 I_\mathrm{m} \tag{2-3}$$

这表明振幅为 1A 的正弦交流电流，在能量转换方面与 0.707A 的直流电流的实际效果相同。

同理，正弦交流电压的有效值为

$$U = \frac{U_\mathrm{m}}{\sqrt{2}} = 0.707 U_\mathrm{m} \tag{2-4}$$

人们常说的交流电压 220V、380V 指的就是有效值。电器设备铭牌上所标的电压、电流值以及一般交流电表所测的数值也都是有效值。总之，凡涉及交流电的数值，只要没有特别说明，均指有效值。

例 2-4　有一电容，其耐压值为 250V，问能否接在民用电压为 220V 的交流电源上。

解　因为民用电是正弦交流电，电压的最大值 $U_\mathrm{m} = \sqrt{2} \times 220\mathrm{V} = 311\mathrm{V}$，这个电压超过了电容的耐压值，可能击穿电容，所以不能接在 220V 的交流电源上。

四、正弦量的相量表示法

一个正弦量可以表示为

$$u = U_\mathrm{m} \sin(\omega t + \psi)$$

根据此正弦量的三要素，可以作一个复数，让它的模为 U_m，辐角为 $\omega t + \psi$，即

$$U_\mathrm{m} \underline{/\omega t + \psi} = U_\mathrm{m} \cos(\omega t + \psi) + jU_\mathrm{m} \sin(\omega t + \psi)$$

正弦量的相量表示法

上式 $j = \sqrt{-1}$，为虚数单位，这一复数的虚部为一正弦时间函数，正好是已知的正弦量，所以一个正弦量给定后，总可以作出一个复数使其虚部等于这个正弦量。因此我们就可以用一个复数表示一个正弦量，其意义在于把正弦量之间的三角函数运算变成了复数的运算，使正弦交流电路的计算问题简化。

由于正弦交流电路中的电压、电流都是同频率的正弦量，故角频率这一共同拥有的要素在分析计算过程中可以忽略，只在结果中补上即可。这样，在分析计算过程中，只需考虑最大值和初相两个要素，故表示正弦量的复数可简化成

$$U_\mathrm{m} \underline{/\psi}$$

上式为正弦量的极坐标式，我们就把这一复数称为相量，以 "$\dot{U}$" 表示，并习惯上把最大值换成有效值，即

$$\dot{U} = U\underline{/\psi} \tag{2-5}$$

在表示相量的大写字母上打点 "·" 是为了与一般的复数相区别，这就是正弦量的相量表示法。

　　需要强调的是，相量只表示正弦量，并不等于正弦量；只有同频率的正弦量，其相量才能相互运算，才能画在同一个复平面上。画在同一个复平面上表示相量的图称为相量图。

例 2-5　已知正弦电压、电流为 $u = 220\sqrt{2}\sin\left(\omega t + \dfrac{\pi}{3}\right)\mathrm{V}$，$i = 7.07\sin\left(\omega t - \dfrac{\pi}{3}\right)\mathrm{A}$。试写出 u 和 i 对应的相量，并画出相量图。

解　u 的相量为

$$\dot{U} = 220\ \underline{/\dfrac{\pi}{3}}\ \mathrm{V}$$

i 的相量为

$$\dot{I} = \dfrac{7.07}{\sqrt{2}}\ \underline{/-\dfrac{\pi}{3}}\ \mathrm{A} = 5\ \underline{/-\dfrac{\pi}{3}}\ \mathrm{A}$$

相量图如图 2-7 所示。

例 2-6　写出下列相量对应的正弦量。

（1）$\dot{U} = 220\underline{/45°}\,\mathrm{V}$，$f = 50\mathrm{Hz}$

（2）$\dot{I} = 10\underline{/120°}\,\mathrm{A}$，$f = 100\mathrm{Hz}$

解　（1）$u = 220\sqrt{2}\sin(314t + 45°)\,\mathrm{V}$

　　　（2）$i = 10\sqrt{2}\sin(628t + 120°)\,\mathrm{A}$

例 2-7　已知 $u_1 = 100\sqrt{2}\sin(\omega t + 60°)\,\mathrm{V}$，$u_2 = 100\sqrt{2}\sin(\omega t - 30°)\,\mathrm{V}$，试用相量计算 $u_1 + u_2$，并画出相量图。

解　正弦量 u_1 和 u_2 对应的相量分别为

$$\dot{U}_1 = 100\underline{/60°}\,\mathrm{V}$$
$$\dot{U}_2 = 100\underline{/-30°}\,\mathrm{V}$$

它们的相量和

$$\dot{U}_1 + \dot{U}_2 = 100\underline{/60°}\,\mathrm{V} + 100\underline{/-30°}\,\mathrm{V} = (50 + \mathrm{j}86.6 + 86.6 - \mathrm{j}50)\,\mathrm{V}$$
$$= (136.6 + \mathrm{j}36.6)\,\mathrm{V} = 141.1\underline{/15°}\,\mathrm{V}$$

对应的解析式

$$u_1 + u_2 = 141.4\sqrt{2}\sin(\omega t + 15°)\,\mathrm{V}$$

相量图如图 2-8 所示。

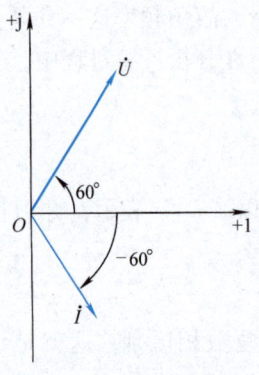

图 2-7　例 2-5 相量图

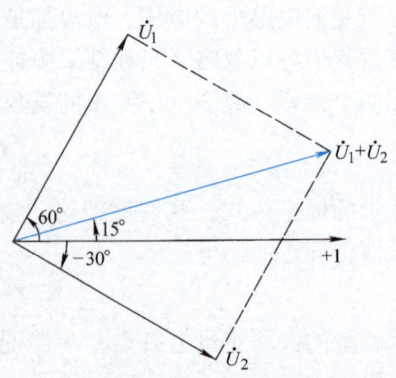

图 2-8　例 2-7 相量图

此题也可以用三角函数的方法计算，其结果一致。这可以验证相量计算是正确的，而且比较简单。此处不再计算，读者可自行验证。

第二节 纯电阻电路

电阻元件上电压与电流的相量关系及功率

在正弦交流电路中，除了电阻元件，还有电感元件和电容元件。从本节起，我们先学习单个元件电压和电流的相量关系。学习中，要注意正弦量的相量关系，它包含大小和相位两个方面，还应注意频率变化对正弦量的影响。

一、电阻元件上电压和电流的相量关系

图 2-9 所示为一个纯电阻的交流电路，电压和电流的瞬时值仍然服从欧姆定律。在关联参考方向下，根据欧姆定律，电压和电流的关系为

$$i=\frac{u}{R}$$

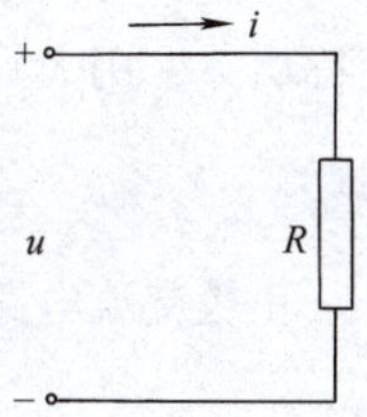

图 2-9 纯电阻电路

若通过电阻的电流为

$$i=I_{\mathrm{m}}\sin(\omega t+\psi_i)$$

则电压为

$$u=Ri=RI_{\mathrm{m}}\sin(\omega t+\psi_i)=U_{\mathrm{m}}\sin(\omega t+\psi_u)$$

上式中

$$U_{\mathrm{m}}=RI_{\mathrm{m}}$$

即

$$U=RI,\ \psi_u=\psi_i$$

上述两个正弦量对应的相量为

$$\dot{I}=I\angle\psi_i,\ \dot{U}=U\angle\psi_u$$

两相量的关系为

$$\dot{U}=U\angle\psi_u=RI\angle\psi_i=R\dot{I}$$

即

$$\dot{I}=\frac{\dot{U}}{R} \tag{2-6}$$

此式就是电阻元件上电压与电流的相量关系式。

由复数知识可知，式（2-6）包含着电压与电流的有效值关系和相位关系，即

$$I=\frac{U}{R}\qquad \psi_u=\psi_i$$

通过以上分析可知，在电阻元件的交流电路中：

1）电压与电流是两个同频率的正弦量。

2）电压与电流的有效值关系为$U=RI$。

3）在关联参考方向下，电阻上的电压与电流同相位。

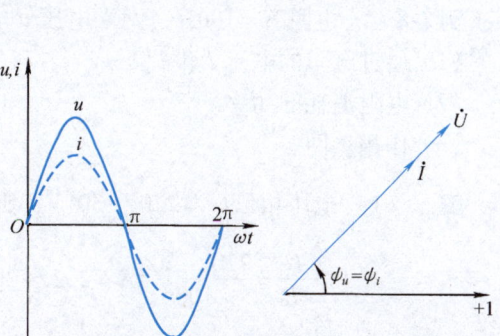

图 2-10 电阻元件上电压与电流的波形图和相量图

图 2-10a、b 所示分别是电阻元件上电压与电流的波形图和相量图。

二、电阻元件上的功率

在交流电路中，电压与电流瞬时值的乘积叫作瞬时功率，用小写的字母 p 表示，在关联

参考方向下，有

$$p = ui \tag{2-7}$$

正弦交流电路中电阻元件的瞬时功率为

$$p = ui = U_{\mathrm{m}}\sin\omega t I_{\mathrm{m}}\sin\omega t = 2UI\sin^2\omega t = UI\,(1 - \cos2\omega t)$$

从上式可以看出，$p \geqslant 0$，因为 u、i 参考方向一致，相位相同，任一瞬间电压与电流的值同为正或同为负，所以瞬时功率 p 恒为正值，这表明电阻元件总是消耗能量，是一个耗能元件。电阻元件上瞬时功率随时间变化的波形如图 2-11 所示。

通常所说的功率并不是瞬时功率，而是瞬时功率在一个周期内的平均值，称为平均功率，简称功率，用大写字母 P 表示，有

$$P = \frac{1}{T}\int_0^T p\,\mathrm{d}t$$

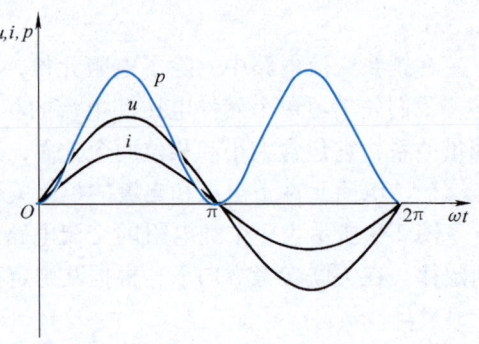

图 2-11　电阻元件上瞬时功率的波形图

正弦交流电路中电阻元件的平均功率为

$$P = \frac{1}{T}\int_0^T p\,\mathrm{d}t = \frac{1}{T}\int_0^T UI(1 - \cos2\omega t)\,\mathrm{d}t = UI$$

即

$$P = UI = I^2R = \frac{U^2}{R} \tag{2-8}$$

> 上式与直流电路功率的计算公式在形式上完全一样，但这里的 U 和 I 是有效值，P 是平均功率。

一般交流电器上所标的功率，都是指平均功率。由于平均功率反映了元件实际消耗的功率，所以又称为有功功率。例如，白炽灯的功率为 60W、电炉的功率为 1000W 等，都指的是平均功率。

例 2-8　一电阻 $R = 100\Omega$，两端电压 $u = 220\sqrt{2}\sin(314t - 30°)$ V，求：

（1）通过电阻的电流 I 和 i。

（2）电阻消耗的功率。

（3）作相量图。

解　（1）电压相量 $\dot{U} = 220\underline{/-30°}$ V，则

$$\dot{I} = \frac{\dot{U}}{R} = \frac{220\underline{/-30°}}{100}\mathrm{A} = 2.2\underline{/-30°}\,\mathrm{A}$$

所以　　　$I = 2.2\mathrm{A}$，$i = 2.2\sqrt{2}\sin(314t - 30°)$ A

（2）　　　$P = UI = 220 \times 2.2\mathrm{W} = 484\mathrm{W}$

或　　　$P = \dfrac{U^2}{R} = \dfrac{220^2}{100}\mathrm{W} = 484\mathrm{W}$

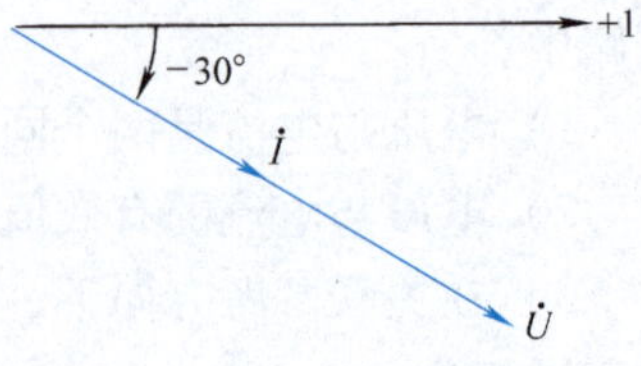

图 2-12　例 2-8 相量图

（3）相量图如图 2-12 所示。

例 2-9　额定电压为 220V，功率分别为 100W 和 40W 的电烙铁，其电阻各是多少欧？

解　100W 电烙铁的电阻为

$$R=\frac{U^2}{P}=\frac{220^2}{100}\Omega=484\Omega$$

40W 电烙铁的电阻为

$$R'=\frac{U^2}{P'}=\frac{220^2}{40}\Omega=1210\Omega$$

可见，电压一定时，功率越大电阻越小，功率越小电阻越大。

电感元件上的电压与电流的相量关系及功率

第三节　纯电感电路

一、电感元件

电感元件即电感器，一般是由骨架、绕组、铁心和屏蔽罩等组成。它是一种能够储存磁场能量的元件，其在电路中的图形符号如图 2-13 所示。

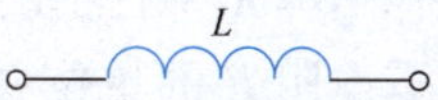

图 2-13　电感的图形符号

电感元件的电感量简称电感。电感的符号是大写字母 L。

电感的 SI 单位为亨利（简称亨），用符号 H 表示。实际应用中常用毫亨（mH）和微亨（μH）等。

当 L 为一常数，与元件中通过的电流无关时，这种电感元件就叫线性电感元件，否则叫非线性电感元件。我们只研究线性电感元件。

我们常将电感元件也简称电感，这样“电感”一词既代表电感元件，也代表电感参数。

二、电压与电流的相量关系

图 2-14 所示电路是一个纯电感的交流电路，选择电压与电流为关联参考方向，则电压与电流的关系为

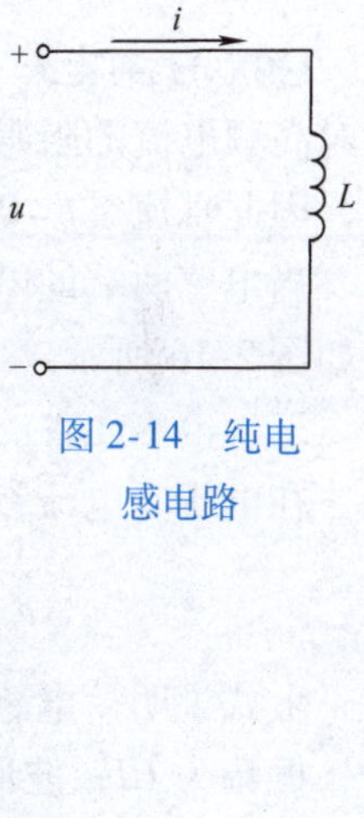

图 2-14　纯电感电路

$$u=L\frac{\mathrm{d}i}{\mathrm{d}t}$$

设电流 $i=I_{\mathrm{m}}\sin(\omega t+\psi_i)$，由上式得

$$\begin{aligned}u&=L\frac{\mathrm{d}i}{\mathrm{d}t}=\omega LI_{\mathrm{m}}\cos(\omega t+\psi_i)=\omega LI_{\mathrm{m}}\sin\left(\omega t+\psi_i+\frac{\pi}{2}\right)\\&=U_{\mathrm{m}}\sin(\omega t+\psi_u)\end{aligned}$$

式中，$U_{\mathrm{m}}=\omega LI_{\mathrm{m}}$，由此可得 $U=\omega LI$；$\psi_u=\psi_i+\dfrac{\pi}{2}$。

两正弦量对应的相量分别为

$$\dot{I}=I\underline{/\psi_i}\qquad \dot{U}=U\underline{/\psi_u}$$

两相量的关系为

$$\dot{U}=U\underline{/\psi_u}=\omega LI\underline{/\psi_i+\frac{\pi}{2}}=\omega LI\underline{/\psi_i}\;\underline{/\frac{\pi}{2}}=\mathrm{j}\omega L\dot{I}=\mathrm{j}X_L\dot{I}$$

即
$$\dot{I}=\frac{\dot{U}}{\mathrm{j}X_L}\tag{2-9}$$

上式就是电感元件上电压与电流的相量关系式。

由复数知识可知，它包含着电压与电流的有效值关系和相位关系，即

$$U = X_L I$$

$$\psi_u = \psi_i + \frac{\pi}{2}$$

> 通过以上分析可知，在电感元件的交流电路中：
> 1）电压与电流是两个同频率的正弦量。
> 2）电压与电流的有效值关系为 $U = X_L I$。
> 3）在关联参考方向下，电压在相位上超前电流90°。

　　图2-15a、b 分别为电感元件上电压、电流的波形图和相量图。

　　把有效值关系式 $U = X_L I$ 与欧姆定律 $U = RI$ 相比较，可以看出，X_L 具有电阻 R 的单位（欧），也同样具有阻碍电流的物理特性，故称 X_L 为感抗。

$$X_L = \omega L = 2\pi f L \qquad (2\text{-}10)$$

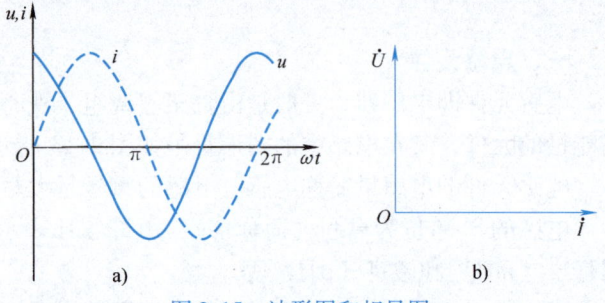

图2-15　波形图和相量图

　　感抗 X_L 与电感 L、频率 f 成正比。当电感一定时，频率越高，感抗越大。因此，电感线圈对高频电流的阻碍作用大，对低频电流的阻碍作用小，而对直流没有阻碍作用，相当于短路，因此直流（$f = 0$）情况下，感抗为零。

　　当电感两端的电压 U 及电感 L 一定时，通过的电流 I 及感抗 X_L 随频率 f 变化的关系曲线如图2-16 所示。

三、电感元件的功率

　　在电压与电流参考方向一致时，电感元件的瞬时功率为

$$p = ui = U_m \sin\left(\omega t + \frac{\pi}{2}\right) I_m \sin\omega t = 2UI\sin\omega t\cos\omega t = UI\sin2\omega t$$

　　上式说明，电感元件的瞬时功率也是随时间变化的正弦函数，其频率为电源频率的2倍，振幅为 UI，波形如图2-17 所示。在第一个 1/4 周期内，电流由零上升到最大值，电感储存的磁场能量也随着电流由零达到最大值，这个过程瞬时功率为正值，表明电感从电源吸取电能。第二个 1/4 周期内，电流从最大值减小到零，这个过程瞬时功率为负值，表明电感释放能量。后两个 1/4 周期与上述分析一致。

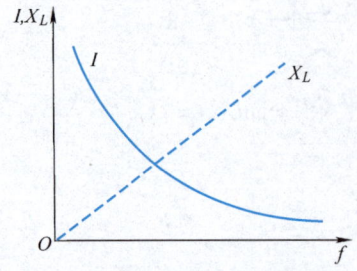

图2-16　电感元件中电流、感抗随频率变化曲线

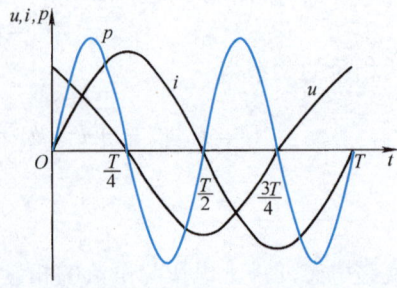

图2-17　电感元件的瞬时功率曲线

电感元件的平均功率为

$$P = \frac{1}{T}\int_0^T pdt = \frac{1}{T}\int_0^T UI\sin2\omega tdt = 0$$

电感是储能元件，它在吸收和释放能量的过程中并不消耗能量，所以平均功率为零。

为了描述电感与外电路之间能量交换的规模，引入瞬时功率的最大值，并称之为无功功率，用 Q_L 表示，即

$$Q_L = UI = I^2 X_L = \frac{U^2}{X_L} \tag{2-11}$$

Q_L 也具有功率的单位，但为了和有功功率区别，把无功功率的单位定义为乏（var）。

> **注意：** 无功功率 Q_L 反映了电感与外电路之间能量交换的规模，"无功"不能理解为"无用"，这里"无功"二字的实际含义是交换而不消耗。以后学习变压器、电动机的工作原理时就会知道，没有无功功率，它们无法工作。

例 2-10　在电压为 220V、频率为 50Hz 的电源上，接入电感 $L = 0.0255H$ 的线圈（电阻不计），试求：

（1）线圈的感抗 X_L。

（2）线圈中的电流 I。

（3）线圈的无功功率 Q_L。

（4）若线圈接在 $f = 5000Hz$ 的信号源上，感抗为多少？

解　（1）$X_L = 2\pi fL = 2 \times 3.14 \times 50 \times 0.0255\Omega = 8\Omega$

（2）$I = \frac{U}{X_L} = \frac{220}{8}A = 27.5A$

（3）$Q_L = UI = 220 \times 27.5var = 6050var$

（4）$X'_L = 2\pi fL = 2 \times 3.14 \times 5000 \times 0.0255\Omega = 800\Omega$

例 2-11　$L = 5mH$ 的电感元件，在关联参考方向下，设通过的电流 $\dot{I} = 1\underline{/0°}A$，两端的电压 $\dot{U} = 110\underline{/90°}V$，求感抗及电源频率。

解　根据有效值关系式可得

$$X_L = \frac{U}{I} = \frac{110}{1}\Omega = 110\Omega$$

电源频率为

$$f = \frac{X_L}{2\pi L} = \frac{110}{2 \times 3.14 \times 5 \times 10^{-3}}Hz = 3.5kHz$$

第四节　纯电容电路

电容元件上的电压与电流的相量关系及功率

一、电容元件

电容元件即电容器，是由两个导体中间隔以介质（绝缘物质）组成，这两个导体称为电容器的极板。电容器加上电源后，极板上分别聚集起等量异号的电荷，带正电荷的极板称为正极板，带负电荷的极板称为负极板。此时在介质中建立了电场，并储存了电场能量。当电源断开后，电荷在一段时间内仍聚集在极板上。所以，电容

器是一种能够储存电场能量的元件。电容元件在电路中的图形符号如图 2-18 所示。

同电感类似，"电容"一词既代表电容元件，也代表电容参数。

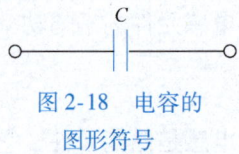

图 2-18　电容的图形符号

二、电压与电流的相量关系

图 2-19 所示为一个纯电容的交流电路，选择电压与电流为关联参考方向，设电容元件两端电压为正弦电压，即

$$u = U_m \sin(\omega t + \psi_u)$$

根据公式

$$i = C \frac{\mathrm{d}u}{\mathrm{d}t}$$

得电路中的电流

$$
\begin{aligned}
i &= C \frac{\mathrm{d}}{\mathrm{d}t} \left[U_m \sin(\omega t + \psi_u) \right] \\
&= U_m \omega C \cos(\omega t + \psi_u) \\
&= \omega C U_m \sin\left(\omega t + \psi_u + \frac{\pi}{2} \right) \\
&= I_m \sin(\omega t + \psi_i)
\end{aligned}
$$

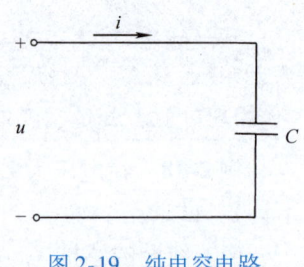

图 2-19　纯电容电路

式中，$I_m = \omega C U_m$，由此可得 $I = \omega C U$；$\psi_i = \psi_u + \dfrac{\pi}{2}$。

上述两正弦量对应的相量分别为

$$\dot{U} = U \underline{/\psi_u}$$

$$\dot{I} = I \underline{/\psi_i}$$

它们的关系为

$$\dot{I} = I \underline{/\psi_i} = \omega C U \underline{/\psi_u + \frac{\pi}{2}} = \omega C U \underline{/\psi_u} \underline{/\frac{\pi}{2}} = \omega C \dot{U} \underline{/\frac{\pi}{2}} = \mathrm{j} \omega C \dot{U} = \mathrm{j} \frac{\dot{U}}{X_C} = \frac{\dot{U}}{-\mathrm{j} X_C}$$

即

$$\dot{I} = \frac{\dot{U}}{-\mathrm{j} X_C} \tag{2-12}$$

上式就是电容元件上电压与电流的相量关系式。

由复数知识可知，它包含着电压与电流的有效值关系和相位关系，即

$$U = X_C I$$

$$\psi_u = \psi_i - \frac{\pi}{2}$$

> 通过以上分析可以得出，在电容元件的交流电路中：
> 1）电压与电流是两个同频率的正弦量。
> 2）电压与电流的有效值关系为 $U = X_C I$。
> 3）在关联参考方向下，电压滞后电流90°。

图 2-20a、b 所示分别为电容元件两端电压与电流的波形图和相量图。

由有效值关系式可知，X_C 具有同电阻一样的单位（欧），也具有阻碍电流通过的物理特性，故称 X_C 为容抗。

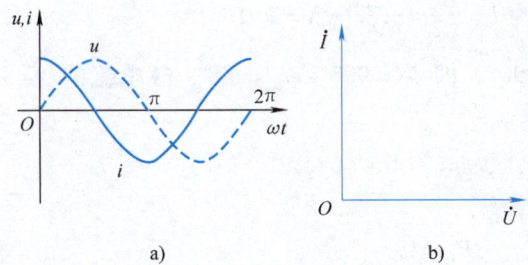

图 2-20 电容元件上电压、电流的波形图和相量图

$$X_C = \frac{1}{\omega C} = \frac{1}{2\pi f C} \tag{2-13}$$

容抗 X_C 与电容 C、频率 f 成反比。当电容一定时，频率越高，容抗越小。因此，电容对高频电流的阻碍作用小，对低频电流的阻碍作用大，而对于直流，由于其频率 $f=0$，故容抗为无穷大，相当于开路，即电容元件有隔直作用。

三、电容元件的功率

在关联参考方向下，电容元件的瞬时功率为

$$p = ui = U_{\mathrm{m}}\sin\omega t I_{\mathrm{m}}\sin\left(\omega t + \frac{\pi}{2}\right) = 2UI\sin\omega t\cos\omega t = UI\sin2\omega t$$

由上式可见，电容元件的瞬时功率也是随时间变化的正弦函数，其频率为电源频率的 2 倍。图 2-21 所示是电容元件瞬时功率的变化曲线。

电容元件在一个周期内的平均功率为

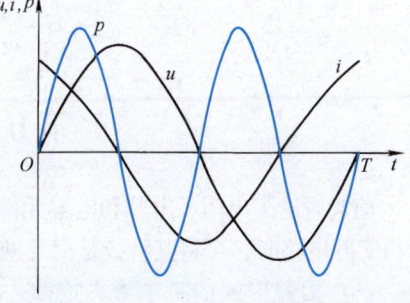

$$P = \frac{1}{T}\int_0^T p\mathrm{d}t = \frac{1}{T}\int_0^T UI\sin2\omega t\mathrm{d}t = 0$$

平均功率为零，说明电容元件不消耗能量。另外，从瞬时功率曲线可以看出，在第一个和第三个 1/4 周期内，瞬时功率为正，表明电容从电源吸取电能，电容器处于充电状态；在第二个和第四个 1/4 周期内，功率为负，表明电容器释放能量，电容器

图 2-21 电容元件的瞬时功率曲线

处于放电状态。总之，电容与电源之间只有能量的相互转换。这种能量转换的大小用瞬时功率的最大值来衡量，称为**无功功率**，用 Q_C 表示，即

$$Q_C = UI = I^2 X_C = \frac{U^2}{X_C} \tag{2-14}$$

式中，Q_C 的单位为乏（var）。

例 2-12 有一电容 $C = 30\mu\mathrm{F}$，接在 $u = 220\sqrt{2}\sin(314t - 30)°\mathrm{V}$ 的电源上。试求：

（1）电容的容抗。

（2）电流的有效值。

（3）电流的瞬时值。

（4）电路的有功功率及无功功率。

（5）电压与电流的相量图。

解 （1）容抗为 $X_C = \dfrac{1}{\omega C} = \dfrac{1}{314 \times 30 \times 10^{-6}}\Omega = 106.16\Omega$

（2）电流的有效值为 $I = \dfrac{U}{X_C} = \dfrac{220}{106.16}\mathrm{A} = 2.07\mathrm{A}$

（3）电流超前电压90°，即 $\psi_i = 90° + \psi_u = 60°$，故电流的瞬时值为

$$i = 2.07\sqrt{2}\sin(314t + 60°)\mathrm{A}$$

（4）电路的有功功率为

$$P_C = 0$$

无功功率为 $Q_C = UI = 220 \times 2.07\mathrm{var} = 455.4\mathrm{var}$

（5）相量图如图2-22所示。

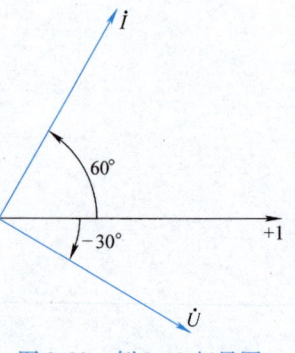

图2-22　例2-12相量图

例 2-13　在关联参考方向下，已知电容两端的电压 $\dot{U}_C = 220\underline{/-30°}\,\mathrm{V}$，通过的电流 $\dot{I}_C = 5\underline{/60°}\,\mathrm{A}$，电源的频率 $f = 50\mathrm{Hz}$，求电容 C。

解　由相量关系式可知

$$-jX_C = \frac{\dot{U}_C}{\dot{I}_C} = \frac{220\underline{/-30°}}{5\underline{/60°}}\Omega = 44\underline{/-90°}\,\Omega = -j44\Omega$$

所以
$$X_C = 44\Omega$$

则
$$C = \frac{1}{\omega X_C} = \frac{1}{314 \times 44}\mathrm{F} = 72.4\mu\mathrm{F}$$

第五节　简单交流电路

前文讨论了电阻、电感和电容元件在交流电路中的特性，但实际电路不会如此简单。我们在分析实际电路时，可将其看成是由几种电路元件组成的电路模型，再用前面讨论的结论去分析。

一、相量形式的基尔霍夫定律

基尔霍夫定律是电路的基本定律，不仅适用于直流电路，而且适用于交流电路。在正弦交流电路中，所有电压、电流都是同频率的正弦量，它们的瞬时值和对应的相量都遵守基尔霍夫定律。

1. 基尔霍夫电流定律

瞬时值形式　　　　$\sum i = 0$　　　　　　（2-15）

相量形式　　　$\sum \dot{I} = 0$　　　　　　（2-16）

2. 基尔霍夫电压定律

瞬时值形式　　　　$\sum u = 0$　　　　　　（2-17）

相量形式　　　$\sum \dot{U} = 0$　　　　　　（2-18）

例 2-14　图2-23所示电路中，已知电流表 A_1、A_2 的读数均是5A，试求电路中电流表 A 的读数。

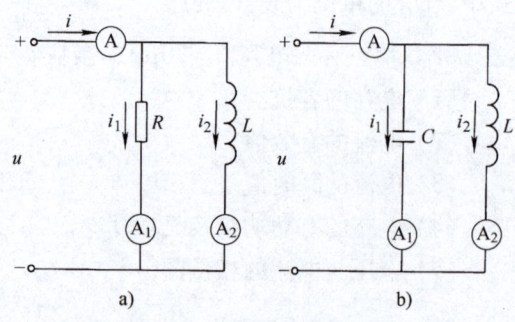

图2-23　例2-14电路图

解 设电路两端电压 $\dot{U} = U\underline{/0°}$。

图 2-23a 中电压、电流为关联参考方向，电阻上的电流与电压同相，故

$$\dot{I}_1 = 5\underline{/0°} A$$

电感上的电流滞后电压 90°，故

$$\dot{I}_2 = 5\underline{/-90°} A$$

根据相量形式的 KCL 得

$$\dot{I} = \dot{I}_1 + \dot{I}_2 = 5\underline{/0°}A + 5\underline{/-90°}A = (5 - j5)A = 7.07\underline{/-45°}A$$

即电流表 A 的读数为 7.07A。

图 2-23b 中电流与电压为关联参考方向，电容上的电流超前电压 90°，故

$$\dot{I}_1 = 5\underline{/90°} A$$

电感上的电流滞后电压 90°，故

$$\dot{I}_2 = 5\underline{/-90°} A$$

根据相量形式的 KCL 得

$$\dot{I} = \dot{I}_1 + \dot{I}_2 = 5\underline{/90°}A + 5\underline{/-90°}A = j5 - j5 = 0$$

即电流表 A 的读数为 0。

例 2-15 图 2-24 所示电路中，已知电压表 V_1、V_2 的读数均为 100V，试求电路中电压表 V 的读数。

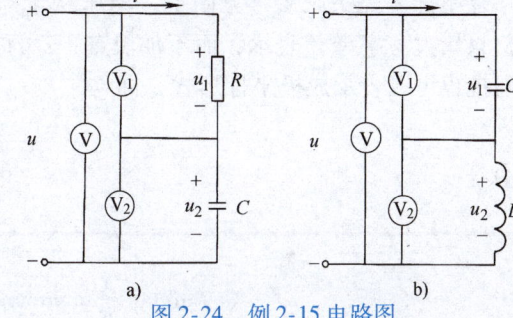

a)   b)

图 2-24 例 2-15 电路图

解 设 $\dot{I} = I\underline{/0°}$

图 2-24a：$\dot{U}_1 = 100\underline{/0°}V$，$\dot{U}_2 = 100\underline{/-90°}V$。
根据相量形式的 KVL 得

$$\dot{U} = \dot{U}_1 + \dot{U}_2 = 100\underline{/0°}V + 100\underline{/-90°}V = (100 - j100)V = 141.4\underline{/-45°}V$$

电压表 V 的读数为 141.4V。

图 2-24b：$\dot{U}_1 = 100\underline{/-90°}V$ $\dot{U}_2 = 100\underline{/90°}V$
根据相量形式的 KVL 得

$$\dot{U} = \dot{U}_1 + \dot{U}_2 = 100\underline{/-90°}V + 100\underline{/90°}V = (-j100 + j100)V = 0$$

电压表 V 的读数为 0。

二、*RLC* 串联电路的分析

正弦量用相量表示后，正弦交流电路的分析和计算就可以根据相量形式的基尔霍夫定律用复数进行，直流电路中学习过的方法、定律都可以应用于正弦交流电路。

图 2-25 所示电路是由电阻 *R*、电感 *L* 和电容 *C* 串联组成的电路，流过各元件的电流都是 *i*。电压、电流的参考方向如图 2-25 所示。

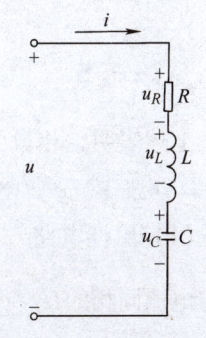

图 2-25 *RLC* 串联电路

1. 电压与电流的相量关系

设电路中电流 $i = I_m\sin\omega t$，对应的相量为

$$\dot{I} = I\underline{/0°}$$

则电阻上的电压

$$\dot{U}_R = R\dot{I}$$

电感上的电压

$$\dot{U}_L = jX_L\dot{I}$$

电容上的电压

$$\dot{U}_C = -jX_C\dot{I}$$

根据相量形式的 KVL 得

$$\dot{U} = \dot{U}_R + \dot{U}_L + \dot{U}_C = R\dot{I} + jX_L\dot{I} - jX_C\dot{I} = [R + j(X_L - X_C)]\dot{I} = (R + jX)\dot{I} = Z\dot{I}$$

即

$$\dot{I} = \frac{\dot{U}}{Z} \qquad\qquad (2\text{-}19)$$

式中，$X = X_L - X_C$ 称为电抗（Ω），它反映了电感和电容共同对电流的阻碍作用，X 可正、可负；$Z = R + jX$ 称为复阻抗（Ω）。

复阻抗 Z 是关联参考方向下，电压相量与电流相量之比。但是复阻抗不是正弦量，因此，只用大写字母 Z 表示，而不加黑点。Z 的实部 R 为电路的电阻，虚部 X 为电路的电抗。复阻抗也可以表示成极坐标形式，即

$$Z = |Z|\underline{/\varphi}$$

其中

$$\left.\begin{array}{l} |Z| = \sqrt{R^2 + X^2} = \sqrt{R^2 + (X_L - X_C)^2} \\[2mm] \varphi = \arctan\dfrac{X}{R} = \arctan\dfrac{X_L - X_C}{R} \end{array}\right\} \qquad (2\text{-}20)$$

$|Z|$ 是复阻抗的模，称为**阻抗**，它反映了 RLC 串联电路对正弦电流的阻碍作用，阻抗的大小只与元件的参数和电源频率有关，而与电压、电流无关。

φ 是复阻抗的辐角，称为**阻抗角**。它也是关联参考方向下电路的端电压 u 与电流 i 的相位差。

因为

$$\frac{\dot{U}}{\dot{I}} = Z$$

故

$$\frac{U\underline{/\psi_u}}{I\underline{/\psi_i}} = |Z|\underline{/\varphi}$$

式中，$|Z| = \dfrac{U}{I}$，$\varphi = \psi_u - \psi_i$。

上述表明，相量关系式包含着电压和电流的有效值关系式和相位关系式。

2. 电路的三种情况

（1）**感性电路** 当 $X_L > X_C$ 时，$U_L > U_C$。以电流 $\dot{I}$ 为参考相量，分别画出与电流同相的 $\dot{U}_R$、超前电流 90° 的 $\dot{U}_L$ 和滞后于电流 90° 的 $\dot{U}_C$，然后合并 $\dot{U}_L$ 和 $\dot{U}_C$ 为 $\dot{U}_X$，再合并 $\dot{U}_X$ 和 $\dot{U}_R$ 即得到总电压 $\dot{U}$，相量图如图 2-26a 所示。

电路的性质
及功率

从相量图中可以看出，电压$\dot{U}$超前电流$\dot{I}$的角度为φ，$\varphi > 0$，电路呈感性，称为感性电路。

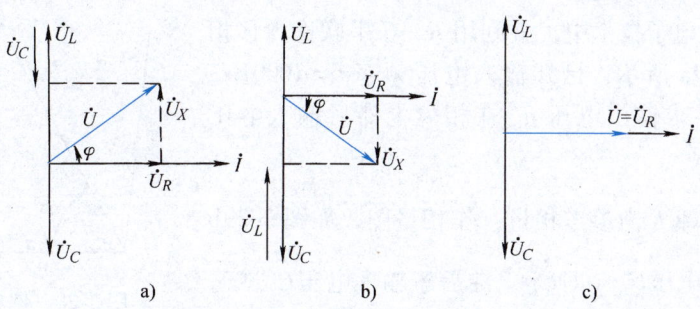

图 2-26　*RLC* 串联电路的三种情况相量图

（2）**容性电路**　当$X_L < X_C$时，$U_L < U_C$，如前所述作相量图如图 2-26b 所示。由图可见，电流$\dot{I}$超前电压$\dot{U}$，$\varphi < 0$，电路呈容性，称为容性电路。

（3）**阻性电路**（谐振电路）　当$X_L = X_C$时，$U_L = U_C$，相量图如图 2-26c 所示，电压$\dot{U}$与电流$\dot{I}$同相，$\varphi = 0$，电路呈电阻性。我们把电路的这种特殊状态，称为**谐振**。

由图 2-26 可以看出，电感电压$\dot{U}_L$和电容电压$\dot{U}_C$的相量和（$\dot{U}_L + \dot{U}_C = \dot{U}_X$）与电阻电压$\dot{U}_R$以及总电压$\dot{U}$构成一个直角三角形，称为**电压三角形**。由电压三角形可以看出，总电压的有效值与各元件电压的有效值的关系是相量和而不是代数和，这正体现了正弦交流电路的特点。把电压三角形三条边的电压有效值同时除以电流的有效值I，就得到一个和电压三角形相似的三角形，它的三条边分别是电阻R、电抗X和阻抗$|Z|$，所以称它为**阻抗三角形**，如图 2-27 所示。由于阻抗三角形三条边代表的不是正弦量，因此所画的三条边是线段而不是相量。关于阻抗的一些公式都可以由阻抗三角形得出，它可以帮助我们记忆公式。

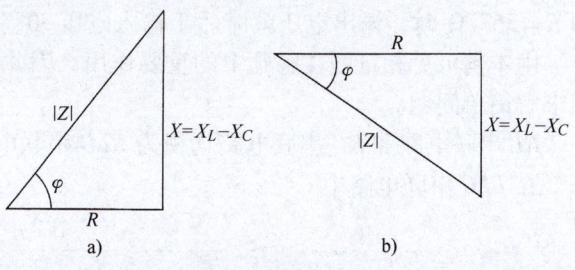

例 2-16　在 *RL* 串联电路中，已知$R = 6\Omega$，$X_L = 8\Omega$，外加电压$\dot{U} = 110\underline{/60°}\text{V}$，求电路的电流$\dot{I}$、电阻的电压$\dot{U}_R$和电感的电压$\dot{U}_L$，并画出相量图。

图 2-27　阻抗三角形

解　电路的复阻抗为

$$Z = R + jX_L = (6 + j8)\Omega = 10\underline{/53.1°}\Omega$$

$$\dot{I} = \frac{\dot{U}}{Z} = \frac{110\underline{/60°}}{10\underline{/53.1°}}\text{A} = 11\underline{/6.9°}\text{A}$$

$$\dot{U}_R = R\dot{I} = 6 \times 11\underline{/6.9°}\text{V} = 66\underline{/6.9°}\text{V}$$

$$\dot{U}_L = jX_L \dot{I} = j8 \times 11\underline{/6.9°}\,\text{V} = 8\underline{/90°} \times 11\underline{/6.9°}\,\text{V} = 88\underline{/96.9°}\,\text{V}$$

相量图如图 2-28 所示。

例 2-17　在电子技术中，常利用 R、C 串联作为移相电路，如图 2-29a 所示，已知输入电压频率 $f = 1000\text{Hz}$，$C = 0.025\,\mu\text{F}$。要求输出电压 u_o 在相位上滞后输入电压 u_i 30°，求电阻 R。

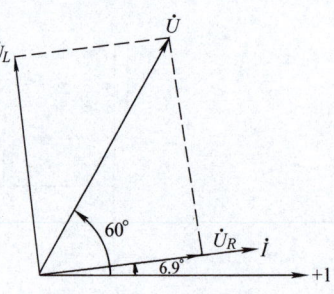

图 2-28　例 2-16 相量图

解　设以电流 $\dot{I}$ 为参考相量，作相量图，如图 2-29b 所示。已知输出电压 $\dot{U}_o$（即 $\dot{U}_C$）滞后于输入电压 $\dot{U}_i$ 30°，则电压 $\dot{U}_i$ 与电流 $\dot{I}$ 的相位差 $\varphi = -60°$。

$$X_C = \frac{1}{\omega C} = \frac{1}{2 \times 3.14 \times 1000 \times 0.025 \times 10^{-6}}\,\Omega = 6369\,\Omega$$

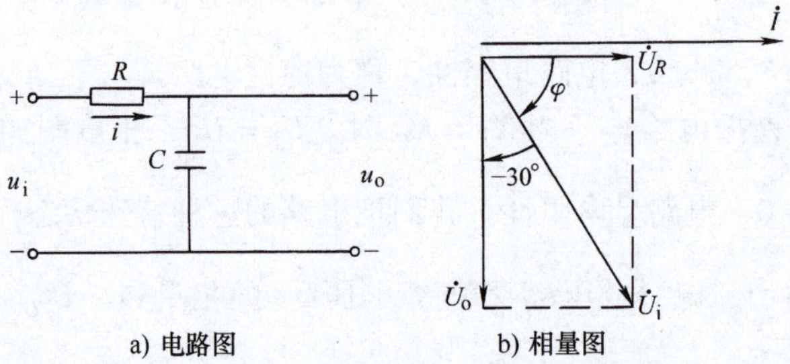

a) 电路图　　　　　b) 相量图

图 2-29　例 2-17 电路图与相量图

而

$$\tan\varphi = \frac{-X_C}{R}$$

所以

$$R = \frac{-X_C}{\tan\varphi} = \frac{-6369}{\tan(-60°)}\,\Omega = \frac{-6369}{-1.732}\,\Omega = 3677\,\Omega$$

即 $R = 3677\,\Omega$ 时，输出电压就滞后于输入电压 30°。

由本例可见相量图在解题中的重要作用，因此，应画出简单电路的相量图，并通过相量图求解简单问题。

RL 串联电路和 RC 串联电路均视为 RLC 串联电路的特例。

在 RLC 串联电路中

$$Z = R + j(X_L - X_C)$$

当 $X_C = 0$ 时，$Z = R + jX_L$，即 RL 串联电路。

当 $X_L = 0$ 时，$Z = R - jX_C$，即 RC 串联电路。

由此推广，R、L、C 单一元件也可看成 RLC 串联电路的特例。这表明，RLC 串联电路中的公式对单一元件也同样适用。

例 2-18　在 RLC 串联电路中，已知 $R = 15\,\Omega$，$X_L = 20\,\Omega$，$X_C = 5\,\Omega$。电源电压 $u = 30\sin(\omega t + 30°)\,\text{V}$。求此电路的电流和各元件电压的相量，并画出相量图。

解　电路的复阻抗为

$$Z = R + j(X_L - X_C) = 15\,\Omega + j(20 - 5)\,\Omega = 15\,\Omega + j15\,\Omega = 15\sqrt{2}\,\underline{/45°}\,\Omega$$

电流相量为

$$\dot{I} = \frac{\dot{U}}{Z} = \frac{15\sqrt{2}\ \underline{/30°}}{15\sqrt{2}\ \underline{/45°}}\text{A} = 1\underline{/-15°}\text{A}$$

各元件的电压相量为

$$\dot{U}_R = R\ \dot{I} = 15 \times 1\underline{/-15°}\text{V} = 15\underline{/-15°}\text{V}$$

$$\dot{U}_L = jX_L\ \dot{I} = j20 \times 1\underline{/-15°}\text{V} = 20\underline{/75°}\text{V}$$

$$\dot{U}_C = -jX_C\ \dot{I} = -j5 \times 1\underline{/-15°}\text{V} = 5\underline{/-105°}\text{V}$$

相量如图 2-30 所示。

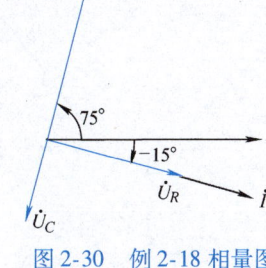

图 2-30 例 2-18 相量图

3. 功率

在 RLC 串联电路中，既有耗能元件，又有储能元件，所以电路既有有功功率又有无功功率。

电路中只有电阻元件消耗能量，所以电路的有功功率就是电阻上消耗的功率，即

$$P = P_R = U_R I$$

由电压三角形可知

$$U_R = U\cos\varphi$$

所以

$$P = UI\cos\varphi \tag{2-21}$$

上式为 RLC 串联电路的有功功率计算公式，它也适用于其他形式的正弦交流电路，具有普遍意义。

电路中的储能元件不消耗能量，但与外界进行着周期性的能量交换。由于相位的差异，电感吸收能量时，电容释放能量，电感释放能量时，电容吸收能量，电感和电容的无功功率具有互补性。所以，RLC 串联电路和电源进行能量交换的最大值就是电感和电容无功功率的差值，即 RLC 串联电路的无功功率为

$$Q = Q_L - Q_C = (U_L - U_C)I = I^2(X_L - X_C)$$

由电压三角形可知

$$U_X = U_L - U_C = U\sin\varphi$$

所以

$$Q = UI\sin\varphi \tag{2-22}$$

上式为 RLC 串联电路的无功功率计算公式，它也适用于其他形式的正弦交流电路。

我们把电路的总电压有效值和总电流有效值的乘积，称为电路的视在功率，用符号 S 表示，它的单位是伏安（V·A），在电力系统中常用千伏安（kV·A）。视在功率的计算公式为

$$S = UI \tag{2-23}$$

视在功率表示电源提供的总功率，也用视在功率表示交流设备的容量。通常所说变压器的容量就是指视在功率。

将电压三角形的三条边同时乘以电流有效值 I，又能得到一个与电压三角形相似的三角形，它的三条边分别表示电路的有功功率 P、无功功率 Q 和视在功率 S，这个三角形就是功率三角形，如图 2-31 所示。P 与 S 的夹角 φ 称为功率因数角。至此，φ 有三个含义，即电压与电流的相位差、阻抗角和功率因数角，三角合一。

由功率三角形可知

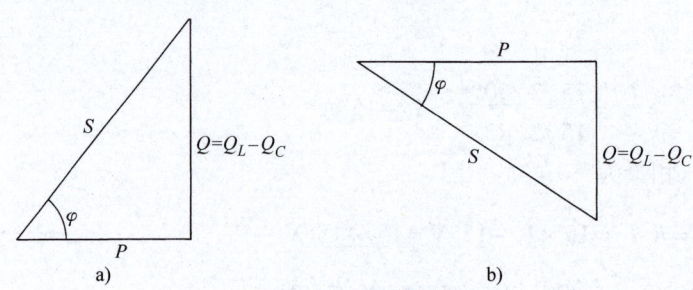

图 2-31　功率三角形

$$S = \sqrt{P^2 + Q^2} \tag{2-24}$$

$$\varphi = \arctan \frac{Q}{P} \tag{2-25}$$

为了表示电源功率被利用的程度，我们把有功功率与视在功率的比值称为功率因数，用 $\cos\varphi$ 表示，即

$$\cos\varphi = \frac{P}{S} \tag{2-26}$$

对于同一个电路，电压三角形、阻抗三角形和功率三角形都相似，所以

$$\cos\varphi = \frac{P}{S} = \frac{U_R}{U} = \frac{R}{|Z|}$$

从上式可以看出，功率因数取决于电路元件的参数和电源的频率。

上述关于功率的有关公式虽然是由 *RLC* 串联电路得出的，但也适用于一般正弦交流电路，具有普遍意义。

例 2-19　图 2-32 所示电路中，已知电源频率为 50Hz，电压表读数为 100V，电流表读数为 1A，功率表读数为 40W，求 R 和 L 的大小。

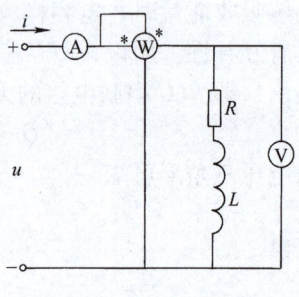

图 2-32　例 2-19 电路图

解　电路的功率就是电阻消耗的功率，由 $P = I^2 R$ 得

$$R = \frac{P}{I^2} = \frac{40}{1^2}\Omega = 40\Omega$$

电路的阻抗为

$$|Z| = \frac{U}{I} = \frac{100}{1}\Omega = 100\Omega$$

由于

$$|Z| = \sqrt{R^2 + X_L^2}$$

所以感抗为

$$X_L = \sqrt{|Z|^2 - R^2} = \sqrt{100^2 - 40^2}\Omega = 91.65\Omega$$

则电感为

$$L = \frac{X_L}{2\pi f} = \frac{91.65}{2 \times 3.14 \times 50}H = 291.9mH$$

例 2-20　*RC* 串联电路接到 $u = 220\sqrt{2}\sin(314t - 15°)V$ 的电源上，电流 $i = 5\sqrt{2}\sin(314t + 45°)A$，求 R、C 和 P。

解　电压、电流相量分别为

$$\dot{U} = 220 \underline{/-15°} \text{V}$$

$$\dot{I} = 5 \underline{/45°} \text{A}$$

复阻抗为

$$Z = \frac{\dot{U}}{\dot{I}} = \frac{220 \underline{/-15°}}{5 \underline{/45°}} \Omega = 44 \underline{/-60°} \Omega$$

$$= (22 - \text{j}38.1) \Omega$$

由 $Z = R - \text{j}X_C$ 可知

$$R = 22\Omega$$
$$X_C = 38.1\Omega$$

又

$$X_C = \frac{1}{\omega C}$$

所以

$$C = \frac{1}{\omega X_C} = \frac{1}{314 \times 38.1} \text{F} = 83.6 \mu\text{F}$$

有功功率为 $\qquad P = UI\cos\varphi = 220 \times 5 \times \cos(-60°) \text{W} = 550\text{W}$

或 $\qquad P = I^2 R = 5^2 \times 22\text{W} = 550\text{W}$

例 2-21 RLC 串联电路接在 $u = 100\sqrt{2}\sin(1000t + 30°)$ V 的电源上，已知 $R = 8\Omega$，$L = 20\text{mH}$，$C = 125\mu\text{F}$，求电流 i、有功功率 P、无功功率 Q 和视在功率 S。

解 复阻抗为

$$Z = R + \text{j}\left(\omega L - \frac{1}{\omega C}\right)$$

$$= 8\Omega + \text{j}\left(1000 \times 20 \times 10^{-3} - \frac{1}{1000 \times 125 \times 10^{-6}}\right)\Omega$$

$$= 8\Omega + \text{j}(20 - 8)\Omega$$

$$= 8\Omega + \text{j}12\Omega = 14.42\underline{/56.3°}\Omega$$

电流相量为

$$\dot{I} = \frac{\dot{U}}{Z} = \frac{100\underline{/30°}}{14.42\underline{/56.3°}} \text{A} = 6.93\underline{/-26.3°}\text{A}$$

电流解析式为

$$i = 6.93\sqrt{2}\sin(1000t - 26.3°)\text{A}$$

有功功率为

$$P = UI\cos\varphi = 100 \times 6.93 \times \cos56.3° \text{W} = 384.5\text{W}$$

无功功率为

$$Q = UI\sin\varphi = 100 \times 6.93 \times \sin56.3° \text{var} = 576.5\text{var}$$

视在功率为

$$S = UI = 100 \times 6.93 \text{V} \cdot \text{A} = 693\text{V} \cdot \text{A}$$

第六节 对称三相交流电路

一、对称三相正弦量

对称三相正弦电压是由三相发电机产生的，它们的频率相同、振幅相等、相位彼此相差

120°，我们把这样一组正弦电压称为对称三相正弦电压。三相分别称为 U 相、V 相和 W 相，三相电源的始端（也叫相头）分别标以 U_1、V_1、W_1，末端（也叫相尾）分别标以 U_2、V_2、W_2，如图 2-33 所示。

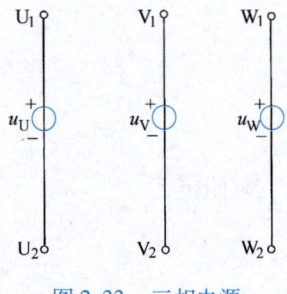

图 2-33　三相电源

对称三相电压解析式为

$$\left.\begin{array}{l} u_U = U_m \sin\omega t \\ u_V = U_m \sin(\omega t - 120°) \\ u_W = U_m \sin(\omega t + 120°) \end{array}\right\} \quad (2\text{-}27)$$

也可用相量表示为

$$\left.\begin{array}{l} \dot{U}_U = U\underline{/0°} \\ \dot{U}_V = U\underline{/-120°} \\ \dot{U}_W = U\underline{/120°} \end{array}\right\} \quad (2\text{-}28)$$

它们的波形图和相量图分别如图 2-34a、b 所示。

对称三相正弦电压瞬时值之和恒为零，这是对称三相正弦电压的特点，也适用于其他对称三相正弦量。从图 2-34 的波形图或通过计算可得出上述结论，即

$$u_U + u_V + u_W = 0$$

从相量图上可以看出，对称三相正弦电压的相量和为零，即

$$\dot{U}_U + \dot{U}_V + \dot{U}_W = U\underline{/0°} + U\underline{/-120°} + U\underline{/120°} = 0$$

对称三相正弦电压的频率相同、振幅相等，其区别是相位不同。相位不同，表明各相电压到达零值或正峰值的时间不同，这种先后次序称为相序。在图 2-34 中，三相电压到达正峰值或零值的先后次序为 u_U、u_V、u_W，其相序 U—V—W—U 称为正序。反之，相序 U—W—V—U 称为负序。工程上通用的相序是正序，如果不加说明，都为正序。在变配电所的母线上一般都涂以黄、绿、红三种颜色，分别表示 U 相、V 相和 W 相。

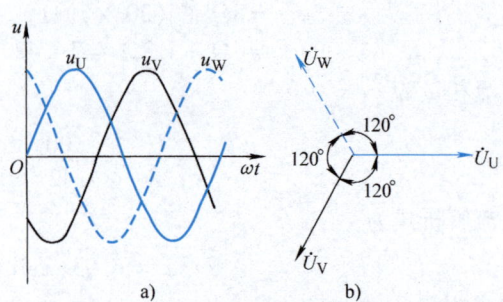

图 2-34　对称三相电压波形图与相量图

二、三相电源的连接

三相发电机输出的三相电压，每一相都可以作为独立电源单独接上负载供电，每相需要两根输电线，共需六根线，很不经济，因此不采用这种供电方式。在实际应用中是将三相电源接成星形（Y）和三角形（△）两种方式，只需三根或四根输电线供电。

1. 三相电源的星形联结

如图 2-35 所示，把三相电源的负极性端即末端接在一起成为一个公共点，叫作中性点，用 N 表示，由始端 U_1、V_1、W_1 引出三根线作为输电线，这种连接方式称为星形联结。

由始端 U_1、V_1、W_1 引出的三根线叫作端线。从中性点引出的线叫作中性线，俗称零线。

端线与中性线之间的电压称为相电压，用符号 u_U、u_V、u_W 表示，即每相电源的电压；端线之间的电压即 u_{UV}、u_{VW}、u_{WU}，称为线电压。

现在分析三相电源星形联结时，线电压与相电压之间的关系。

根据基尔霍夫定律可得

$$u_{UV} = u_U - u_V$$
$$u_{VW} = u_V - u_W$$
$$u_{WU} = u_W - u_U$$

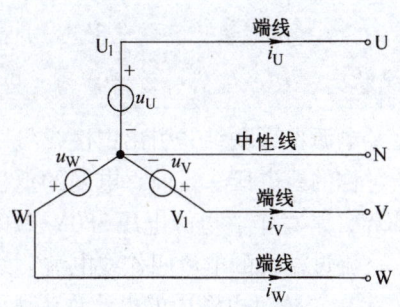

图 2-35　三相电源的星形联结

用相量表示为
$$\begin{cases} \dot{U}_{UV} = \dot{U}_U - \dot{U}_V \\ \dot{U}_{VW} = \dot{U}_V - \dot{U}_W \\ \dot{U}_{WU} = \dot{U}_W - \dot{U}_U \end{cases}$$

设对称三相电源相电压的有效值用 U_P 表示，线电压的有效值用 U_L 表示。

如果以 $\dot{U}_U$ 作为参考相量，即

$$\dot{U}_U = U_P \underline{/0°}$$

则根据对称性有

$$\dot{U}_V = U_P \underline{/-120°}$$
$$\dot{U}_W = U_P \underline{/120°}$$

将这组对称相量代入上面关系式得

$$\dot{U}_{UV} = U_P \underline{/0°} - U_P \underline{/-120°} = \sqrt{3}\, U_P \underline{/30°} = \sqrt{3}\, \dot{U}_U \underline{/30°}$$
$$\dot{U}_{VW} = U_P \underline{/-120°} - U_P \underline{/120°} = \sqrt{3}\, U_P \underline{/-90°} = \sqrt{3}\, \dot{U}_V \underline{/30°}$$
$$\dot{U}_{WU} = U_P \underline{/120°} - U_P \underline{/0°} = \sqrt{3}\, U_P \underline{/150°} = \sqrt{3}\, \dot{U}_W \underline{/30°}$$

$$(2\text{-}29)$$

相电压和线电压的相量图如图 2-36 所示，可根据平行四边形法则或三角形法则作图求线电压。

从图 2-36 中可见，线电压 u_{UV}、u_{VW}、u_{WU} 分别比相电压 u_U、u_V、u_W 超前 30°。而且

$$\frac{1}{2}U_L = U_P \cos30°$$

所以

$$U_L = \sqrt{3}\, U_P \qquad (2\text{-}30)$$

由于三个线电压大小相等，相位彼此相差 120°，所以它们也是对称的，即

$$\dot{U}_{UV} + \dot{U}_{VW} + \dot{U}_{WU} = 0$$

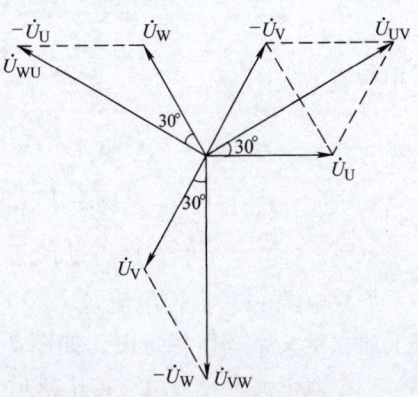

图 2-36　星形联结相电压和线电压的相量图

由上述相量计算或相量图分析均可得出结论：当三个相电压对称时，三个线电压也是对称的，线电压的有效值是相电压有效值的$\sqrt{3}$倍。线电压超前对应的相电压$30°$。

电源星形联结并引出中性线可以供应两套对称三相电压，一套是对称的相电压，另一套是对称的线电压。目前，电网的低压供电系统就采用这种方式，线电压为380V，相电压为220V，常写作"电源电压380V/220V"。

流过端线的电流叫作线电流。线电流的参考方向规定为电源端指向负载端，以i_U、i_V、i_W表示。流过电源内的电流称为电源的相电流，电源相电流的参考方向规定为末端指向始端。由图2-35可见，当三相电源为星形联结时，电路中的线电流与对应相电流相等。

2. 三相电源的三角形联结

如图2-37所示，将三相电源的相头和相尾依次连接，即U相的相尾与V相的相头连接，V相的相尾与W相的相头连接，W相的相尾与U相的相头连接，组成一个三角形，从三角形的三个顶点引出三根线作为输电线，这种连接方式称为三角形联结。

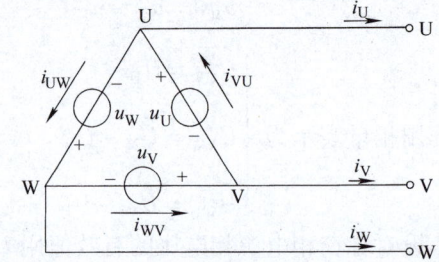

图2-37 三相电源的三角形联结

由图2-37可以看出，三相电源三角形联结时各线电压就是对应的相电压。

由于对称三相电压$u_U + u_V + u_W = 0$，所以三角形闭合回路中的电源总电压为零，不会引起环路电流。

需要注意的是：三相电源作三角形联结时，必须按始、末端依次连接，任何一相电源接反，闭合回路中的电源总电压就是相电压的两倍，由于闭合回路内的阻抗很小，所以，会产生很大的环路电流，致使电源烧毁。

现在分析三相电源三角形联结时，线电流与相电流之间的关系。

相电流、线电流如图2-37所示，根据基尔霍夫电流定律可得

$$i_U = i_{VU} - i_{UW}$$
$$i_V = i_{WV} - i_{VU}$$
$$i_W = i_{UW} - i_{WV}$$

用相量表示为

$$\dot{I}_U = \dot{I}_{VU} - \dot{I}_{UW}$$
$$\dot{I}_V = \dot{I}_{WV} - \dot{I}_{VU}$$
$$\dot{I}_W = \dot{I}_{UW} - \dot{I}_{WV}$$

如果电源的三个相电流是一组对称正弦量，那么按上述相量关系式作相量图，如图2-38所示。由图可知，三个线电流也是一组对称正弦量。

若对称相电流的有效值用I_P表示，对称线电流的有效值用I_L表示，由相量图

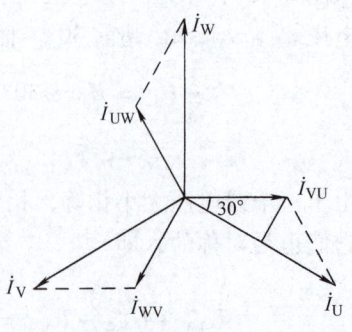

图2-38 三角形联结的电流相量图

可得
$$I_L = \sqrt{3}\,I_P \tag{2-31}$$

总之，当三相电流对称时，线电流的有效值是相电流有效值的$\sqrt{3}$倍，线电流滞后对应的相电流30°，即

$$\left.\begin{array}{l} \dot{I}_U = \sqrt{3}\,\dot{I}_{VU}\angle-30° \\ \dot{I}_V = \sqrt{3}\,\dot{I}_{WV}\angle-30° \\ \dot{I}_W = \sqrt{3}\,\dot{I}_{UW}\angle-30° \end{array}\right\} \tag{2-32}$$

三、三相负载的连接

交流电器设备种类繁多，按其对电源的要求可分为两类。一类只需单相电源即可工作，称为**单相负载**，如电灯、电烙铁、电视机等。另一类必须接上三相电源才能正常工作，称为**三相负载**，如三相电动机等。

三相负载中，如果各相的复阻抗相等，则称为**对称三相负载**，否则就是**不对称三相负载**。三相电动机等三相负载就是对称三相负载。在照明电路中，由单相负载组合成的三相负载一般是不对称三相负载。

为了满足负载对电源电压的不同要求，三相负载也有星形联结和三角形联结两种方式。图2-39a所示为三相负载的星形联结，N′为负载中性点，图2-39b所示为三相负载的三角形联结。

每相负载的电压称为负载的相电压，每相负载的电流称为负载的相电流，其参考方向如图2-39所示。对称

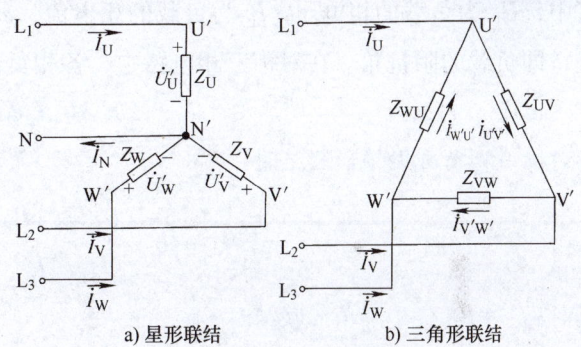

a) 星形联结　　b) 三角形联结

图2-39　三相负载的星形联结与三角形联结

星形电源中的线电压与相电压、线电流与相电流的关系完全适用于对称星形负载。同样，对称三角形电源中的线电压与相电压、线电流与相电流的关系也适用于对称三角形负载，此处不再推导。

> **需要强调的是**：星形联结中的线电压超前对应的相电压30°；三角形联结中线电流滞后对应的相电流30°，它们的对应关系不能搞错。

例2-22　星形联结的对称三相电源如图2-40所示。已知线电压为380V，若以$\dot{U}_U$为参考相量，试求相电压，并写出各电压相量$\dot{U}_U$、$\dot{U}_V$、$\dot{U}_W$、$\dot{U}_{UV}$、$\dot{U}_{VW}$、$\dot{U}_{WU}$。

解　根据式（2-30）得
$$U_P = \frac{U_L}{\sqrt{3}} = \frac{380}{\sqrt{3}}V = 220V$$

设
$$\dot{U}_U = 220\angle0°V$$

则
$$\dot{U}_{\text{V}} = 220 \underline{/-120°}\ \text{V}$$

$$\dot{U}_{\text{W}} = 220 \underline{/120°}\ \text{V}$$

根据式（2-29）得

$$\dot{U}_{\text{UV}} = \sqrt{3}\,\dot{U}_{\text{U}} \underline{/30°} = 380 \underline{/30°}\ \text{V}$$

$$\dot{U}_{\text{VW}} = \sqrt{3}\,\dot{U}_{\text{V}} \underline{/30°} = 380 \underline{/-90°}\ \text{V}$$

$$\dot{U}_{\text{WU}} = \sqrt{3}\,\dot{U}_{\text{W}} \underline{/30°} = 380 \underline{/150°}\ \text{V}$$

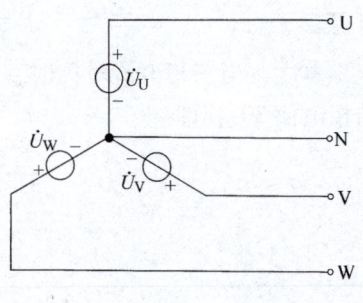

图 2-40 例 2-22 电路图

四、对称三相电路的功率

在三相交流电路中，三相负载消耗的总功率就等于各相负载消耗的功率之和，即

$$P = P_{\text{U}} + P_{\text{V}} + P_{\text{W}}$$

每相负载的功率为

$$P_{\text{P}} = U_{\text{P}}I_{\text{P}}\cos\varphi$$

式中，U_{P} 为负载的相电压，I_{P} 为负载的相电流，φ 为同一相负载中相电压与相电流的相位差，即负载的阻抗角。在对称三相电路中，各相负载的功率相同，三相负载的总功率为

$$P = 3U_{\text{P}}I_{\text{P}}\cos\varphi \tag{2-33}$$

当对称三相负载做星形联结时

$$U_{\text{L}} = \sqrt{3}\,U_{\text{P}}$$

$$I_{\text{L}} = I_{\text{P}}$$

当对称三相负载是三角形联结时

$$U_{\text{L}} = U_{\text{P}}$$

$$I_{\text{L}} = \sqrt{3}\,I_{\text{P}}$$

将两种连接方式的 U_{P}、I_{P} 代入式（2-33），可得到同样的结果，即

$$P = \sqrt{3}\,U_{\text{L}}I_{\text{L}}\cos\varphi \tag{2-34}$$

因此，不论负载是星形联结还是三角形联结，对称三相负载消耗的功率都可以用上式计算。

需要注意的是： 式中 φ 仍是负载相电压与相电流的相位差，而不是线电压和线电流之间的相位差。

同理，对称三相电路的无功功率为

$$Q = 3U_{\text{P}}I_{\text{P}}\sin\varphi = \sqrt{3}\,U_{\text{L}}I_{\text{L}}\sin\varphi \tag{2-35}$$

对称三相电路的视在功率为

$$S = \sqrt{P^2 + Q^2} = 3U_{\text{P}}I_{\text{P}} = \sqrt{3}\,U_{\text{L}}I_{\text{L}} \tag{2-36}$$

三相电动机铭牌上标明的功率都是三相总功率。

例 2-23 一组对称三角形负载，每相阻抗 $Z = 109 \underline{/53.13°}\ \Omega$，现接在对称三相电源上，测得相电压为 380V，相电流为 3.5A，试求此三角形负载的功率。

解　由式（2-33）可求得三相负载的功率为

$$P = 3U_\text{P}I_\text{P}\cos\varphi = 3 \times 380 \times 3.5 \times \cos53.13°\text{W}$$
$$= 2394\text{W}$$

又因为负载为三角形联结，则

$$U_\text{L} = U_\text{P} = 380\text{V}$$

$$I_\text{L} = \sqrt{3}\,I_\text{P} = \sqrt{3} \times 3.5\text{A} = 6.06\text{A}$$

三相负载的功率，由式（2-34）可得

$$P = \sqrt{3}\,U_\text{L}I_\text{L}\cos\varphi = \sqrt{3} \times 380 \times 6.06 \times \cos53.13°\text{W}$$
$$= 2394\text{W}$$

由此验证，两种方法计算的结果相同。

实验二　交流电量的测量

一、实验目的

1）加深理解感性电路电压超前电流的特性和容性电路电压滞后电流的特性。

2）学会使用示波器观察感性电路和容性电路中电压、电流间的相位关系。

二、预习要求

1）预习 RL 串联电路和 RC 串联电路的相量图画法。

2）根据表 2-2、表 2-3 中的数据，分别计算相应电路的相位差并填入表中，以便与实验观测到的相位差进行比较。

三、实验仪器

实验仪器见表 2-1。

表 2-1　实验仪器清单

序　号	名　　称	型号与规格	数　量	备　注
1	低频信号发生器		1	
2	双踪示波器		1	
3	毫伏表		1	
4	电阻箱		1	
5	电感	10mH	1	
6	电容	0.1μF	1	

四、实验内容

【任务1】 RL 串联电路的测试

1）实验电路如图 2-41 所示。调节电阻 $R = 100\Omega$，低频信号发生器输出电压调为 3.0V，频率为 1kHz，输出阻抗取 600Ω，电感 $L = 100\text{mH}$。用毫伏表测量电压有效值 U、U_L 和 U_R，计入表 2-2 中。

2）保持电路参数不变，将 $\dot{U}_R$ 和 $\dot{U}$ 分别接至双踪示波器的

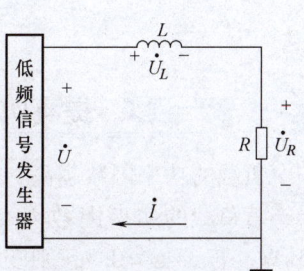

图 2-41　RL 串联电路

Y_A、Y_B 输入端，因为 $\dot{U}_R = \dot{I} R$，所以 $\dot{I}$ 与 $\dot{U}_R$ 同相位。调节双踪示波器的有关旋钮使波形清晰稳定，观察 $\dot{I}$ 与 $\dot{U}$ 之间的相位差，并记录波形。

3）改变低频信号发生器的频率为 2kHz，电路其他参数不变，重复上述实验内容。

4）改变 R 的值，观察 $\dot{I}$ 与 $\dot{U}$ 之间的相位差是否改变。

表 2-2　*RL* 串联电路的测试

f/kHz	U/V	U_R/V	U_L/V	φ	
				观测值	计算值
1					
2					

【任务 2】　*RC* 串联电路的测试

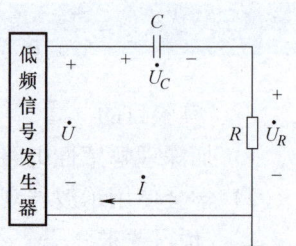

1）实验电路如图 2-42 所示。调节电阻 $R = 1000\Omega$，低频信号发生器输出电压调为 3.0V，频率为 1kHz，输出阻抗取 600Ω，电容 $C = 0.1\mu F$。用毫伏表测量电压有效值 U、U_C 和 U_R，计入表 2-3 中。

2）保持电路参数不变，用双踪示波器观察 $\dot{U}_R$ 与 $\dot{U}$ 之间的相位差（即 $\dot{I}$ 与 $\dot{U}$ 之间的相位差），并记录波形。

图 2-42　*RC* 串联电路

3）改变低频信号发生器的频率为 2kHz，电路其他参数不变，重复上述实验内容。

4）改变 R 的值，观察 $\dot{I}$ 与 $\dot{U}$ 之间的相位差是否改变。

表 2-3　*RC* 串联电路的测试

f/kHz	U/V	U_R/V	U_C/V	φ	
				观测值	计算值
1					
2					

五、注意事项

双踪示波器 A、B 两通道的探头地线端应共同接在图 2-41 和图 2-42 的地线端。

边学边练二　功率因数的提高

 读一读 1　提高功率因数的意义

负载的功率因数越高，电源设备的利用率就越高。例如，一台容量为 100kV·A 的变压器，若负载的功率因数 $\cos\varphi = 0.65$，则变压器能输出的有功功率为 $100\text{kV} \cdot \text{A} \times 0.65 = 65\text{kW}$；若 $\cos\varphi = 0.9$，则变压器所能输出的有功功率为 $100\text{kV} \cdot \text{A} \times 0.9 = 90\text{kW}$。可见，功率因数越高，则变压器输出的有功功率就越高，即提高了电源设备的利用率。

在一定的电压下向负载输送一定的有功功率时，负载的功率因数越高，输电线路的功率损失和电压降就越小。这是因为 $I = \dfrac{P}{U\cos\varphi}$，$\cos\varphi$ 越大，输电线路的电流 I 就越小。电流小，线路中的功率损耗就小，输电效率就高。另外，电流小，输电线路上产生的电压降就小，这样就易于保证负载端的额定电压，有利于负载正常工作。

由以上分析可知，功率因数是电力系统中的一个重要参数，提高功率因数对发展国民经济有着重要的意义。

 ## 读一读2　提高功率因数的方法

在电力系统中，大多为感性负载，提高功率因数最常用的方法就是并联电容。其原理是利用电容和电感之间无功功率的互补性，减少电源与负载间交换的无功功率，从而提高电路的功率因数。

下面通过相量图，说明感性负载并联电容后提高功率因数的原理。电路及电流相量如图 2-43 所示。

由图 2-43 b 可以看出，未并联电容前，总电流就是感性支路上的电流，即 $\dot{I} = \dot{I}_1$，电压超前电流的相位为 φ_1；并联电容后，总电流 $\dot{I} = \dot{I}_1 + \dot{I}_C$，此时，电压超前电流的相位差为 φ_2，$\varphi_2 < \varphi_1$，所以 $\cos\varphi_2 > \cos\varphi_1$，电路的功率因数提高了。

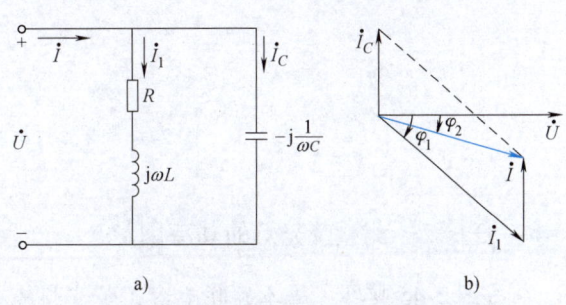

图 2-43　并联电容提高电路功率因数

需要强调的是： 电源电压视为不变，并联电容前后，原感性负载的工作状态并没有改变，功率因数始终是 $\cos\varphi_1$。并联电容后提高了电路的功率因数，是指感性负载和电容总合起来的功率因数比单是感性负载本身的功率因数提高了。

并联电容前后电路消耗的有功功率是相等的，所以

并联电容前

$$I_1 = \frac{P}{U\cos\varphi_1}$$

并联电容后

$$I = \frac{P}{U\cos\varphi_2}$$

由相量图 2-43b 可知

$$I_C = I_1 \sin\varphi_1 - I\sin\varphi_2 = \frac{P}{U}(\tan\varphi_1 - \tan\varphi_2)$$

又因 $I_C = \dfrac{U}{X_C} = \omega CU$，代入上式得

$$C = \frac{P}{\omega U^2}(\tan\varphi_1 - \tan\varphi_2)$$

根据上式，可以计算功率因数由 $\cos\varphi_1$ 提高到 $\cos\varphi_2$ 所需并联的电容值。

议一议

你知道提高功率因数的方法吗?

对感性负载,用什么方法可以提高功率因数?

对容性负载,用什么方法可以提高功率因数?

练一练　安装一荧光灯电路,并提高电路的功率因数

30W 荧光灯电路如图 2-44a 所示。图中 R 是荧光灯管, L 是镇流器, S 是辉光启动器,荧光灯电路点亮后的等效电路如图 2-44b 所示。

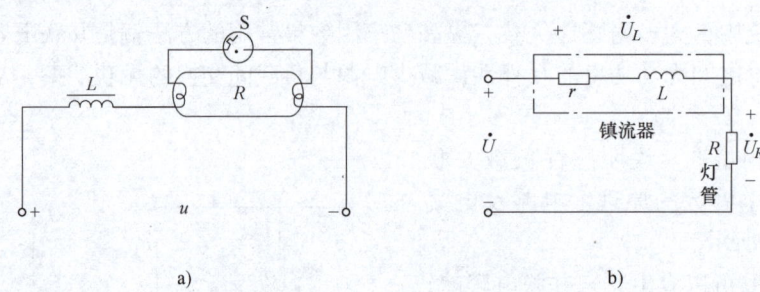

a) 　　　　　　　b)

图 2-44　荧光灯电路及其等效电路

 任务 1　测量荧光灯的功率因数

按图 2-45 接线,先不并联电容,荧光灯点亮后,测量电路的电流、功率,计算功率因数,并将结果填入表 2-4。

 任务 2　测量并联 2.2μF 电容后的电路功率因数

在图 2-45 中,并联 2.2μF 电容后,测量电路的分电流和总电流、功率,计算功率因数,并将结果填入表 2-4。

任务 3　测量并联 4.7μF 电容后的电路功率因数

在图 2-45 中,将 2.2μF 电容换成 4.7μF 电容后,测量电路的分电流和总电流、功率,计算功率因数,并将结果填入表 2-4。

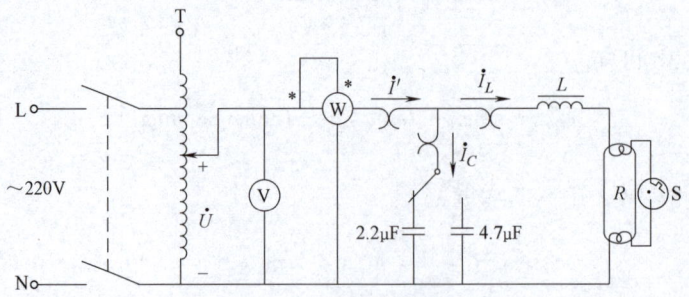

图 2-45　测量荧光灯电路功率因数

表 2-4 测量荧光灯电路的功率因数

被 测 量	U/V	I'/A	I_L/A	I_C/A	P/W	$\cos\varphi$
C 未接入	220					
$C = 2.2\mu\text{F}/450\text{V}$	220					
$C = 4.7\mu\text{F}/450\text{V}$	220					

 思考题与习题

一、填空题

2-1 已知一正弦电压的振幅为 310V，频率为工频，初相为 $\pi/6$，其解析式为 （ ）。

2-2 已知一正弦电流的解析式为 $i = 8\sin(314t - \pi/3)\,\text{A}$，其最大值为 （ ），角频率为（ ），周期为 （ ），频率为 （ ），初相为 （ ）。

2-3 已知 $U_m = 100\text{V}$，$\psi_u = 70°$，$I_m = 10\text{A}$，$\psi_i = -20°$，角频率均为 $\omega = 314\text{rad/s}$，则 $i = $（ ），$u = $（ ），相位差为 （ ），（ ） 超前 （ ）。

2-4 用交流电压表测得低压供电系统的线电压为 380V，则线电压的最大值为 （ ）。

2-5 正弦电流 i 的波形如图 2-46 所示，其电流的解析式为 $i = $（ ）。

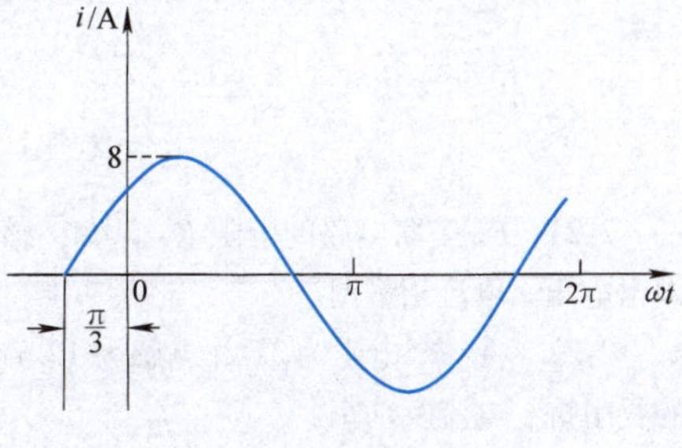

二、单项选择题

2-6 下列表达式正确的为 （ ）。

a) $u = \omega L I_L$　　b) $U_L = \omega L I_L$　　c) $u_L = \omega L i_L$　　d) $\dot{I}_L = \dfrac{U}{j\omega L}$

2-7 对于 RLC 串联电路，下列正确的表达式是 （ ）。

a) $U = U_R + U_C + U_L$　　　　b) $U = \sqrt{U_R^2 + (U_L - U_C)^2}$

c) $\dot{U} = \dot{U}_R + \dot{U}_L - \dot{U}_C$　　　d) $Z = R + X_L - X_C$

2-8 下列表达式正确的是 （ ）。

a) $i_C = \dfrac{u_C}{C}$　　b) $I_C = \dfrac{U_C}{\omega C}$　　c) $I_C = \dfrac{U_C}{X_C}$　　d) $I_C = j\dfrac{\dot{U}}{X_C}$

2-9 用交流电压表测得某电阻、电感串联电路的总电压为 100V，电感上的电压为 80V，则电阻上的电压为 （ ）。

a) 20V　　　　b) 180V　　　　c) 60V　　　　d) 80V

2-10 下列说法哪种正确 （ ）。

a) 电阻在直流电路中耗能，在交流电路中不耗能。

b) 电阻在交直流电路中总是耗能的。

c) 电容在电路中不耗能，它将电能以磁能的形式储存起来。

d) 电感在电路中不耗能，也不存储电能。

三、综合题

2-11 写出下列正弦量对应的相量。

(1) $u_1 = 220\sqrt{2}\sin\omega t\,\text{V}$

(2) $u_2 = 10\sqrt{2}\sin(\omega t + 30°)\,\text{V}$

(3) $i_2 = 7.07\sin(\omega t - 60°)\,\text{A}$

2-12 写出下列相量对应的正弦量($f = 50\text{Hz}$)。

图 2-46 题 2-5 图

（1）$\dot{U}_1 = 220 \underline{/50°}$V　（2）$\dot{U}_2 = 380 \underline{/120°}$V

2-13　试求 $i_1 = 2\sqrt{2}\sin(300t + 45°)$A，$i_2 = 5\sqrt{2}\sin(300t - 35°)$A 之和，并画出相量图。

2-14　50Ω 电阻两端的电压 $u = 100\sqrt{2}\sin(314t - 60°)$V，试写出电阻中电流的解析式，并画出电压与电流的相量图。

2-15　已知 10Ω 电阻上通过的电流 $i = 5\sqrt{2}\sin(314t + \pi/4)$A，试求电阻上消耗的功率及电压的解析式。

2-16　一电感 $L = 60$mH 的线圈，接到 $u = 220\sqrt{2}\sin300t$V 的电源上，试求线圈的感抗，无功功率及电流的解析式。

2-17　某电感线圈通过 50Hz 电流时感抗为 25Ω，当频率上升到 10kHz 时，其感抗是多大？

2-18　电容值为 50μF 的电容，接在电压 $u = 400\sqrt{2}\sin100t$V 的电源上，求电流的解析式，并计算无功功率。

2-19　一电容元件接在 220V 的工频交流电路中，通过的电流为 2A，试求元件的电容 C。

2-20　图 2-47 所示电路，电压表 V_1、V_2、V_3 的读数都是 100V，求电压表 V 的读数。

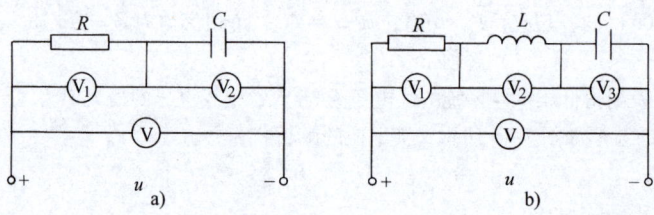

图 2-47　题 2-20 图

2-21　RL 串联电路的电阻 $R = 30$Ω，感抗 $X_L = 52$Ω，接到电压 $u = 220\sqrt{2}\sin\omega t$V 的电源上，求电流 i 并画出电压、电流相量图。

2-22　将一个电阻为 3Ω、电感为 12.7mH 的线圈接到电压 $u = 311\sin(314t + 30°)$V 的电源上。求电路的复阻抗、电流及功率。

2-23　RC 串联电路中，已知电源电压 $u = 220\sqrt{2}\sin314t$V，$R = 25$Ω，$C = 73.5$μF，求 $\dot{I}$、$\dot{U}_R$、$\dot{U}_C$ 并画相量图。

2-24　在 RLC 串联电路中，已知 $R = 20$Ω、$X_L = 25$Ω、$X_C = 5$Ω，电源电压 $\dot{U} = 70.7 \underline{/0°}$V，试求电路的有功功率、无功功率和视在功率。

2-25　已知 40W 的荧光灯电路，在 $U = 220$V 正弦交流电压下正常发光，此时电流 $I = 0.4$A，求该荧光灯的功率因数和无功功率 Q。

2-26　线电压为 380V 的三相四线制电路中，对称星形联结的负载，每相复阻抗 $Z = (60 + j80)$ Ω，试求负载的相电流和总有功功率。

2-27　一个 4kW 的三相感应电动机，绕组为星形联结，接在线电压 $U_L = 380$V 的三相电源上，功率因数 $\cos\varphi = 0.85$，试求负载的相电压及相电流。

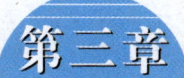

第三章
变 压 器

本章知识点

（1）本章基本知识。典型习题 3-1～3-10。

（2）单相变压器的用途。典型习题 3-14、3-15。

第一节　单相变压器

变压器是指利用电磁感应原理将某一等级的交流电压或电流变换成同频率的另一等级的交流电压或电流的电气设备。单相变压器是用来变换单相交流电的变压器，通常额定容量较小。在电子电路、焊接、冶金、测量系统、控制系统以及实验等方面，单相变压器的应用都很广泛。

一、基本结构及工作原理

1. 基本结构

单相变压器主要由铁心和绕组两大部分组成。

（1）铁心　铁心的基本结构形式有心式和壳式两种，如图 3-1 所示。铁心构成了变压器的磁路，并作为绕组的支撑骨架，因而它一般是由导磁性能较好的硅钢片（0.35～0.5mm 厚）叠制而成，且硅钢片之间彼此绝缘，以减小涡流损耗。铁心分铁心柱和铁轭两部分，铁心柱上装有绕组，铁轭的作用是使磁路闭合。

（2）绕组　绕组构成变压器的电路，常用有绝缘层的导线，即漆包铜线或铝线绕制而成。变压器中工作电压高的绕组称为高压绕组，工作电压低的绕组称为低压绕组。

变压器

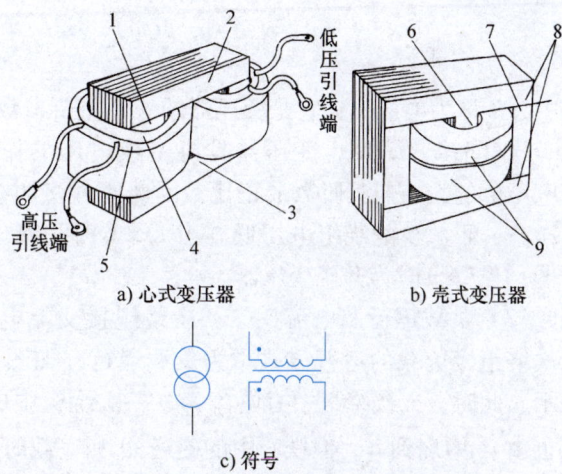

a) 心式变压器　　b) 壳式变压器

c) 符号

图 3-1　单相变压器结构示意图

1、6—铁心柱　2—上铁轭　3—下铁轭
4—低压绕组　5—高压绕组　7—分支铁
心柱　8—铁轭　9—绕组

国产变压器通常采用同心式绕组，即将高、低压绕组同心地套在铁心柱上，为了便于绕组与铁心之间的绝缘，常将低压绕组装在里面，高压绕组装在外面，如图 3-1 所示。

2. 工作原理

常将变压器中接电源的绕组称为一次绕组，接负载的绕组称为二次绕组。

（1）空载运行及电压比　一次绕组接交流电源、二次绕组开路的运行方式称为空载运行，如图3-2所示。此时，一次绕组的电流 i_{10} 称为励磁电流，由于 i_{10} 是按正弦规律变化的，因此由它在铁心中产生的磁通 Φ 也是按正弦规律变化的，在交变磁通 Φ 的作用下，一、二次绕组中分别产生感应电动势 e_1、e_2。

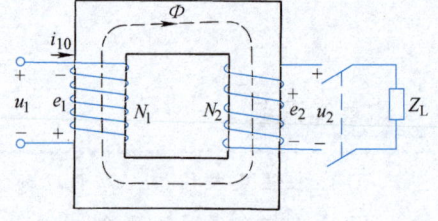

图3-2　变压器空载运行

设 $\Phi = \Phi_m \sin\omega t$，则可根据电磁感应定律计算出

$$E_1 = 4.44 f N_1 \Phi_m \qquad (3-1)$$

$$E_2 = 4.44 f N_2 \Phi_m \qquad (3-2)$$

由式（3-1）、式（3-2）可得

$$\frac{E_1}{E_2} = \frac{N_1}{N_2} \qquad (3-3)$$

式中，N_1 是一次绕组匝数；N_2 是二次绕组匝数。

由于 i_{10} 在空载时很小（仅占一次绕组额定电流的 $3\% \sim 8\%$），故一次绕组的阻抗可忽略不计，则电源电压 U_1 与 E_1 近似相等，即

$$U_1 \approx E_1$$

由于二次绕组开路，空载端电压 U_{20} 与 E_2 相等，即

$$U_{20} = E_2$$

因此有

$$\frac{U_1}{U_{20}} \approx \frac{E_1}{E_2} = \frac{N_1}{N_2} = K \qquad (3-4)$$

式中，K 称为电压比，它是变压器的一个重要参数。

式（3-4）表明，变压器具有变换电压的作用，且电压值的大小与其匝数成正比。因此匝数多的绕组电压高，匝数少的绕组电压低。当 $K > 1$ 时为降压变压器；当 $K < 1$ 时为升压变压器。

（2）负载运行及电流比　一次绕组接交流电源、二次绕组接负载的运行方式称为负载运行，如图3-3所示。此时，二次绕组中有电流 i_2，一次绕组中的电流也由 i_{10} 增加到 i_1，但铁心中的磁通 Φ 和空载时相比基本保持不变，若不计一、二次绕组的阻抗，仍有

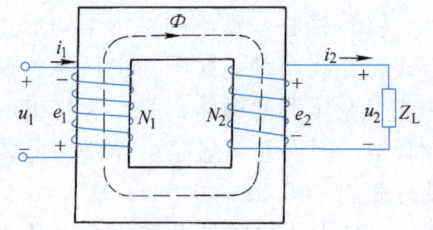

图3-3　变压器负载运行

$$U_1 \approx E_1 = 4.44 f N_1 \Phi_m$$

$$U_2 \approx E_2 = 4.44 f N_2 \Phi_m$$

$$\frac{U_1}{U_2} \approx \frac{E_1}{E_2} = \frac{N_1}{N_2} = K$$

变压器是一种传送电能的设备，在传送电能的过程中绕组及铁心中的损耗很小，励磁电流也很小，理想情况下可以认为一次侧视在功率与二次侧视在功率相等，即

$$U_1 I_1 = U_2 I_2$$

故有
$$\frac{I_1}{I_2} = \frac{U_2}{U_1} \approx \frac{N_2}{N_1} = \frac{1}{K} \qquad (3\text{-}5)$$

上式表明，变压器具有变换电流的作用，电流大小与其匝数成反比。因此匝数多的绕组电流小，可用细导线绕制，匝数少的绕组电流大，可用粗导线绕制。

（3）**阻抗变换**　当变压器处于负载运行时，从一次绕组看进去的阻抗为

$$|Z_i| = \frac{U_1}{I_1}$$

而负载阻抗为　　$|Z_L| = \dfrac{U_2}{I_2}$

故有　$|Z_i| = \dfrac{U_1}{I_1} = \dfrac{KU_2}{\dfrac{I_2}{K}} = K^2 |Z_L| \qquad (3\text{-}6)$

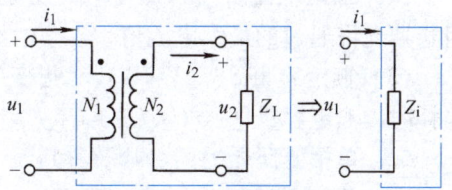

图 3-4　变压器的阻抗变换

式（3-6）表明，对交流电源来讲，通过变压器接入阻抗为 $|Z_L|$ 的负载，相当于在交流电源上直接接入阻抗为 $K^2 |Z_L|$ 的负载，如图 3-4 所示。

> 在电子技术中，经常要用到变压器的阻抗变换，以达到阻抗匹配。例如，在晶体管收音机电路中，作为负载的扬声器电阻 R_L 一般不等于晶体管收音机二端网络的等效内阻 R_0，这就需要在晶体管收音机二端网络和扬声器之间接入一输出变压器，利用变压器进行等效变换，满足 $R_0 = R_i = K^2 R_L$，达到阻抗匹配，此时扬声器才能获得最大功率。

例 3-1　有一单相变压器，当一次绕组接在 220V 的交流电源上时，测得二次绕组开路时的端电压为 22V，若该变压器一次绕组的匝数为 2100 匝，求其电压比和二次绕组的匝数。

解　已知 $U_1 = 220\text{V}$，$U_2 = 22\text{V}$，$N_1 = 2100$ 匝

所以
$$K = \frac{U_1}{U_2} = \frac{220}{22} = 10$$

又
$$N_1 / N_2 = K = 10$$

所以
$$N_2 = \frac{N_1}{K} = \frac{2100}{10} \text{匝} = 210 \text{匝}$$

例 3-2　某晶体管收音机输出变压器的一次绕组匝数 $N_1 = 230$ 匝，二次绕组匝数 $N_2 = 80$ 匝，原来配有阻抗为 8Ω 的扬声器，现在要改接为 4Ω 的扬声器，问输出变压器二次绕组的匝数应如何变动（一次绕组匝数不变）。

解　设输出变压器二次绕组变动后的匝数为 N_2'

当 $R_L = 8\Omega$ 时

$$R_i = K^2 R_L = \left(\frac{230}{80}\right)^2 \times 8\Omega = 66.1\Omega$$

当 $R_L' = 4\Omega$ 时

$$R_i' = K'^2 R_L' = \left(\frac{230}{N_2'}\right)^2 \times 4\Omega$$

根据题意 $R_i = R_i'$，即

$$66.1 = \frac{230^2}{(N_2')^2} \times 4$$

则
$$N_2' = \sqrt{\frac{230^2 \times 4}{66.1}} \text{ 匝} = 56.6 \text{ 匝} \approx 57 \text{ 匝}$$

3. 额定值

（1）额定电压 U_{1N} 和 U_{2N}（V）　额定电压 U_{1N} 是指根据变压器的绝缘强度和允许发热而规定的一次绕组的正常工作电压。额定电压 U_{2N} 是指一次绕组加额定电压时，二次绕组的开路电压。

（2）额定电流 I_{1N} 和 I_{2N}（A）　分别指根据变压器的允许发热条件而规定的一、二次绕组长期允许通过的最大电流值。

（3）额定容量 S_N（V·A）　指变压器在额定工作状态下，二次绕组的视在功率。忽略损耗时，额定容量 $S_N = U_{1N}I_{1N} = U_{2N}I_{2N}$。

二、单相变压器的同名端及其判断

有些单相变压器具有两个相同的一次绕组和几个二次绕组，这样可以适应不同的电源电压和提供几个不同的输出电压。在使用这种变压器时，若需要进行绕组间的连接，则首先应知道各绕组的同名端，才能正确连接，否则可能会导致变压器损坏。

所谓同名端，是指在同一交变磁通的作用下，两个绕组上所产生的感应电压瞬时极性始终相同的端子，同名端又称同极性端，常以"＊"或"·"标记。判断同名端可采用如下方法：

（1）已知两个绕组的绕向　假定两个绕组中各有电流 i_1、i_2，若它们产生的磁通方向一致，则两绕组的电流流入端（或流出端）即为同名端。

（2）无法辨明绕组方向　此时，可用实验方法进行判别。图3-5所示是用直流法测定绕组 A 与绕组 B 的同名端。在开关 S 迅速闭合的瞬间，若电压表指针正向偏转，则 1、3 端子为同名端，否则为异名端。

三、运行特性

1. 外特性

变压器的外特性是指一次侧电源电压和负载的功率因数均为常数时，二次侧输出电压 U_2 与负载电流 I_2 之间的变化关系，即 $U_2 = f(I_2)$。图3-6所示为变压器的外特性曲线，它表明输出电压随负载电流的变化而变化，在纯电阻负载时，端电压下降较少；在感性负载时，下降较多；在容性负载时有可能上翘。

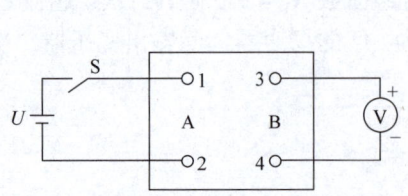

图3-5　直流法测定绕组同名端

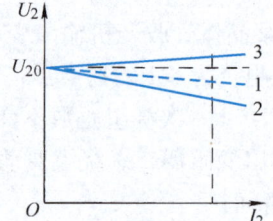

图3-6　变压器的外特性曲线
1—纯电阻负载　2—感性负载　3—容性负载

工程上，常用电压变化率 $\Delta U\%$ 来反映变压器二次侧输出电压随负载变化的情况，即

$$\Delta U\% = \frac{U_{20} - U_2}{U_{2N}} \times 100\% = \frac{U_{2N} - U_2}{U_{2N}} \times 100\% \tag{3-7}$$

式中，U_{20}是空载时二次绕组的端电压，U_2是负载时二次绕组的端电压（输出电压）。

电压变化率反映了变压器带负载运行时性能的好坏，是变压器的一个重要性能指标，一般控制在 3%～6%。为了保证供电质量，通常需要根据负载的不同情况进行调压。

2. 效率特性

（1）损耗 变压器在运行过程中会有一定的损耗，主要分为铜损耗和铁损耗。变压器绕组有一定的电阻，当电流通过绕组时会产生损耗，此损耗称为铜损耗，记作 P_{Cu}；当交变的磁通通过变压器铁心时会产生磁滞损耗和涡流损耗，合称为铁损耗，记作 P_{Fe}。总损耗为

$$\Delta P = P_{Cu} + P_{Fe}$$

（2）效率 变压器的输出功率 P_2 与输入功率 P_1 之比称为效率，用 η 表示，即

$$\eta = \frac{P_2}{P_1} \times 100\% = \frac{P_2}{P_2 + \Delta P}$$

$$= \frac{P_2}{P_2 + P_{Cu} + P_{Fe}} \times 100\% \qquad (3\text{-}8)$$

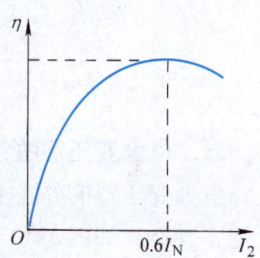

（3）效率特性 在一定的负载功率因数下，变压器的效率与负载电流之间的变化关系，即 $\eta = f(I_2)$ 曲线称为效率特性曲线，如图 3-7 所示。它表明当负载电流较小时，效率随负载电流的增大而迅速上升，当负载电流达到一定值时，效率随负载电流的增大反而下降，当铜损耗与铁损耗相等时，其效率最高。

图 3-7　变压器的效率特性曲线

在额定工作状态下，变压器的效率可达 90% 以上，且变压器容量越大，效率越高。

第二节　三相变压器

在电力系统中大多采用三相制供电，因此电压的变换是通过三相变压器来实现的。

一、三相变压器的种类

三相变压器按照磁路的不同可分为两种：一种是三相变压器组，即由三台相同容量的单相变压器按照一定的方式连接起来，如图 3-8 所示；另一种是三相心式变压器，它具有三个铁心柱，把三相绕组分别套在三个铁心柱上，如图 3-9 所示。现在广泛使用的是三相心式变压器。

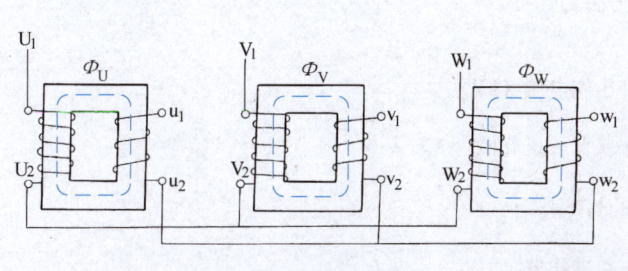

图 3-8　三相变压器组

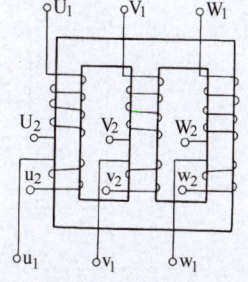

图 3-9　三相心式变压器

由于三相变压器在电力系统中的主要作用是传输电能，因而它的容量一般较大，为了改善散热条件，大、中容量电力变压器的铁心和绕组浸入盛满变压器油的封闭油箱中，而且为了使变压器安全、可靠地运行，还设有储油柜、安全气道和气体继电器等附件。因此，三相

油浸式电力变压器的外形结构示例如图 3-10 所示。

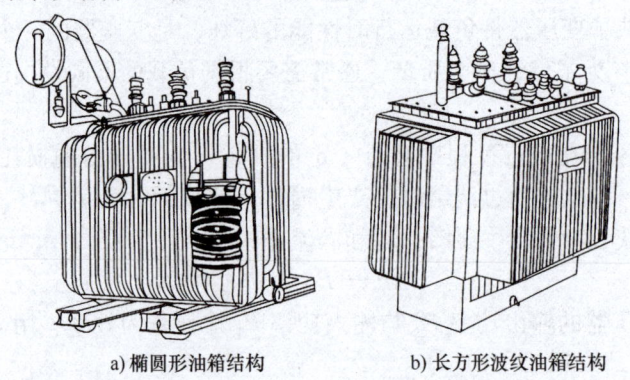

a) 椭圆形油箱结构　　　　b) 长方形波纹油箱结构

图 3-10　油浸式电力变压器外形示例

二、电力变压器的铭牌及主要参数

电力变压器的外壳上都有一块铭牌，用于标注其型号和主要技术参数，作为正确使用的依据，其格式如图 3-11 所示。

电力变压器

产品型号　S7—500/10　　标准代号××××

额定容量　500kV·A　　　产品代号××××

额定频率　50Hz　　　　　出厂序号××××

相数　3 相
联结组　Yyn0
阻抗电压　4%
冷却方式　油冷
使用条件　户外

开关位置	额定电压		额定电流	
	高压	低压	高压	低压
Ⅰ	10.5kV		27.5A	
Ⅱ	10kV	400V	28.9A	721.7A
Ⅲ	9kV		30.4A	

××变压器厂　　　　××年××月

图 3-11　电力变压器铭牌

1. 型号

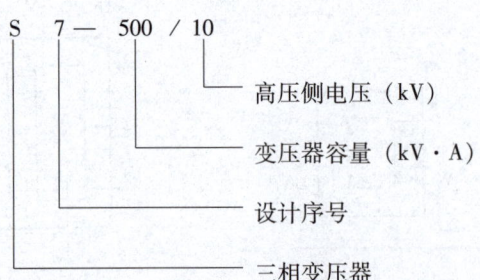

S　7　—　500　/　10

高压侧电压（kV）

变压器容量（kV·A）

设计序号

三相变压器

2. 额定电压 U_{1N} 和 U_{2N}

高压侧额定电压 U_{1N} 是根据变压器的绝缘强度和允许发热而规定的一次绕组的正常工作电压值。高压侧标出三个电压值，可根据高压侧供电电压情况加以选择。

低压侧额定电压 U_{2N} 是指变压器空载时，高压侧加额定电压后，低压侧的端电压。在三相变压器中，额定电压均指线电压。

3. 额定电流 I_{1N} 和 I_{2N}

额定电流 I_{1N} 和 I_{2N} 是根据变压器的允许发热而规定的允许绕组长期通过的最大电流值。在三相变压器中额定电流均指线电流。

4. 额定容量 S_N

额定容量 S_N 是指变压器在额定工作状态下，二次绕组的视在功率，常以 kV·A 为单位。

单相变压器的额定容量为 $S_N = \dfrac{U_{2N}I_{2N}}{1000}$

三相变压器的额定容量为 $S_N = \dfrac{\sqrt{3}\, U_{2N}I_{2N}}{1000}$

5. 联结组标号

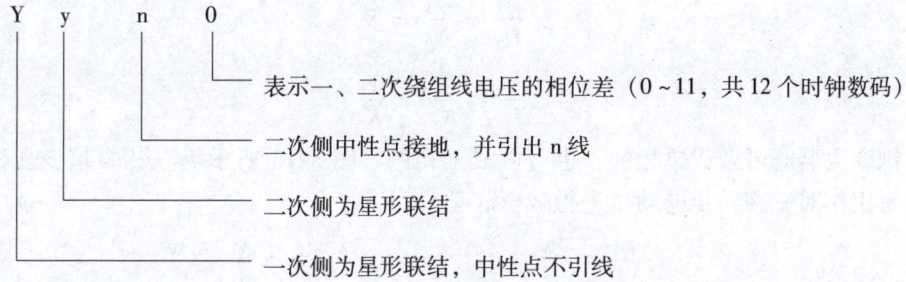

Y y n 0

表示一、二次绕组线电压的相位差（0~11，共12个时钟数码）

二次侧中性点接地，并引出 n 线

二次侧为星形联结

一次侧为星形联结，中性点不引线

6. 额定频率

我国规定额定工频为 50Hz。

此外，还有一些其他参数，这里不再一一介绍。

三、三相变压器的用途

三相变压器主要用于输、配电系统中作为电力变压器使用，包括升压变压器、降压变压器和配电变压器。根据交流电功率公式 $P = \sqrt{3}\,UI\cos\varphi$ 可知，在输送电功率 P 和负载的功率因数 $\cos\varphi$ 一定时，电压 U 越高，输电线路的电流 I 越小，因而输电线的截面积可以减小，这就能够大量地节约输电线材料，达到减小投资和运行费用的目的。

目前我国交流输电的电压有 110kV、220kV、330kV、500kV、750kV 及 1000kV 等多种，由于发电机本身结构及所用绝缘材料的限制，不能直接产生这么高的电压，因此发电机的电能在输入电网前必须通过变压器升压；当电能输送到用电区后，各类用电器所需电压不一，而且相对较低，一般为 220V、380V 等，为了保障用电安全，又必须通过降压变压器把输电线路的高电压降为配电系统的配电电压，然后再经过降压变压器降为用户所使用的电压。

另外，变压器也广泛应用于测量、控制等诸多领域。

第三节 自耦变压器

前面叙述的普通双绕组变压器，其一次绕组和二次绕组是截然分开的，即只有磁耦合，而没有电的直接联系。如果把一次绕组和二次绕组合二为一，如图 3-12 所示，就成为只有一个绕组的变压器，这种变压器称为自耦变压器，其特点是一、二次绕组共用部分绕组，因此，一、二次绕组之间不仅有磁耦合，而且还有电的直接联系。

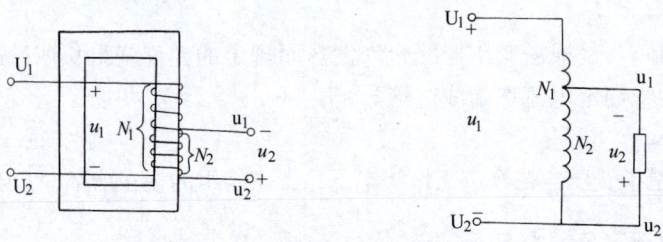

图 3-12 自耦变压器工作原理

自耦变压器的原理与普通变压器一样，由于穿过一、二次绕组的磁通相同，故式（3-4）、式（3-5）仍适用，即

$$\frac{U_1}{U_2} \approx \frac{N_1}{N_2} = K$$

$$\frac{I_1}{I_2} \approx \frac{N_2}{N_1} = \frac{1}{K}$$

自耦变压器既可做成单相的，也可做成三相的。图 3-13 所示为三相自耦变压器的原理图，它常用作对三相异步电动机进行减压起动。

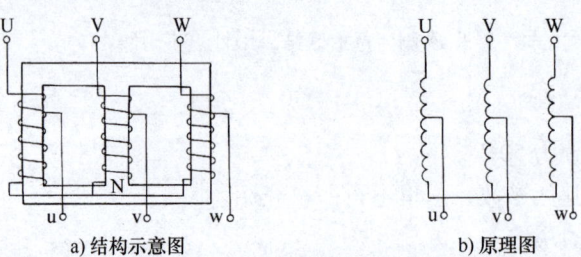

a) 结构示意图　　　　　　　　b) 原理图

图 3-13 三相自耦变压器

> 自耦变压器的优点是：结构简单，节省用铜量，效率较高，自耦变压器的电压比一般不超过 2，电压比越小，其优点越明显。
>
> 其缺点是：一次电路与二次电路有直接的电的联系，高压侧的电气故障会波及低压侧，故高、低压侧应采用同一绝缘等级。

低压小容量的自耦变压器的抽头常做成滑动触头，可构成输出电压可调的自耦调压器，如图 3-14 所示，这种调压器常在实验室中调节实验用的电压。

由于自耦变压器一、二次绕组有电的联系，因此安全操作规程中规定，自耦变压器不能作为安全变压器使用，因为万一线路接错，就可能发生触电事故。因此规定：安全变压器必须采用一、二次绕组相互分开的双绕组变压器。

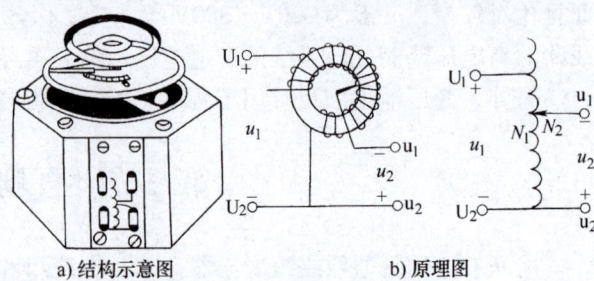

a) 结构示意图　　　　b) 原理图

图 3-14 单相自耦调压器

 **思考题与习题**

一、填空题

3-1 变压器由（ ）和（ ）构成，它是利用电磁感应定律来实现（ ）传递的。

3-2 单相变压器具有变换（ ）、变换（ ）及变换（ ）的作用。

3-3 同名端是指在同一交变磁通的作用下，两个绕组上所产生的感应电压（ ）始终（ ）的端子。

3-4 单相变压器额定容量的计算式是（ ），三相变压器的额定容量计算式是（ ）。

3-5 变压器的损耗包含（ ）和（ ）。

二、单项选择题

3-6 一单相变压器上标明 220V/36V、300V·A，问下列哪一种规格的电灯能直接接在此变压器的二次电路中使用？

a）36V、500W   b）36V、60W   c）12V、60W

3-7 单相变压器的额定容量是（ ）。

a）$U_{2N}I_{2N}$ b）$U_{1N}I_{1N}$ c）$U_{1N}I_{1N}\cos\varphi_N$

3-8 变压器是传递（ ）电能的。

a）直流   b）交流   c）直流和交流

3-9 在三相变压器中，额定电压指（ ）。

a）线电压   b）相电压   c）瞬时电压

3-10 自耦变压器的一、二次绕组有（ ）。

a）磁耦合   b）电耦合   c）磁耦合和电耦合

三、综合题

3-11 为什么变压器的铁心要用硅钢片叠成？能否用整块的铁心？

3-12 如果把一台变压器的绕组接到额定电压的直流电源上，问：

（1）能否变压？

（2）会产生什么后果？

3-13 额定电压为 220V/36V 的单相变压器，如果不慎将低压端误接到 220V 的交流电源上，会产生什么后果？

3-14 某变压器一次绕组额定电压 $U_1 = 220V$，二次侧有两个绕组，其电压分别为 $U_{21} = 110V$ 和 $U_{22} = 36V$。若一次绕组匝数 $N_1 = 440$ 匝，求二次侧两个绕组的匝数各为多少？

3-15 某晶体管收音机原配好 4Ω 的扬声器，今改接 8Ω 的扬声器，已知输出变压器的一次绕组匝数为 $N_1 = 250$ 匝，二次绕组匝数 $N_2 = 60$ 匝，若一次绕组匝数不变，问二次绕组匝数应如何变动，才能使阻抗匹配？

3-16 同名端是如何定义的？如何用实验的方法判断同名端？

3-17 某电力变压器的电压变化率 $\Delta U = 4\%$，要使该变压器在额定负载下输出的电压 $U_2 = 220V$，求该变压器二次绕组的额定电压 U_{2N}。

3-18 电力系统在电能的输送过程中为什么总是采用高电压输送？三相变压器的主要用途是什么？

第四章

异步电动机

本章知识点

> （1）本章基本知识。典型习题 4-1～4-5。
> （2）电动机的起动、反转和调速方法。典型习题 4-6～4-10。
> （3）电动机铭牌参数的应用。典型习题 4-15、4-16。

第一节　三相异步电动机

三相异步电动机是指供电为三相交流电源、转子转速与旋转磁场转速不相等的电动机。其特点是结构简单、制造容易、价格低廉以及运行可靠，因而在工农业生产及交通运输中得到了广泛的应用。在各种电力拖动装置中，三相异步电动机占 90% 左右。

一、三相异步电动机的基本结构

三相异步电动机是由定子和转子两个主要部分组成。定子为固定不动的部分，转子为转动的部分，如图 4-1 所示。

1. 定子

定子主要由定子铁心、定子绕组和机座等组成。

（1）**定子铁心**　定子铁心是电动机主磁路的一部分，因此要有良好的导磁性能。为了减小交变磁场在铁心中引起的铁

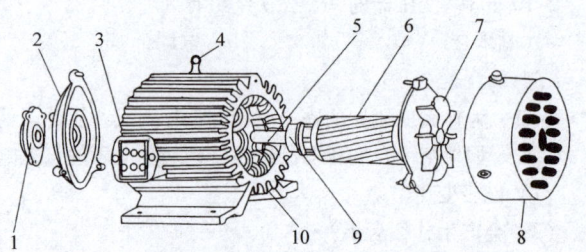

图 4-1　笼型三相异步电动机

1—轴承盖　2—端盖　3—接线盒　4—吊环　5—转轴
6—转子　7—风扇　8—风扇罩　9—轴承　10—机座

心损耗，一般采用 0.5mm 厚且两面有绝缘层的硅钢片叠成圆筒形，并压装在机座内。在定子铁心内圆上有均匀分布的槽，用于嵌放三相定子绕组。

（2）**定子绕组**　定子绕组是电动机的定子电路部分，将通过三相交流电流建立旋转磁场。定子绕组由绝缘漆包铜线制作，且按照一定的规律嵌放在定子槽内，组成一个在空间上依次相差 120° 电角度的三相对称绕组，其首端分别为 U_1、V_1、W_1，末端分别为 U_2、V_2、W_2，并引出到接线盒，根据需要它们可连接成星形或三角形，如图 4-2 所示。

（3）**机座**　机座主要用于固定和支撑定子铁心及固定端盖，并通过两侧端盖和轴承支撑转轴。一般由铸铁或钢板焊制而成。它的外表面有散热筋，以增加散热面积。

2. 转子

转子主要由转子铁心、转轴和转子绕组等部分组成。

（1）**转子铁心**　转子铁心也是电动机主磁路的一部分，也用 0.5mm 厚且相互绝缘的硅

钢片叠压成圆柱体，中间压装转轴，外圆上有均匀分布的槽孔，用以放置转子绕组。

（2）**转轴** 转轴用来支撑转子铁心和输出电动机的机械转矩。

（3）**转子绕组** 转子绕组是电动机的转子电路部分，其作用是感应电动势、流过电流并产生电磁转矩。按其结构形式的不同可分为笼型转子和绕线转子。

1）笼型转子。笼型转子是在转子铁心的每个槽内放入一根导体，并在伸出铁心的两端分别用两个导电环把所有导体短接起来，形成一个自行闭合的短路绕组。若去掉铁心，剩下来

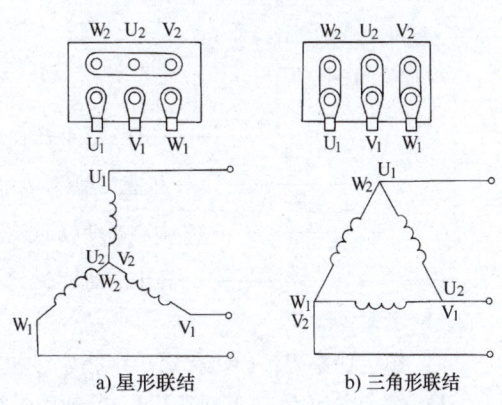

a) 星形联结　　　　b) 三角形联结

图 4-2　三相异步电动机定子绕组的连接

的绕组形状就像一个松鼠笼子，所以称之为笼型绕组。如图 4-3 所示。中小型三相异步电动机的笼型转子一般采用铸铝，将导条、端环和风叶一次铸出。

2）绕线转子。绕线转子绕组与定子绕组一样，也是一个三相对称绕组。它嵌放在转子铁心槽内，并接成星形，其三个引出端分别接到固定在转轴上的三个铜制集电环上，再通过压在集电环上的三个电刷与外电路接通，如图 4-4 所示。绕线转子可通过集电环与电刷在转子回路外串附加电阻或其他控制装置，以便改善三相异步电动机的起动性能和调速性能。

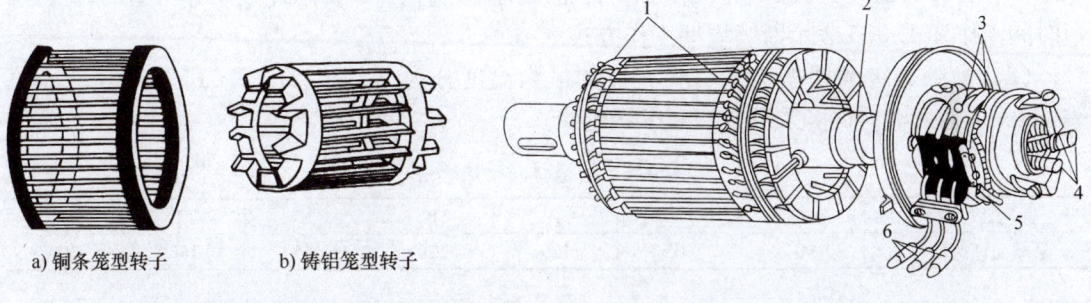

a) 铜条笼型转子　　　　b) 铸铝笼型转子

图 4-3　笼型转子

图 4-4　绕线转子

1—三相转子绕组　2—转轴　3—集电环

4—转子绕组出线端　5—电刷　6—电刷外接线

二、三相异步电动机的铭牌

在三相异步电动机的机座上均装有一块铭牌，铭牌上标出了该电动机的主要技术数据，供正确使用电动机时参考，如图 4-5 所示。

型号	Y112M-4		编号	
4.0kW			8.8A	
380V	1440r/min		LW 82dB	
联结△	防护等级 IP44	50Hz	45kg	
标准编号	工作制 S1	B 级绝缘	年　月	
××电机厂				

图 4-5　三相异步电动机铭牌

1. 型号（Y112M-4）

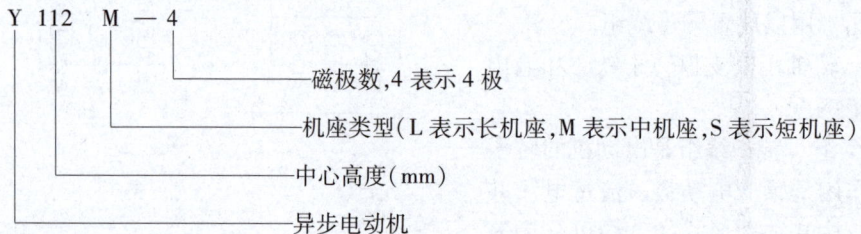

Y 112 M — 4
- 磁极数,4表示4极
- 机座类型(L表示长机座,M表示中机座,S表示短机座)
- 中心高度(mm)
- 异步电动机

2. 额定值

（1）额定功率 P_N（W 或 kW） 指电动机在额定工作状态下运行时，轴上输出的机械功率。

（2）额定电压 U_N（V 或 kV） 指电动机在额定状态下运行时，定子绕组所加的线电压。

（3）额定电流 I_N（A） 指电动机在加额定电压、输出额定功率时，流入定子绕组的线电流。额定功率与其他额定值之间的关系为

$$P_N = \sqrt{3}\, U_N I_N \eta_N \cos\varphi_N$$

式中，η_N 为额定效率；$\cos\varphi_N$ 为额定功率因数。

（4）额定转速 n_N（r/min） 指电动机在额定状态下运行时的转速。

（5）额定频率 f_N（Hz） 指电动机所接交流电源的频率。我国电网的频率规定为50Hz。

（6）联结（△） 表示在额定电压下，定子绕组应采用的联结方法。Y 系列电动机，4kW 及以上者均采用三角形（△）联结。

（7）工作方式 共有 10 种工作方式，常用的有三种：S1 表示连续工作方式；S2 表示短时间工作方式；S3 表示断续周期工作方式。

（8）绝缘等级 根据绝缘材料允许的最高温度分为 Y、A、E、B、F、H、N 级，见表4-1，Y 系列电动机多采用 B 级和 F 级绝缘。

表4-1 绝缘材料耐热等级

等　　级	Y	A	E	B	F	H	N
最高允许温度/℃	90	105	120	130	155	180	200

三、三相异步电动机的基本工作原理

三相异步电动机是依靠定子绕组所产生的旋转磁场来工作的，因此我们有必要先讨论旋转磁场是怎样产生的。

1. 旋转磁场的产生

图 4-6a 所示为三相异步电动机定子绕组示意图，三相绕组 U_1U_2、V_1V_2、W_1W_2 在空间位置上依次相差 120°（电角度），若为星形联结，即首端 U_1、V_1、W_1 与三相电源相连，末端 U_2、V_2、W_2 接在一起，如图 4-6b 所

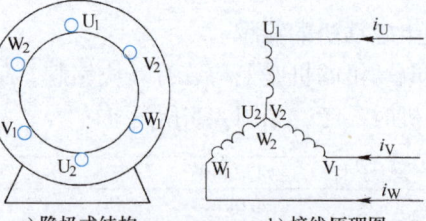

a)隐极式结构　　　b)接线原理图

三相异步电动机工作原理

图 4-6 三相异步电动机定子绕组示意图

示，则在三相定子绕组中有三相对称交流电流 i_U、i_V、i_W 流过，其波形如图 4-7 所示。

据电流的参考方向和波形图可知，电流为正时，实际电流从绕组首端流进，末端流出；电流为负时，实际电流从绕组末端流进，首端流出。在表示绕组导线的小圆圈内，用"×"

表示电流流入，用"·"表示电流流出。

下面通过几个特定时刻来分析定子绕组所产生的合成磁场是怎样变化的。

当 $\omega t = 0°$ 时，$i_U = I_m$，电流从 U_1 流进，以"×"表示，从 U_2 流出，以"·"表示；$i_V = i_W = -I_m/2$，电流分别从 V_2、W_2 流进，以"×"表示，从 V_1、W_1 流出，以"·"表示。根据右手螺旋定则，可判断出该时刻的合成磁场如图 4-8a 所示。

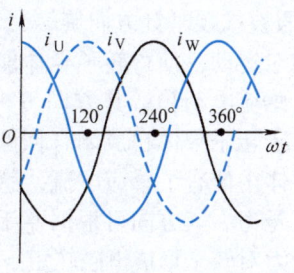

图 4-7 三相电流波形

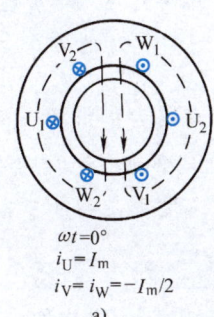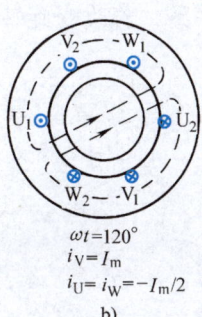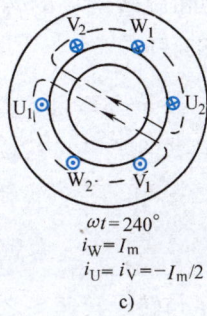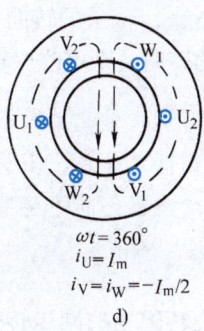

$\omega t = 0°$	$\omega t = 120°$	$\omega t = 240°$	$\omega t = 360°$
$i_U = I_m$	$i_V = I_m$	$i_W = I_m$	$i_U = I_m$
$i_V = i_W = -I_m/2$	$i_U = i_W = -I_m/2$	$i_U = i_V = -I_m/2$	$i_V = i_W = -I_m/2$
a)	b)	c)	d)

图 4-8 两极旋转磁场示意图

用同样的方法可判断出 $\omega t = 120°$、$240°$、$360°$ 几个时刻的三相合成磁场方向分别如图 4-8b、c、d 所示。

比较图 4-8 中的四个时刻，可以看出三相合成磁场具有以下特点：

1）定子三相绕组的合成磁场为旋转磁场。

2）合成磁场的方向总是与电流达到最大值的那一相绕组的轴线方向一致。因此，在三相绕组空间排序不变的条件下，旋转磁场的转向决定于三相电流的相序。若要改变旋转磁场转向，只需将三相电源进线中的任意两相对调即可。

3）对于两极（即磁极对数 $p = 1$）电动机，交流电变化一周期，旋转磁场恰好在空间转过 $360°$（即 1 转），若交流电每秒钟变化 f_1 个周期，则旋转磁场每秒钟转 f_1 转，每分钟转 $60f_1$ 转，即旋转磁场转速为

$$n_1 = 60f_1$$

若定子绕组增加一倍，且每个绕组在空间以相差 $90°$ 的角度排列，并把相差 $180°$ 的两个绕组首尾相串，组成一相绕组，则可构成四极（$p = 2$）电动机，当给三相绕组通入三相对称电流时，通过同样的分析方法可得旋转磁场的转速将减少一半，即

$$n_1 = \frac{60f_1}{2}$$

由此推断，对于 p 对磁极电动机，旋转磁场的转速为

$$n_1 = \frac{60f_1}{p} \tag{4-1}$$

式中，n_1 是旋转磁场转速，亦称同步转速（r/min）；f_1 是电源频率（Hz）；p 是磁极对数。

由式（4-1）可知，旋转磁场的转速与交流电的频率成正比，与磁极对数成反比。

2. 旋转原理

当定子绕组接通三相电源后，则在定子、转子及其气隙间产生转速为 n_1 的旋转磁场

（假设按顺时针方向旋转）。这时，旋转磁场与转子导体间就有了相对运动，使得转子导体能够切割磁力线，从而在转子导体中产生感应电动势。其方向可根据右手定则判断出，如图4-9所示。由于转子导体自成闭合回路，因此在感应电动势的作用下，转子导体内便有了感应电流，感应电流又与旋转磁场相互作用而产生电磁力，其方向可根据左手定则判断出，如图4-9所示，这些电磁力对转子形成电磁转矩。从图4-9可以看出，电磁转矩方向与旋转磁场的转向一致，这样转子就会顺着旋转磁场的转向旋转起来。由此看来，转子的转向总是和旋转磁场的转向一致，若改变旋转磁场的转向，则可改变转子的转向。

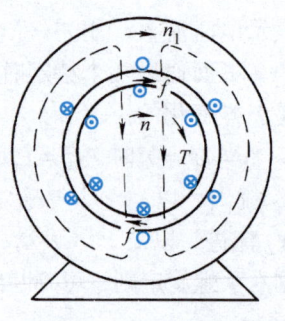

图4-9 三相异步电动机旋转原理图

> 由以上分析还可看出，转子的转速 n 永远比同步转速 n_1 小。这是因为如果转子的转速达到同步转速，则转子导体将不再切割磁力线，从而使感应电动势、感应电流和电磁场转矩均为零，转子将减速，因此，转子转速 n 总是低于同步转速 n_1，这也是异步电动机"异步"的由来。

旋转磁场的同步转速 n_1 与转子转速 n 之差称为转差。转差与同步转速 n_1 之比称为转差率，用 s 表示，即

$$s = \frac{n_1 - n}{n_1} \tag{4-2}$$

转差率 s 是三相异步电动机的一个重要参数，它对电动机的运行有着极大的影响，其大小也能反映转子转速，即

$$n = n_1(1 - s)$$

电动机起动瞬间，$n = 0$，$s = 1$；理想空载时，$n = n_1$，$s = 0$；因此，电动机在电动状态下运行时，$s = 0 \sim 1$。

通常，电动机在额定状态下运行时，其额定转速接近同步转速 n_1，额定转差率 $s_N = 0.01 \sim 0.05$。

例4-1 已知 Y112M—4 三相电动机的同步转速 $n_1 = 1500 \text{r/min}$，额定转速为 1440r/min，空载时的转差率 $s_0 = 0.0026$。求该电动机的磁极对数 p、额定转差率 s_N 和空载转速 n_0。

解

$$p = \frac{60f_1}{n_1} = \frac{60 \times 50}{1500} = 2$$

$$s_N = \frac{n_1 - n_N}{n_1} = \frac{1500 - 1440}{1500} = 0.04$$

$$n_0 = (1 - s_0)n_1 = (1 - 0.0026) \times 1500 \text{r/min} \approx 1496 \text{r/min}$$

四、三相异步电动机的运行特性

1. 转矩特性

三相异步电动机在稳定运行时，电源输入的功率为

$$P_1 = \sqrt{3} U_L I_L \cos\varphi_1$$

式中，U_L 是线电压，I_L 是线电流，$\cos\varphi_1$ 是电动机的功率因数，而异步电动机轴上所输出的机械功率 P_2 总是小于 P_1，这是因为它在将电能转换为机械能的过程中存在功率损耗，损

耗包括：

1）定子绕组及转子绕组中的铜损耗 P_{Cu}。

2）铁心中存在的铁损耗 P_{Fe}。

3）在运行过程中克服机械摩擦、风的阻力等所形成的机械损耗 P_m。

4）不包括上述三项损耗之内的其他损耗之和，称为杂散损耗 p_s。

因此

$$P_2 = P_1 - P_{Cu} - P_{Fe} - P_m \qquad (4\text{-}3)$$

三相异步电动机的效率 η 等于输出功率 P_2 与输入功率 P_1 之比，即

$$\eta = \frac{P_2}{P_1} \times 100\% \qquad (4\text{-}4)$$

式（4-3）称为功率平衡方程式。电动机的转矩也应遵循转矩平衡方程式，即

$$T = T_2 + T_0$$

式中，T 为电磁转矩；T_2 为输出转矩；T_0 为空载转矩。

根据力学知识我们知道，旋转体的机械功率等于作用在旋转体上的转矩 T 与它的机械角速度 ω 的乘积，即 $P = T\omega$。

故

$$T_2 = \frac{P_2'}{\omega} = \frac{P_2' \times 60}{2\pi n} = 9550 \frac{P_2}{n}$$

式中，P_2' 为输出功率（W）；P_2 也为输出功率（kW）。

因此额定输出转矩 T_N 为

$$T_N = \frac{P_N'}{\omega_N} = \frac{1000 P_N \times 60}{2\pi n_N} = 9550 \frac{P_N}{n_N} \qquad (4\text{-}5)$$

式中，P_N 是额定输出功率（kW）；n_N 是额定转速（r/min）；T_N 是额定输出转矩（N·m）。

由此可见，功率相同的电动机，转速低则转矩大，转速高则转矩小。

三相异步电动机的电磁转矩 T 与定子绕组上的电压和频率、转差率、转子电路参数等有着密切联系，其关系式为

$$T \approx \frac{sCR_2 U_1^2}{f_1 \left[R_2^2 + (sX_{20})^2 \right]} \qquad (4\text{-}6)$$

式中，U_1 是定子绕组电压；f_1 是交流电源的频率；R_2 是转子绕组每相的电阻；X_{20} 是电动机静止不动时转子绕组每相的感抗；C 是电动机结构常数；s 是转差率。

对于某台电动机而言，当定子绕组上的电压及频率一定时，转子电路等参数均为常数。此时，电动机的电磁转矩 T 仅与转差率 s 有关。在实际应用中，为了更形象地表示出转矩与转差率之间的相互关系，常用 T 与 s 间的关系曲线来描述，如图4-10 所示，该曲线称为异步电动机的转矩特性曲线。

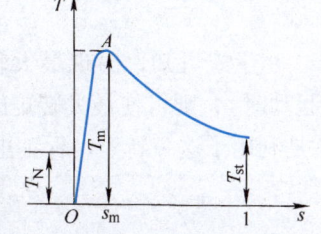

图4-10 转矩特性曲线

由图4-10 可以看出：当 $s=0$ 时，$T=0$，随着 s 增大，T 也开始增大，达到最大值 T_m 以后，随 s 增大而减小。

例4-2 有两台三相异步电动机，额定功率均为 10kW，其中一台额定转速为 980r/min，另一台为 1430r/min。试求它们在额定状态下的输出转矩。

解 由式（4-5）可得

$$T_{N1} = 9550 \frac{P_{N1}}{n_{N1}} = 9550 \times \frac{10}{980} N \cdot m \approx 97.45 N \cdot m$$

$$T_{N2} = 9550 \frac{P_{N2}}{n_{N2}} = 9550 \times \frac{10}{1430} N \cdot m \approx 66.78 N \cdot m$$

2. 机械特性

在实际应用中，人们更关心转速 n 与转矩 T 之间的关系，因此常把图 4-10 顺时针转 90°
并把 s 换成 n，变成图 4-11 所示的 n 与 T 之间的关系曲线，该曲线称为机械特性曲线。

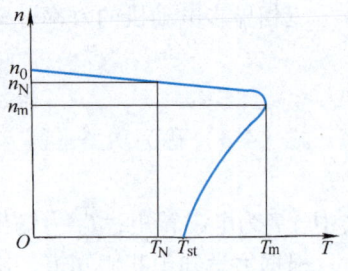

图 4-11　机械特性曲线

从机械特性曲线我们可以看出如下重要转矩：

（1）起动转矩 T_{st}　电动机刚接通电源，但尚未开始转动（$s = 1$）的一瞬间，轴上所产生的转矩称为起动转矩 T_{st}。起动转矩必须大于电动机带机械负载的阻转矩，否则不能起动。因此它是电动机的一项重要指标，通常用起动能力 K_{st} 表示，定义起动能力为起动转矩 T_{st} 与额定转矩 T_N 之比，即

$$K_{st} = \frac{T_{st}}{T_N} \tag{4-7}$$

（2）最大转矩 T_m　电动机能够提供的极限转矩。电动机所拖动的负载阻转矩必须小于最大转矩，否则，电动机将因拖不动负载而被迫停转。另外，若把额定转矩规定得靠近最大转矩，则电动机略有过载，也会很快停转，此时停转，电动机电流很大，若时间过长，则会烧坏电动机，因此，电动机必须有一定的过载能力。

电动机的最大转矩与额定转矩之比称为电动机的过载能力，也称过载系数，用 λ_m 表示，即

$$\lambda_m = \frac{T_m}{T_N} \tag{4-8}$$

最大转矩所对应的转速和转差率分别称为临界转速和临界转差率，记作 n_m 和 s_m。通过分析可知

$$s_m = \frac{R_2}{X_{20}} \tag{4-9}$$

由上式可知，出现最大转矩时的临界转差率 s_m 和 R_2 成正比，当 $R_2 = X_{20}$，$s = s_m = 1$（起动时），则可使最大转矩出现在起动瞬间。起重设备中广泛采用的绕线转子异步电动机就是利用了这一特点，保证电动机有足够大的起动转矩来提升重物。

> 对于机械特性曲线，我们可以把它分为两个区域：
> （1）稳定运行区　即转速从 n_0 到 n_m 之间的区域。电动机正常运行时，工作在稳定运行区，该段曲线表明：当负载转矩增大时，电磁转矩增大，电动机转速略有下降。
> （2）非稳定运行区　即转速从 0 到 n_m 之间的区域。该段曲线表明：当负载转矩增大到超过电动机最大转矩时，电动机转速将急剧下降，直到停转。通常电动机都有一定的过载能力，起动后会很快通过不稳定运行区而进入稳定运行区工作。

由于三相异步电动机机械特性的稳定运行区比较平坦，即随着负载转矩的变化，电动机转速变化很小，因此其机械特性为硬特性。

综合以上分析，结合式（4-6）、式（4-9），我们还可得出如下结论：

1）电动机所产生的电磁转矩 T 与电源电压 U_1 的二次方成正比，因此电源电压的波动对电动机的转矩影响很大。

2）最大转矩 T_m 与转子电阻 R_2 无关，因此适当调整 R_2 可改变机械特性，而最大转矩不变。

例 4-3　一台三相异步电动机的 $U_N = 380V$，$I_N = 20A$，$P_N = 10kW$，$\cos\varphi_1 = 0.84$，$n_N = 1460r/min$，$K_{st} = 1.8$，$\lambda_m = 2.2$。试求额定转矩 T_N，起动转矩 T_{st}，最大转矩 T_m 和额定效率 η_N。

解　由式（4-5）可得

$$T_N = 9550\frac{P_N}{n_N} = 9550 \times \frac{10}{1460}N \cdot m \approx 65.41N \cdot m$$

由式（4-7）可得

$$T_{st} = K_{st}T_N = 1.8 \times 65.41N \cdot m \approx 117.74N \cdot m$$

由式（4-8）可得

$$T_m = \lambda_m T_N = 2.2 \times 65.41N \cdot m \approx 143.90N \cdot m$$

输入功率 P_1 为

$$P_1 = \sqrt{3}\,U_N I_N \cos\varphi_1 = \sqrt{3} \times 380 \times 20 \times 0.84W \approx 11.06kW$$

故

$$\eta_N = \frac{P_N}{P_1} \times 100\% = \frac{10}{11.06} \times 100\% \approx 90.42\%$$

五、三相异步电动机的起动、反转、调速和制动

1. 起动

所谓起动，就是指电动机接至电源后，转速从零开始逐渐升到稳定运行转速的全部过程。这个过程虽然短暂，但对电动机的运行性能、使用寿命及其安全等均有很大的影响，必须加以分析。

> 对电动机的起动，有三个基本要求：一是起动电流 I_{st}（即起动瞬间的电枢电流）应尽量小；二是起动转矩 T_{st}（即起动瞬间的电磁转矩）足够大；三是起动设备简单、经济、操作方便、运行可靠。

三相异步电动机开始起动的瞬间，由于转子的转速 $n = 0$，转子导体以最大的相对速度切割旋转磁场，从而产生最大的感应电动势，因此，起动瞬间转子导体电流最大，这样就使定子绕组也出现很大的起动电流，其值约为额定电流的 4～7 倍，但此时电磁转矩并不很大，其值约为额定转矩的 1.8～2 倍。

过大的起动电流不但会使电网电压严重下降，从而影响接在同一电网上的其他用电设备的正常运行，而且还会使频繁起动的电动机因过热而损坏。起动转矩不大，可能会使电动机带不动负载起动。总之，对异步电动机的起动要求是：尽可能限制起动电流，有足够大的起动转矩，同时起动设备要简单经济、操作方便，且起动时间短。

（1）三相笼型异步电动机的起动

1）全压起动。用刀开关或接触器将电动机直接接到额定电压的电网上的起动方式叫作

全压起动。全压起动的优点是设备简单、操作方便且起动时间短；缺点是起动电流大。因此在电动机的容量相对较小，而电网容量相对足够大的情况下，均采用全压起动，一般 10kW 以下的电动机可采用全压起动。

2）减压起动。起动时降低加在电动机定子绕组上的电压，起动结束后，使定子绕组上的电压再恢复到额定值。尽管减压起动可减小起动电流，但由于起动转矩随电压的二次方而降低，因此也大大减小了起动转矩，因此减压起动仅适用于在空载或轻载情况下起动的电动机。

① 定子绕组串电阻或电抗减压起动。起动时，利用串电阻降低加在定子绕组上的电压，待起动结束后，再将电阻短接，使电动机在额定电压下运行，如图 4-12 所示。这种起动方法的优点是起动平稳、运行可靠及设备简单；缺点是只适合轻载起动，且起动时电能损耗大。目前这种方法已很少使用。

② Y-△减压起动。若电动机正常运行时，定子绕组作△联结，则起动时先把它接成Y，从而降低加在定子绕组上的电压，待起动结束后，再把它改接成△联结，使电动机在额定电压下运行，如图 4-13 所示。这种起动方式，其起动电流和起动转矩只有全压起动时的 1/3。其优点是设备简单、成本低及运行可靠；缺点是只适用于正常运行时定子绕组为△联结的电动机，而且只能轻载起动。

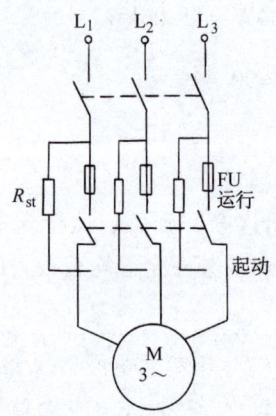

图 4-12　笼型异步电动机定子绕组
串电阻减压起动电路图

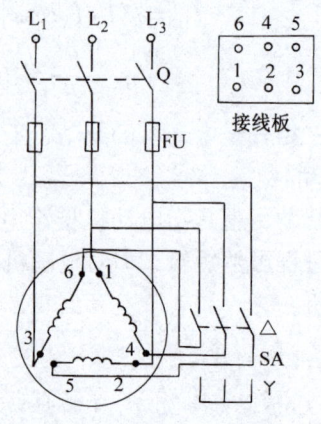

图 4-13　笼型异步电动机Y-△
减压起动电路图

③ 自耦变压器减压起动。起动时，自耦变压器一次绕组接电源，二次绕组接电动机定子绕组，从而降低加在定子绕组上的电压，待起动结束后，再将电动机直接接到电源上，使其工作在额定电压下，如图 4-14 所示。这种起动方法的优点是起动转矩较其他方法大，而且可灵活选择自耦变压器的抽头以得到合适的起动电流和起动转矩；缺点是设备成本较高，不能频繁起动。

（2）三相绕线转子异步电动机的起动

1）转子串电阻起动。图 4-15 所示为绕线转子异步电动机转子串电阻三级起动原理图。其分级起动的过程与直流电动机完全相似。起动时接触器触点全部断开，起动电阻全都接入，在起动过程中，随着转速的升高，通过接触器 KM_1、KM_2、KM_3 触点依次闭合，而逐级

依次切除起动电阻 R_{st3}、R_{st2} 和 R_{st1}，使电动机进入稳定运行。最后，操作起动器手柄将电刷提起，同时将三只集电环短接，以减小运行中的电刷摩擦损耗，至此起动结束，电动机进入正常运行。这种起动方法通过增加转子回路电阻，不仅可以减小起动电流，同时还可以提高起动转矩，适用于重载起动，但所串电阻存在能量损耗，且所需设备较多。

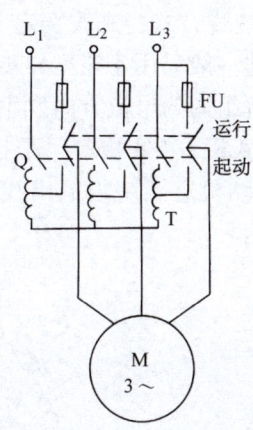

图 4-14　笼型异步电动机自耦变
压器减压起动电路图

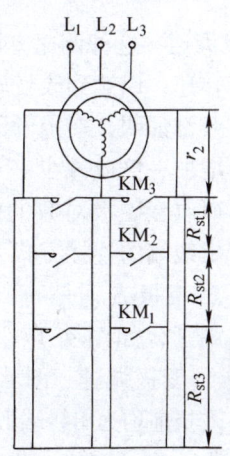

图 4-15　三相绕线转子异步电动机
转子串电阻起动

2）转子串频敏变阻器起动。图 4-16 所示是绕线转子异步电动机转子串频敏变阻器起动接线图。频敏变阻器是其电阻和电抗值随频率而变化的装置，就像一台没有二次绕组的三相心式变压器，但其铁心损耗比普通变压器大得多。刚起动时，转子电流的频率很高，铁心损耗很大，使频敏变阻器的阻值很大，此时相当于在转子回路串入一个较大的起动电阻，因此限制了起动电流；随着转速的升高，转子电流的频率自动下降，频敏变阻器的阻值也随之减小，相当于随转速的升高自动且连续地减小起动电阻；直到转速为额定值时，转子电流的频率极低，相当于将起动电阻全部切除，此时应将电刷提起，同时将三个集电环短接，起动过程结束。这种起动方法不仅能减小起动电流，而且能增大起动转矩，同时起动的平滑性优于转子串电阻分级起动；另外频敏变阻器结构简单、成本适中，使用寿命长。

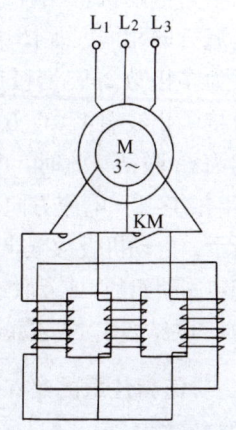

图 4-16　绕线转子异步
电动机转子串频敏
变阻器起动接线图

2. 反转

在生产中，经常需要使电动机反转。前已述及，异步电动机的转动方向是和旋转磁场的方向一致的，因此改变旋转磁场的旋转方向，即可改变电动机的转动方向。而改变旋转磁场的旋转方向，只需把三相异步电动机的任意两根电源线对调即可。

3. 调速

在一定的负载下，人为地改变电动机的转速以满足生产机械的工作速度称为调速。这不同于电动机在不同负载下具有不同的转速。

调速有机械调速、电气调速和两者配合调速。通过改变传动机构速比的方法调速，称为机械调速；通过改变电动机电气参数而改变生产机械的速度，称为电气调速。

根据式（4-1）、式（4-2）可知，电动机的转速

$$n = (1-s)n_1 = (1-s)\frac{60f_1}{p}$$

由此可知，异步电动机的转速可通过改变电源频率 f_1、改变磁极对数 p 和改变转差率 s 的方法来调节。

（1）变极调速　这种调速方法是通过改变定子绕组的接线方式，来改变定子磁极对数，从而改变同步转速，以达到改变转子转速的目的。变极调速一般只用于笼型异步电动机。

理论和实践都证明，在定子的每相绕组中，若有一半绕组内的电流方向发生改变，则磁极对数 p 就会增加一倍或减少一半，即成倍地变化，如2/4 极、4/8 极等。根据这一结论，人们生产出可以改变磁极对数的多速异步电动机，这种电动机定子绕组的出线端均接到机外，只要改变出线端的连接方式，就可改变磁极对数和转速。

两种常用的变极方案是Y/YY变极调速和△/YY变极调速，如图 4-17 所示，其中图 4-17a 为Y/YY变极调速，图 4-17b 为△/YY变极调速。变极前均为出线端 1、2、3 接三相电源，出线端4、5、6 悬空，此时，图 4-17a 定子绕组为Y联结，图 4-17b 定子绕组为△联结，电动机每相绕组的两个"半相绕组"电流方向相同，如图中实线箭头所示，电动机为多极数 $2p$；变极后均为出线端 1、2、3 短接，出线端4、5、6 接三相电源，定子绕组均为YY联结，此时，电动机每相绕组的两个"半相绕组"电流方向相反，如图中虚线箭头所示，电动机极数减半，共 p 个极。因此，若把定子绕组的Y或△联结变成YY联结，可使磁极对数减半，转速升高一倍；反之，若把定子绕组的YY联结变成Y或△联结，可使磁极对数增加一倍，转速降低一半。

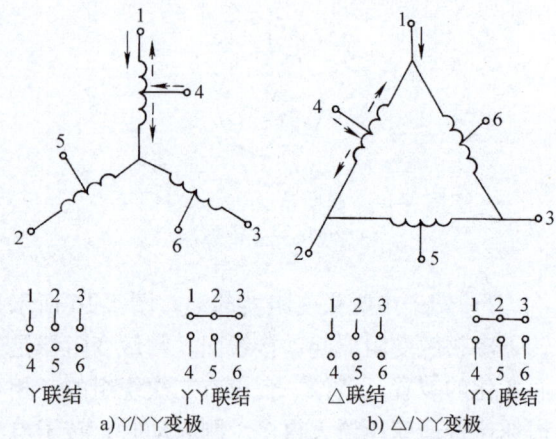

图 4-17　三相笼型异步电动机两种常用变极联结

> **值得注意的是**：变极调速时，为保持电动机转向不变，必须改变接入定子绕组输入端的电源相序。

由于变极调速时磁极对数只能成倍改变，所以这种调速方法是有级调速。变极调速具有操作简单、成本低、效率高、机械特性硬等优点，因此适用于对调速要求不高且不需要平滑调速的场合。

（2）变频调速　由于电源是固定不变的 50Hz 交流电，因此变频调速需要专用的变频设备，以便给定子绕组提供不同频率的交流电，才能实现变频调速。有关变频调速的实现方法请参阅其他书籍，这里不再叙述。

（3）改变转差率 s 调速

1）对于绕线转子异步电动机，可在转子回路中串电阻调速，其电路与起动时的情况相同。当转子回路的电阻改变时，它的转矩特性曲线如图 4-18 所示（电源电压及频率保持不变），这是一组最大转矩不变而临界转差率 s_m 随电阻增加而增大的曲线。由图 4-18 可见，

在一定的负载转矩 T_L 下，随转子回路电阻的增加，转子电流减小，电磁转矩相应减小，使得 $T < T_L$，电动机的转速 n 下降，而转差率 s 上升。这种调速方法的优点是设备简单，缺点是电阻上有能量损耗，空载或轻载时调速范围窄，且低速时机械特性软，稳定性差。因此，这种调速方法主要用于运输和起重设备中。

2）对于笼型异步电动机，可用改变电源电压的方法调速。当电源电压 U_1 改变时，其转矩特性曲线如图 4-19 所示，这是一组临界转差率 s_m 不变而最大转矩随电压 U_1^2 的下降而下降的曲线。由图 4-19 可知，对于通风机型负载（图中 T_L 的曲线），可获得较低的稳定转速和较宽的调速范围。因此，目前电扇都采用串电抗器而进行调压调速或用晶闸管装置调压调速。

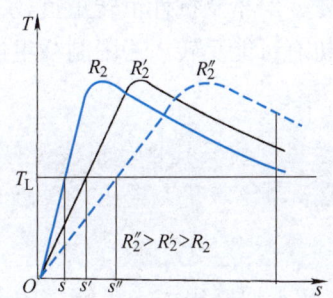

图 4-18 改变 s 调速的转矩特性曲线

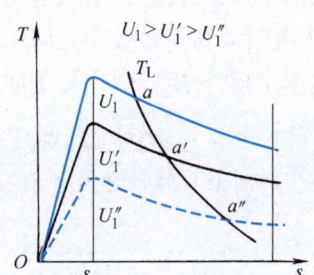

图 4-19 改变电源电压调速的转矩特性曲线

4. 制动

当电动机切断电源后，由于惯性使得电动机总要经过一段时间才能停转。与直流电动机一样，若要使三相异步电动机在运行中快速地停车、反转或限速以适应某些生产机械的工艺要求，提高生产效率，就需要对电动机进行制动。制动的方法很多，有机械制动和电气制动。机械制动是指利用机械装置使电动机在切断电源后停转。电气制动是指通过改变电动机电气参数使其产生一个与转向相反的电磁转矩。电气制动包括能耗制动、反接制动和回馈制动。这里主要介绍能耗制动和反接制动。

（1）能耗制动 这种制动方法是将定子绕组从三相电源断开后，立即加上直流励磁电源，如图 4-20 所示。

制动瞬间，流过定子绕组的直流电流在空间产生一静止的磁场，但由于系统机械惯性很大，转子仍继续沿原方向转动，这样在转子导体中就会产生感应电动势和感应电流，根据右手定则可判断其方向如图 4-20 所示。根据左手定则可判断具有电流的转子导体在磁场中受到的电磁转矩方向与电动机转向相反，为一制动转矩，对于反抗性恒转矩负载（如摩擦转矩），系统很快减速直到停转。制动过程中，由于系统

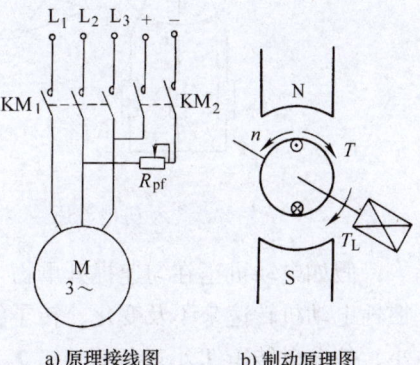

a) 原理接线图 b) 制动原理图

图 4-20 三相异步电动机能耗制动

将转子动能转化为电能消耗在转子回路电阻上，动能耗尽，系统停车，故称为能耗制动。由于制动瞬间转子相对于静止磁场的运动速度很大，因此转子绕组电流很大，定子绕组电流也很大。

　　这种制动方法制动平稳，能准确快速地使反抗性负载停车，且只吸取少量的直流励磁电能，制动经济。

　　（2）反接制动

　　1）电源反接制动。这种制动是将三相异步电动机定子绕组中任意两相电源进线对调，同时在转子回路中串一制动电阻，制动原理如图4-21所示。

　　反接制动瞬间，旋转磁场的转向立即改变，但由于系统的机械惯性很大，电动机的转速和转向来不及改变，根据右手定则可判断转子绕组的感应电动势和感应电流方向如图4-21所示，根据左手定则可判断具有电流的转子导体在磁场中受到的电磁转矩方向与转子转向相反，为一制动的电磁转矩，结果电动机转速很快下降为零，对于反抗性恒转矩负载，若需要停车，当转速制动到零时必须立即切断电源，否则电动机有可能反转。为限制绕组过大的制动电流和增大制动转矩，应在转子回路中串入限流电阻 R_{bk}。

　　这种制动方法比能耗制动更加强烈，制动更快，适用于使反抗性负载快速停车或反转。其缺点是制动过程既要从电源吸取电能，又要把转子动能转化为电能，因此能耗大，经济性差。

　　2）倒拉反接制动。这种制动方法是定子接线不变，转子回路串入一足够大的电阻，在位能负载作用下进入倒拉反接制动状态，制动原理如图4-22所示。

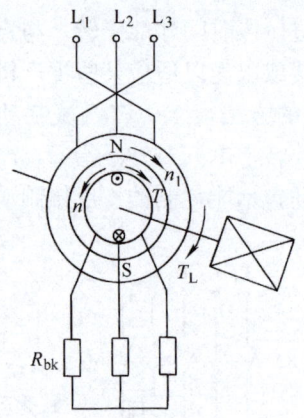
图4-21　三相异步电动机电源反接制动原理图

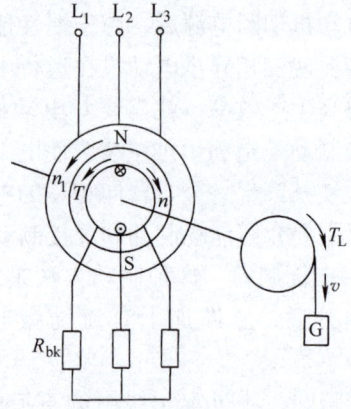
图4-22　三相异步电动机倒拉反接制动原理图

　　假如电动机正在匀速提升重物（正转），制动瞬间，电枢回路已串入了电阻，由于机械惯性电动机转速来不及变化，转子的感应电动势不变，因此转子电流减小，电磁转矩 T 减小，使电磁转矩 T 小于负载转矩 T_L，转速开始减小，同时电磁转矩增大。当转速减到零时，由于重物的重力作用所产生的负载转矩 T_L 仍大于电磁转矩 T，因此电动机就由重物倒拉着反转起来，此时电磁转矩方向与转速方向相反，电动机进入倒拉反接制动状态，当电磁转矩增大到与负载转矩相等时，电动机就匀速反转，即匀速下放重物。

　　这种制动方法适用于低速下放重物，安全性好，但能耗大、经济性差。

第二节　单相异步电动机

由单相电源供电的异步电动机称为单相异步电动机，它结构简单、成本低、运行可靠，可直接接在单相220V交流电源上使用，因而广泛应用于办公场所、家用电器及电动工具及医疗器械等方面。

单相异步电动机与同容量的三相异步电动机相比，其体积较大、效率低、运行性能差、过载能力小，因此单相异步电动机多数是小型的，其容量一般不超过0.6kW。

一、基本结构和工作原理

1. 基本结构

单相异步电动机的结构如图4-23所示。它与三相异步电动机结构相似，也由定子和转子两部分组成，定子铁心内嵌放单相或两相定子绕组，而转子通常只采用普通的笼型转子。

2. 工作原理

若单相异步电动机的定子绕组是单相绕组，则在接通电源后，单相正弦交流电流通过单相绕组只能产生脉振磁场，而不是旋转磁场，如果单相异步电动机的转子原来是静止不动的，则在脉振磁场中，转子是不会转动的。此时，若用外力拨动转子，则转子就会顺着拨动方向转动起来。这是因为脉振磁场可以分解成两个幅值相等、转速相同、转向相反的旋转磁场，即正向旋转磁场和反向旋转磁场。当转子静止时，两个旋转磁场所产生的正向电磁转矩和反向电磁转矩大小相等、

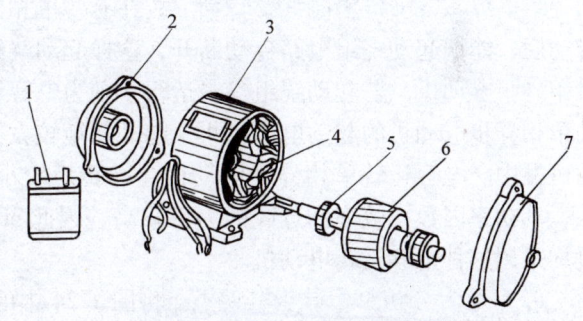

图4-23　单相异步电动机结构
1—电容　2、7—端盖　3—机座
4—定子绕组　5—轴承　6—转子

方向相反，因而转子不会转动。当拨动转子正向旋转时，由于正向电磁转矩大于反向电磁转矩，这样转子就会沿着拨动方向（正向）转动起来。由此看来，要使单相单绕组异步电动机能够自行起动，具备实用价值，必须解决起动问题。

二、单相异步电动机的类型和起动方法

使单相异步电动机像三相异步电动机那样能够自行起动，常用的方法是采取分相式和罩极式。

1. 分相式单相异步电动机

其特点是定子上除了装有单相主绕组外，通常还安装了一个起动绕组，起动绕组在空间上与主绕组相差90°电角度。这样，在同一单相电源供电的情况下，若起动绕组和主绕组流过的电流在相位上相差一定电角度，也会在定子气隙内形成一个旋转磁场。根据这一原理，便有了电容分相、电阻分相等分相式异步电动机。

（1）电容分相单相异步电动机　图4-24所示为电容分相单相异步电动机的原理图。适当选择电容C的容量，使起动绕组

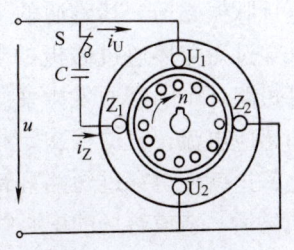

图4-24　电容分相单相异步电动机原理图

流过的电流 i_Z 与主绕组流过的电流 i_U 在相位上相差 90°。此时，在定子内圆便产生一圆形旋转磁场，其原理如图 4-25 所示。转子在该旋转磁场的作用下，获得起动转矩，从而转动起来。

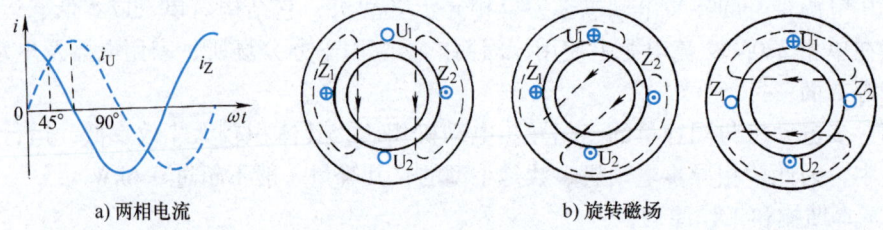

a) 两相电流   b) 旋转磁场

图 4-25 单相异步电动机旋转磁场

需要说明的是，在起动前，若起动绕组断开，则电动机不能起动。但在起动后，若把起动绕组去掉，电动机仍能继续转动。故在有些单相异步电动机内常装一离心开关，以便在它转动后，能把起动绕组电路自动断开，这样起动绕组不参与运行，这种电动机称为电容起动单相异步电动机。若起动绕组参与运行，则为电容运转单相异步电动机。两者相比，电容起动单相异步电动机的起动电流较小、起动转矩较大，因此它适用于水泵、磨粉机等满载起动的机械中。电容运转单相异步电动机起动转矩较小、起动电流较大，但具有较好的运行特性，其功率因数、效率和过载能力都较高，因此 300mm 以上电风扇、空调器压缩机的电动机均采用这种电容运转电动机。

（2）电阻分相单相异步电动机 将图 4-24 中的电容 C 换成电阻 R 即可构成电阻分相单相异步电动机。这种电动机的特点是：起动绕组的导线较细、主绕组的导线较粗，这样起动绕组的电阻就比主绕组的电阻大，使得二者流过的电流有一定的相位差（一般小于 90°），从而在定子内圆产生一椭圆形的旋转磁场，使转子获得起动转矩而起动。这种电动机的起动转矩不大，适用于空载起动。家用电冰箱中压缩机的拖动常用这种电动机，因此当电冰箱在工作中突然断电时，不能马上恢复供电，否则有可能烧坏电动机，必须经过几分钟，让压缩机压力下降，使电动机处于轻载状态，才能重新通电起动电动机。

2. 罩极式单相异步电动机

按照磁极形式的不同分为凸极式和隐极式两种，其中凸极式结构最为常见，如图 4-26 所示，每个定子磁极上装有一个主绕组，每个磁极极靴的 1/3 ~ 1/4 处开有一个小槽，槽中嵌入一个短路环（短路铜环）。

当罩极式电动机的定子单相绕组通入单相交流电时，将产生一脉振磁场，其磁通的一部分穿过磁极的未罩部分，另一部分穿过短路环通过磁极的罩住部分。由于短路环的作用，当穿过短路环中的磁通发生变化时，短路环中必然产生感应电动势和感应电流，根据楞次定律，该电流的作用总是阻碍磁通的变化，这就使得穿过短路环部分的磁通滞后于穿过磁极未罩部分的磁通，造成磁场的中心线发生移动，如图 4-27 所示，于是在电动机内部就产生了一个移动的磁场，类似一个椭圆度很大的磁场，因此电动机就会产生一定的起动转矩而旋转起来。由

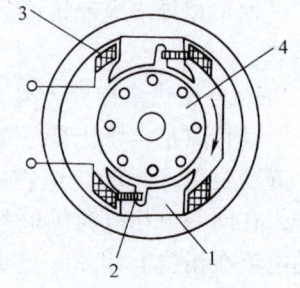

图 4-26 单相凸极式罩极异步电动机结构示意图
1—凸极式铁心 2—短路环
3—定子绕组 4—转子

图 4-27 可以看出，磁场中心线总是从磁极的未罩部分转向磁极的被罩部分，所以罩极电动机的转向总是从磁极的未罩部分转向磁极的被罩部分，即转向不能改变。

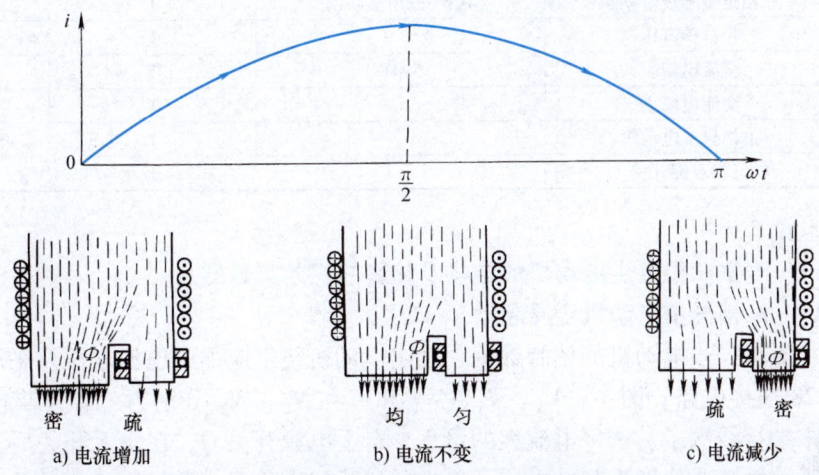

图 4-27　单相罩极异步电动机旋转磁场的形成

> 罩极式单相异步电动机的主要优点是结构简单、制造方便、成本低、维护方便，但起动性能和运行性能较差，主要用于小功率电动机的空载起动，如 250mm 以下的台式电风扇。

与单相异步电动机类似，三相异步电动机在起动前，若定子某相绕组断开，则电动机不能起动，但在运行过程中，若某一相断开，则电动机仍将继续旋转。由于电动机的负载未变，因此电动机取用的电功率也几乎不变，这样，其他两相绕组中的电流将剧增，以致引起电动机过热而损坏。由此可见，在实际工作中必须特别注意三相异步电动机在运行过程中有无发生某相熔丝烧断的现象。

实验三　异步电动机的认识

一、实验目的
1）了解三相笼型异步电动机的结构及铭牌的意义。
2）学会三相笼型异步电动机的起动和改变转向的方法。
3）了解单相异步电动机的起动原理和起动方法。
二、预习要求
1）熟悉实验内容及要求。
2）起动电流是额定电流的 4～7 倍。根据三相笼型异步电动机的铭牌参数，估算起动电流 I，以便实验时能正确选用电流表的量程。
3）复习三相笼型异步电动机的起动方法。
4）任意调换两根电源线即可改变电动机的转向。
三、实验设备
实验设备见表 4-2。

表4-2　实验设备清单

序号	名　称	型号与规格	数　量	备　注
1	三相笼型异步电动机	4kW,三角形联结	1	或自定
2	三相自耦调压器		1	
3	交流电压表	500V	1	
4	交流电流表		1	或自定
5	单相异步电动机		1	电容分相式
6	三相双掷开关		1	

四、实验内容

【任务1】 观察三相异步电动机的结构及铭牌并记录其数据

【任务2】 三相异步电动机全压起动

根据三相笼型异步电动机的铭牌数据,确定电动机绕组应加的电源电压及采取的连接方式,按图4-28连接电路,图中,U_1、V_1、W_1 和 U_2、V_2、W_2 分别为三相异步电动机三相绕组的首、末端接线端子。选好电流表的量程,合上电源开关Q,在合上开关后,观察电流表显示的最大读数,此值即为起动电流。待电动机运行平稳后,测量电动机的线电流。

【任务3】 三相异步电动机减压起动

1)自耦调压器减压起动:按图4-29连接电路,将三相自耦调压器二次侧输出电压调到零,合上电源开关Q,逐渐调高三相自耦调压器二次侧输出电压,待电动机的输入电压达到额定值时,电动机带额定负载时,测量电动机的额定电流。

2)Y/△起动:按图4-30连接电路。起动时,先将电源电压调至异步电动机的额定电压,合上开关 Q_1,再将三相双掷开关 Q_2 掷向下方,异步电动机以Y联结减压起动,观察电压表和电流表,与全压起动进行比较。当转速达到或接近额定转速后,再将 Q_2 掷向上方做△联结,电动机进入全压运行状态。

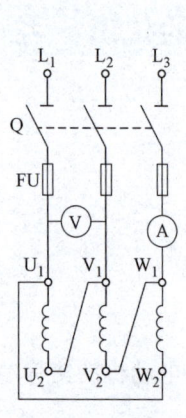

图4-28　全压起动

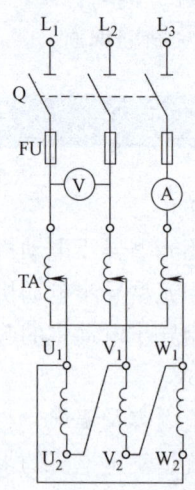

图4-29　自耦调压器减压起动

【任务4】 三相异步电动机正反转运行

按图4-31连接电路,三相双掷开关 Q_2 掷向上方或下方,三相异步电动机的转向相反。注意操作 Q_2 时,电动机应处于停止状态。

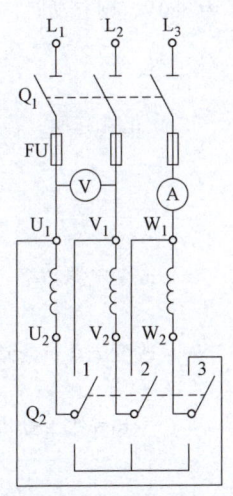

图 4-30　Y/△起动

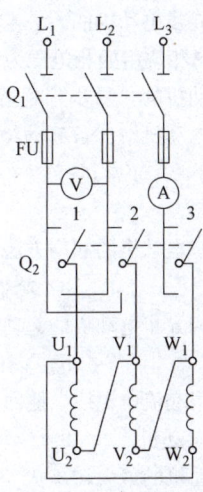

图 4-31　正反转控制

【任务 5】 单相异步电动机的起动

按图 4-32 连接电路，图中 1、2 端之间的绕组是起动绕组，3、2 端之间的绕组是运行绕组。C 是分相电容。

1）闭合开关 Q，接通电源，单相异步电动机即可正常起动。起动后，若断开开关 Q，观察电动机的工作状态，将结果记入表 4-3 中。

2）在电动机停止状态下，不闭合开关 Q，接通电源，观察电动机的工作状态，将结果记入表 4-3 中。若电动机没有起动，你可将电动机的转轴轻轻转动一下，给电动机任意方向的转矩，观察电动机的工作状态，将结果记入表 4-3 中。

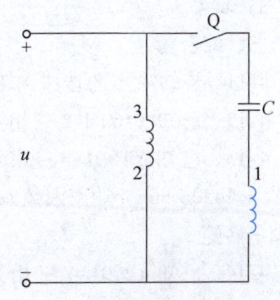

图 4-32　单相异步电动机的起动

表 4-3　单相异步电动机的工作状态

开关 Q 的状态	闭　　合		未　闭　合	
	一直闭合	闭合后断开	未加外力	施加外力
电动机的工作状态				

五、注意事项

1）测量电动机的起动电流时，所选电流表的量程应稍大于电动机额定电流的 7 倍，切不可按额定电流选量程。

2）电动机的额定电压通常指线电压，但有些电机厂商标注的是每相绕组的额定电压，实验时一定要详细观察铭牌数据。

思考题与习题

一、填空题

4-1　三相异步电动机的调速方式分为（　　　）、（　　　）和（　　　）。

4-2 在一定的负载下，人为地改变电动机的（　　）以满足生产机械的工作速度称为（　　）。

4-3 在三相笼型异步电动机的丫-△起动中，若电源线电压为380V，则起动时，每相绕组的相电压为（　　）V，运行时，每相绕组的相电压为（　　）V。

4-4 三相异步电动机的"异步"是指（　　）和（　　）不同。

4-5 在单相异步电动机中，若起动绕组断开，电动机将（　　）正常起动，若运行过程中将起动绕组断开，则电动机（　　）正常运行。

二、选择题

4-6 三相笼型异步电动机的起动方法为（　　）。

a）改变电源相序　　　　　b）降低电源电压　　　　　c）改变电源频率

4-7 绕线转子三相异步电动机的起动方法为（　　）。

a）转子外串电阻　　　　　b）丫-△减压起动　　　　　c）改变电动机的磁极对数

4-8 任意交换两根交流电源线，能使（　　）反转。

a）三相绕线转子电动机　　b）三相笼型电动机　　　　c）三相异步电动机

4-9 三相异步电动机的最大转矩 T_m 与转子电路的电阻 R_2（　　）。

a）成正比　　　　　　　　b）成反比　　　　　　　　c）无关

4-10 在额定电压下运行的电动机负载增大时，其定子电流（　　）。

a）将增大　　　　　　　　b）将减小　　　　　　　　c）不变

三、综合题

4-11 旋转磁场的转速和转向由哪些因素决定？如何改变旋转磁场的转向？

4-12 已知Y160M-2三相异步电动机的额定转速 $n_N = 2930r/min$，$f_1 = 50Hz$，试求转差率 s。

4-13 已知Y100L-4三相异步电动机的额定输出功率 $P_N = 2.2kW$，额定电压 $U_N = 380V$，额定转速 $n_N = 1420r/min$，功率因数 $\cos\varphi_1 = 0.82$，效率 $\eta = 81\%$，$f_1 = 50Hz$，试计算额定电流 I_N、额定转差率 s_N 和额定转矩 T_N。

4-14 已知Y200L-4三相异步电动机的额定功率 $P_N = 30kW$，额定电压 $U_N = 380V$，额定电流 $I_N = 56.8A$，效率 $\eta = 92.2\%$，额定转速 $n_N = 1470r/min$，$f_1 = 50Hz$，试求电动机的额定功率因数、额定转矩和额定转差率。

4-15 某台笼型三相异步电动机，已知额定功率 $P_N = 20kW$，额定转速 $n_N = 970r/min$，过载能力 $\lambda_m = 2.0$，起动转矩倍数 $K_{st} = 1.8$，试求该电动机的额定转矩 T_N、最大转矩 T_m 和起动转矩 T_{st}。

4-16 一台4极三相异步电动机的额定功率 $P_N = 5.5kW$，额定转速 $n_N = 1440r/min$，$K_{st} = 1.8$，起动时拖动的负载转矩 $T_L = 50N \cdot m$，试求：

（1）在额定电压下该电动机能否正常起动？

（2）当电网电压降为额定电压的80%时，该电动机能否正常起动？

4-17 三相异步电动机是如何进行制动的？如果要使负载准确停车，可用什么制动方法？如果要使负载快速反向，可用什么制动方法？

4-18 单相异步电动机是如何起动的？有哪些类型？

第五章

常用半导体元器件及其应用

本章知识点

（1）本章基本知识。典型习题 5-1 ~ 5-9。

（2）半导体二极管的单向导电性。典型习题 5-10、5-11。

（3）稳压管的稳压工作区域。典型习题 5-13。

（4）基本放大电路静态工作点、电压放大倍数、输入电阻和输出电阻的计算。典型习题 5-20，例题 5-2。

（5）多级放大器电压放大倍数的计算。典型习题 5-16、5-23。

半导体元器件是现代应用电子学的基础，其中使用最广泛的是半导体二极管、晶体管、场效应晶体管与晶闸管等。本章仅介绍半导体二极管和晶体管。

第一节　半导体二极管及其应用

半导体的基本知识

半导体是指导电能力介于导体和绝缘体之间的物质，常用的半导体有硅和锗等。

半导体的导电能力与许多因素有关，其中温度、光及杂质等因素对半导体的导电能力有较大影响，因而它具有热敏特性、光敏特性和掺杂特性。利用这些特性可以制成各种不同用途的半导体器件，如热敏电阻、光电二极管和光电晶体管、半导体二极管、晶体管、场效应晶体管和晶闸管等。

杂质半导体

一、PN 结的形成及其单向导电性

1. PN 结的形成

杂质半导体是在纯净半导体（又叫本征半导体）掺入了微量元素。杂质半导体分为 N 型半导体（掺入五价元素）和 P 型半导体（掺入三价元素）。半导体中参与导电的载流子有空穴和自由电子，N 型半导体主要是利用自由电子（多数载流子，简称多子）导电，其中的空穴是少数载流子，简称少子。P 型半导体主要是利用空穴（多子）导电，而自由电子是少子。N 型或 P 型半导体的导电能力虽然很高，但并不能直接用来制造半导体器件。

PN结及PN结的单向导电性

PN 结是构成各种半导体的基础。PN 结是采用特定的制造工艺，使一块半导体的两边分别形成 P 型半导体和 N 型半导体，它们的交界面就形成了 PN 结。

2. PN 结的单向导电性

PN 结上不加电压时，载流子的运动处于动态平衡。多子形成的扩散电流与少子形成的漂移电流大小相等，方向相反。通过 PN 结的电流为零，如图 5-1a 所示。

若将 P 区接电源正极，N 区接电源负极，即在 PN 结上加正向电压使其正向偏置（简称正偏）时，外加电场方向与 PN 结的内电场方向相反，如图 5-1b 所示，而使空间电荷区变薄，多子的扩散运动加强，形成较大的正向电流 I_F，此时 PN 结处于正向导通状态，导通时，外接电源不断向半导体提供电荷以维持电流稳定。

若将 P 区接电源负极，N 区接电源正极，即在 PN 结上加反向电压使其反向偏置（简称反偏）时，外加电场方向与 PN 结的内电场方向相同，如图 5-1c 所示，而使空间电荷区变厚，多子的扩散运动受到抑制，少子的漂移运动加强，进而形成反向电流 I_R，由于常温下少子的浓度很低，所以反向电流很小，此时 PN 结处于反向截止状态，呈高电阻特性。

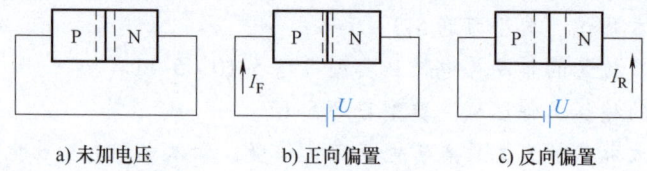

a) 未加电压　　　　　　b) 正向偏置　　　　　　c) 反向偏置

图 5-1　PN 结的单向导电性

> 由此可见，PN 结正向偏置时处于导通状态，呈低电阻特性；PN 结反向偏置时处于截止状态，呈高电阻特性。这种单向导电特性是 PN 结的基本特性。

二、二极管的结构和符号

将 PN 结的两个区，即 P 区和 N 区分别加上相应的电极引线引出，并用管壳将 PN 结封装起来就构成了半导体二极管，其结构与图形和文字符号如图 5-2 所示，常见外形如图 5-3 所示。从 P 区引出的电极为阳极（或正极），从 N 区引出的电极为阴极（或负极），并分别用 A、K 表示。

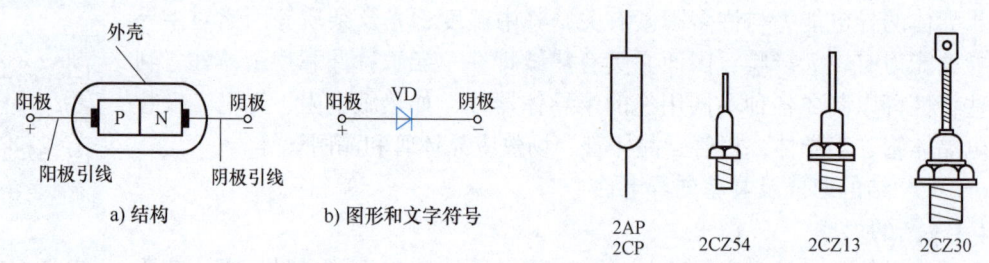

a) 结构　　　　　b) 图形和文字符号

图 5-2　二极管结构与图形和文字符号　　　　　图 5-3　二极管常见外形图

三、二极管的伏安特性

二极管的主要特性是单向导电性，其伏安特性曲线如图 5-4 所示（以正极到负极为参考方向）。

1. 正向特性

1）外加正向电压很小时，二极管呈现较大的电阻，几乎没有正向电流通过。曲线 OA 段（或 OA′段）称作死区，A 点（或 A′点）的电压称为死区电压，硅管的

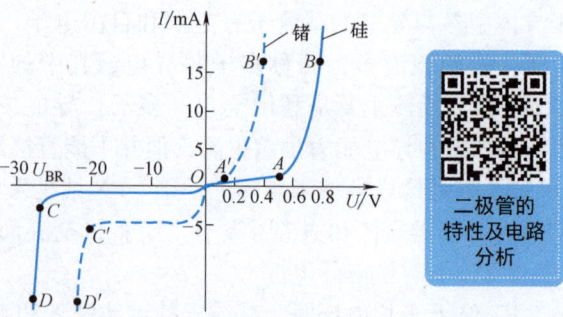

二极管的特性及电路分析

图 5-4　二极管的伏安特性曲线

死区电压一般为 0.5V，锗管则约为 0.1V。

2）二极管的正向电压大于死区电压后，二极管呈现很小的电阻，有较大的正向电流流过，此时二极管处于导通状态，如曲线 AB 段（或 A′B′段）所示，此段称为导通区。从图中可以看出：硅管电流上升曲线比锗管更陡。二极管导通后的电压为导通电压，硅管一般为 0.7V，锗管约为 0.3V。

2. 反向特性

1）当二极管承受反向电压时，其反向电阻很大，此时仅有非常小的反向电流（又称为反向饱和电流或反向漏电流），如曲线 OC 段（或 OC′段）所示。实际应用中二极管的反向电流值越小越好，硅管的反向电流比锗管小得多，一般为几十微安，而锗管为几百微安。

2）当反向电压增加到一定数值时（如曲线中的 C 点或 C′点），反向电流急剧增大，这种现象称为反向击穿，此时对应的电压称为反向击穿电压，用 U_{BR} 表示，曲线中 CD 段（或 C′D′段）称为反向击穿区。通常加在二极管上的反向电压不允许超过反向击穿电压，否则会造成二极管的损坏（稳压管除外）。

例 5-1　电路如图 5-5 所示，设二极管为理想元件，试求输出电压 U_o。

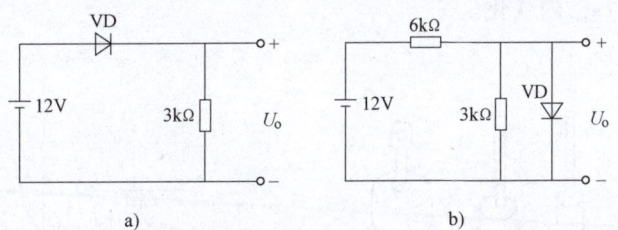

图 5-5　例 5-1 图

解　采用断路法分析，即断开二极管，求解其正极所在点和负极所在点的电位。若正极电位高于负极电位，则二极管接到电路后正偏导通。反之，则二极管反偏截止。当电路中有多只二极管同时正偏时，正偏电压高的优先导通，然后再分析对其他二极管的影响。

图 5-5a 中：设 12V 电源的负极为电位参考点。断开二极管，可以看出二极管正极所在点的电位为 12V，由于 3kΩ 电阻上没有电流，所以二极管负极所在点的电位为 0V，故 $U_{VD}=12V$，由此判断二极管接在电路中处于正偏导通。根据题意，二极管为理想元件，不计导通压降，故输出电压为

$$U_o = 12V$$

图 5-5b 中：设 12V 电源的负极为电位参考点。断开二极管，由于两个电阻串联，根据分压公式，3kΩ 电阻两端分到的电压为 4V，上正下负，所以二极管正极所在点的电位为 4V，二极管负极所在点的电位为 0V，故 $U_{VD}=4V$，由此判断二极管接在电路中处于正偏导通。根据题意，二极管为理想元件，不计导通压降，故输出电压为

$$U_o = 0V$$

四、二极管的主要参数

（1）最大整流电流 I_{FM}　它是指二极管长期工作时所允许通过的最大正向平均电流。实际应用时，流过二极管的平均电流不能超过这个数值，否则，将导致二极管因过热而永久损坏。

（2）最高反向工作电压 U_{RM}　指二极管工作时所允许加的最高反向电压，超过此值二极管就有被反向击穿的危险。通常手册上给出的最高反向工作电压 U_{RM} 约为击穿电压 U_{BR} 的一半。

（3）反向电流 I_R　指二极管未被击穿时的反向电流值。I_R 越小，说明二极管的单向导电性能越好。I_R 对温度很敏感，温度增加，反向电流会增加很大。

五、特殊二极管

前面讨论的二极管属于普通二极管，另外还有一些特殊用途的二极管，如稳压管、发光二极管和光电二极管等。

1. 稳压管

稳压管是一种用特殊工艺制造的面结合型硅半导体二极管，其图形符号和外形封装如图5-6所示。使用时，它的阴极接外加电压的正极，阳极接外加电压的负极，管子反向偏置，工作在反向击穿状态，利用它的反向击穿特性稳定直流电压。

稳压管的伏安特性如图5-7所示，其正向特性与普通二极管相同，反向特性曲线比普通二极管更陡。二极管在反向击穿状态下，流过管子的电流变化很大，而两端电压变化很小，稳压管正是利用这一点实现稳压作用的。稳压管工作时，必须接入限流电阻，才能使其流过的反向电流在 $I_{zmin} \sim I_{zmax}$ 内变化。

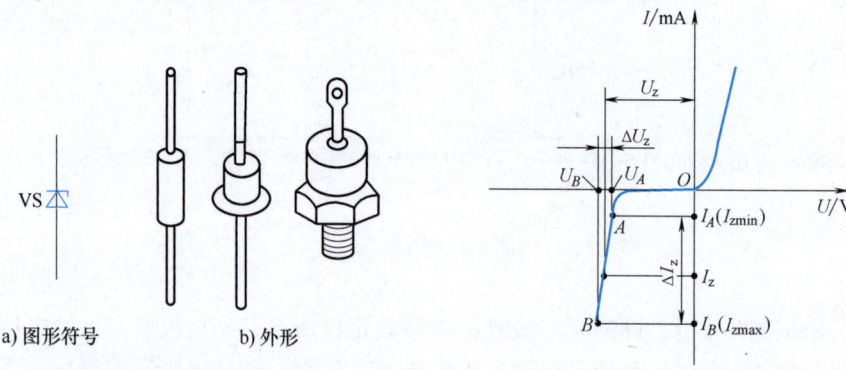

图 5-6　稳压管的图形符号与外形

a) 图形符号　　b) 外形

图 5-7　稳压管的伏安特性

2. 发光二极管

发光二极管是一种光发射器件。发光二极管是在杂质半导体中又加入了镓（Ga）、砷（As）及磷（P）等。因此，发光二极管可以发出红、橙、黄、绿和红外光等不同颜色的光，其外形有方形、圆形等。图形符号和外形如图5-8所示。

发光二极管加正向电压时导通，正向电流较大，同时可发光。由于它的正向导通电压比普通二极管高，所以要接入相应的限流电阻，使其正常工作电流控制在几毫安至几十毫安之间。

由于发光二极管的发光强度在一定范围内与正向电流大小近似成线性关系，所以发光二极管可做成显示器件，能把电能直接转换成光能。除单个使用外，发光二极管也常做成七段式或矩阵式，如用作微型计算机、音响设备和数控装置中的显示器等。

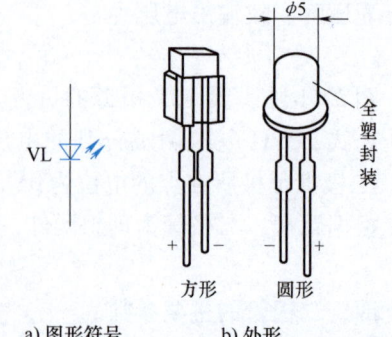

a) 图形符号　　b) 外形

图 5-8　发光二极管的图形符号和外形

发光二极管的检测一般用万用表 $R \times 10k$（Ω）档，通常正向电阻为 $15k\Omega$ 左右，反向电阻为无穷大。

3. 光电二极管

光电二极管是一种光接收器件。光电二极管的管壳上有一个玻璃窗口用来接受光照，当光线照射于 PN 结时，提高了半导体的导电性。因此，光电二极管加反偏电压后，在光照作用下，将产生较大的反向电流。所以，光电二极管工作时应加反偏电压。光电二极管的图形符号和外形如图 5-9 所示。

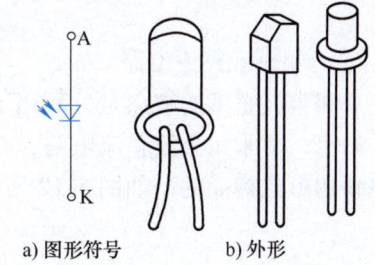

a) 图形符号　　b) 外形

图 5-9　光电二极管的图形符号和外形

由于光电二极管在反偏状态下的反向电流与照度成正比，所以光电二极管可用于光的测量。当制成大面积光电二极管时，能将光能直接转换成电能，称为光电池。

光电二极管的检测通常用万用表 $R \times 1k$（Ω）档检测，要求无光照时反向电阻大，有光照时反向电阻小，若电阻差别小，则表明光电二极管的质量不好。

六、二极管的应用

整流电路是利用二极管的单向导电性，将交流电变换成直流电的电路。

整流电路

1. 单相半波整流电路

单相半波整流电路如图 5-10 所示。该电路由电源变压器 T、整流二极管 VD 及负载电阻 R_L 组成。

（1）整流原理　在 u_2 的正半周，$u_2 > 0$，其实际极性为 a 正 b 负，此时二极管正导通，电流 i_o 流过负载电阻 R_L，若忽略二极管的正向压降，负载上的电压 $u_o = u_2$，两者波形相同。在 u_2 的负半周，$u_2 < 0$，其实际极性为 a 负 b 正，二极管反偏截止，负载上没有电流和电压。因此 R_L 上得到的是半波整流电压和电流，其波形如图 5-11 所示。

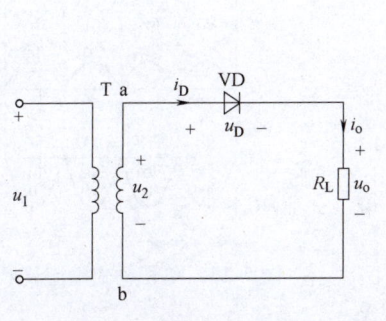

图 5-10　单相半波整流电路

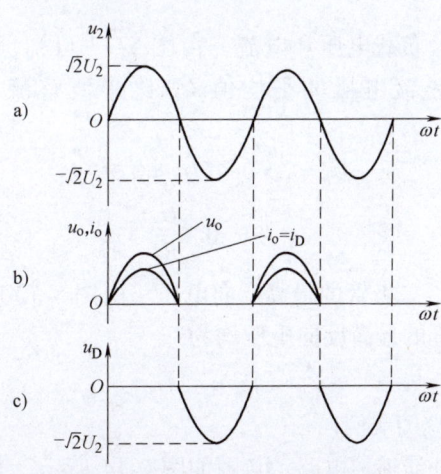

图 5-11　单相半波整流波形

（2）负载电压和电流　负载上得到的整流电压虽然方向不变，但大小是变化的，即直流脉动电压，常用一个周期的平均值 U_o 表示它的大小。U_o 计算如下：

$$U_o = \frac{1}{2\pi}\int_0^\pi \sqrt{2}\,U_2\sin\omega t\,\mathrm{d}(\omega t) = \frac{\sqrt{2}}{\pi}U_2 = 0.45U_2 \tag{5-1}$$

电阻性负载的平均电流为 I_o，即

$$I_o = \frac{U_o}{R_L} = 0.45\frac{U_2}{R_L} \tag{5-2}$$

2. 单相桥式整流电路

单相半波整流的缺点是只利用了电源的半个周期，同时整流电压的脉动较大。为了克服这些缺点，常采用全波整流电路，其中最常用的是单相桥式整流电路。它是由四个二极管接成电桥的形式构成的，如图5-12所示。

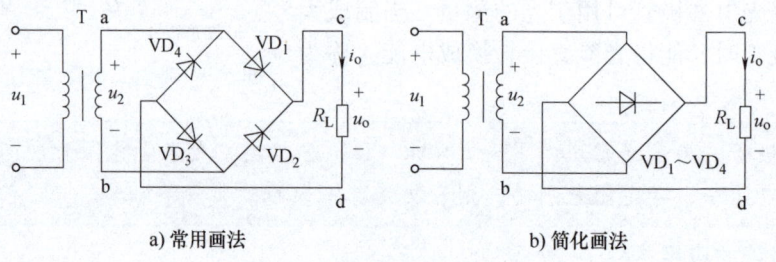

a) 常用画法   b) 简化画法

图5-12　单相桥式整流电路

（1）整流原理　在 u_2 的正半周，u_2 的实际极性为 a 正 b 负，二极管 VD_1 和 VD_3 正偏导通，VD_2、VD_4 反偏截止。从图5-12可知，电流流向为 a→VD_1→c→R_L→d→VD_3→b，波形如图5-13b中的 $0\sim\pi$ 段所示。在 u_2 的负半周，u_2 的实际极性为 a 负 b 正，二极管 VD_2、VD_4 正偏导通，VD_1、VD_3 反偏截止。从图5-12可知，电流流向为 b→VD_2→c→R_L→d→VD_4→a，波形如图5-13b中的 $\pi\sim2\pi$ 段所示。

（2）负载电压和电流　由图5-13可知，全波整流电路的整流电压的平均值 U_o 比半波整流增加了一倍，即

$$U_o = 2\times0.45U_2 = 0.9U_2 \tag{5-3}$$

$$I_o = 0.9\frac{U_2}{R_L} \tag{5-4}$$

（3）二极管的最高反向电压　由图5-13d可知，每个二极管的最高反向电压均为

$$U_{DM} = \sqrt{2}\,U_2$$

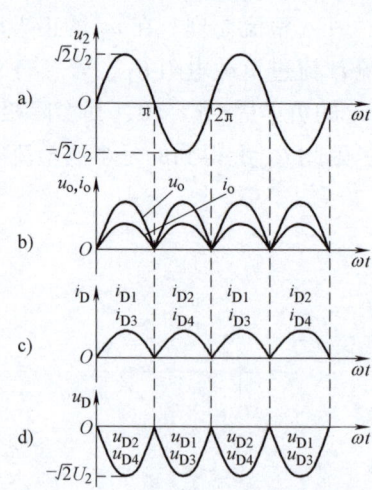

图5-13　单相桥式整流波形

3. 应用实例

红外线遥控电路示意图如图5-14所示。当按下发射电路中的某个按钮时，编码器电路将产生相应的调制脉冲信号，并由发光二极管将电信号转换为光信号发射出去。接收电路中的光电二极管将脉冲信号再转换为电信号，经放大、解码后，由驱动电路驱动对应的负载动

作。当按下不同按钮时，编码器产生相应不同的脉冲信号，以示区别。接收电路中的解码器可以解调出这些信号，并控制负载做出不同的动作。

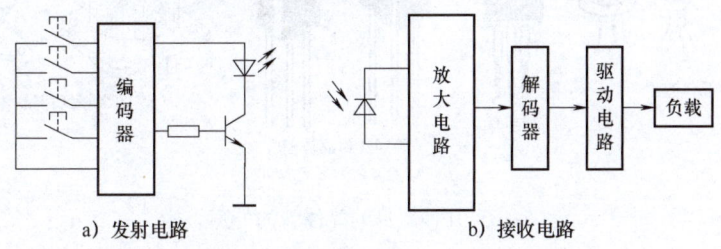

a) 发射电路　　　　　　　　　　　b) 接收电路

图 5-14　红外线遥控电路示意图

第二节　晶　体　管

晶体管又称双极型晶体管，它是放大电路最基本的器件之一，由它组成的放大电路广泛应用于各种电子设备中。

一、晶体管的结构和符号

1. 结构和符号

晶体管的结构示意图如图 5-15a 所示，它由三层半导体组合而成。按半导体的组合方式不同，可将其分为 NPN 型和 PNP 型。

无论是 NPN 型晶体管还是 PNP 型晶体管，它们内部均含有三个区：发射区、基区和集电区。从三个区各自引出一个电极，分别称为发射极（E）、基极（B）和集电极（C）；同时在三个区的两个交界处形成两个 PN 结，发射区与基区之间形成的 PN 结称为发射结，集电区与基区之间形成的 PN 结称为集电结，两个 PN 结通过掺杂浓度很低且很薄的基区联系着。为了收集发射区发射过来的载流子及便于散热，要求集电结面积较大，发射区多数载流子的浓度比集电区大，因此使用时集电极与发射极不能互换。晶体管的图形符号如图 5-15b 所示，符号中的箭头方向表示发射结正向偏置时的电流方向。

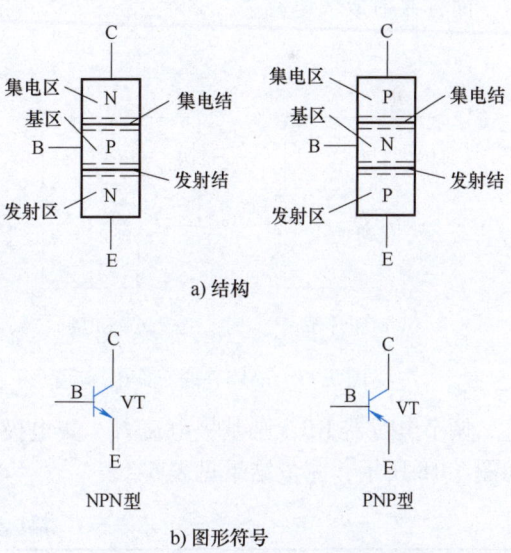

a) 结构

NPN型　　　　　　　PNP型

b) 图形符号

图 5-15　晶体管的结构和图形符号

2. 外形

常见晶体管的外形结构如图 5-16 所示。耗散功率不同的晶体管，其体积、封装形式也不相同，近年来生产的小、中功率晶体管多采用硅酮塑料封装，大功率晶体管采用金属封装，并做成扁平形状且有螺钉安装孔，这样能使其外壳和散热器连成一体，便于散热。

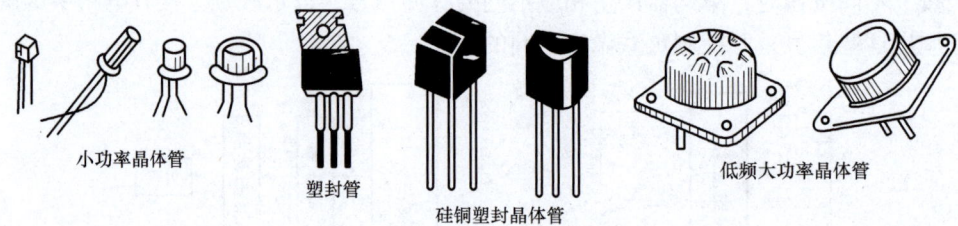

图 5-16　几种常见的晶体管的外形结构

二、晶体管中的工作电压和电流放大作用

1. 晶体管的工作电压

晶体管实现放大作用的外部条件是发射结正向偏置，集电结反向偏置。晶体管有 NPN 型和 PNP 型两类，因此，为了保证其外部条件，这两类晶体管工作时外加电源的极性是不同的，如图 5-17 所示。

图中，电源 U_{CC} 通过偏置电阻 R_B 为发射结提供正向偏压，进而产生基极电流，R_C 为集电极电阻，电源通过它为集电极提供电流。

2. 晶体管各个电极的电流分配

为了了解晶体管各个电极的电流分配及它们之间的关系，我们先做一个实验，实验电路如图 5-18 所示。由于电路发射极是公共端，因此，这种接法称为晶体管的共发射极放大电路。简称共射放大电路。

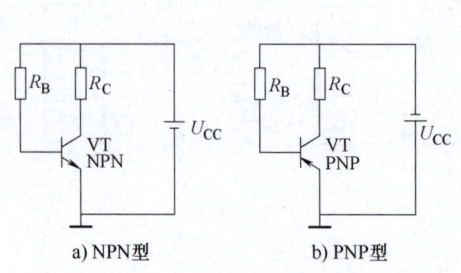

a) NPN型　　　　b) PNP型

图 5-17　晶体管的工作电压

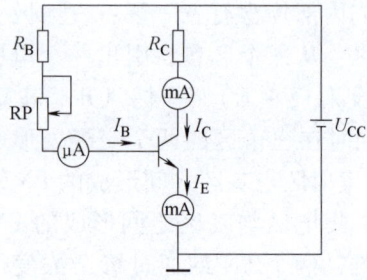

图 5-18　晶体管电流的实验电路

调节电位器 RP，则基极电流 I_B、集电极电流 I_C 和发射极电流 I_E 都发生变化，电流方向如图 5-18 所示，测量结果见表 5-1。

表 5-1　晶体管电流测量数据

I_B/mA	0	0.02	0.04	0.06	0.08	0.10
I_C/mA	<0.01	0.70	1.50	2.30	3.10	3.95
I_E/mA	<0.01	0.72	1.54	2.36	3.18	4.05

从表 5-1 中的实验数据可以找出晶体管各极电流的分配关系，即

$$I_E = I_C + I_B \tag{5-5}$$

此结果符合基尔霍夫电流定律，即发射极电流等于集电极电流与基极电流之和。

3. 晶体管的电流放大作用

从表 5-1 中的实验数据还可以看出：$I_C \gg I_B$，而且当调节电位器 RP 使 I_B 有一微小变化时，会引起 I_C 较大的变化，这表明基极电流（小电流）控制着集电极电流（大电流），所以晶体管是一个电流控制器件，这种现象称为晶体管的电流放大作用。

三、晶体管的特性曲线

晶体管的特性曲线是用来表示晶体管各极电压和电流之间的相互关系的，它反映了晶体管的性能，是分析放大电路的重要依据。下面分析共发射极接法时的输入特性曲线和输出特性曲线。

1. 输入特性曲线

输入特性曲线是指当集射电压 U_{CE} 为某一常数时，输入回路中的基射电压 U_{BE} 与基极电流 I_B 之间的关系曲线，用函数式表示为

$$I_B = f(U_{BE}) \big|_{U_{CE} = 常数}$$

图 5-19 所示为某晶体管的输入特性曲线，可分为两种情况：

1）$U_{CE} = 0$ 时，C、E 间短接，I_B 和 U_{BE} 的关系，就是发射结和集电结两个正向二极管并联的伏安特性。

2）U_{CE} 增大时，输入特性曲线右移，同样的 U_{BE}，I_B 将减小，这说明 U_{CE} 对输入特性有影响。

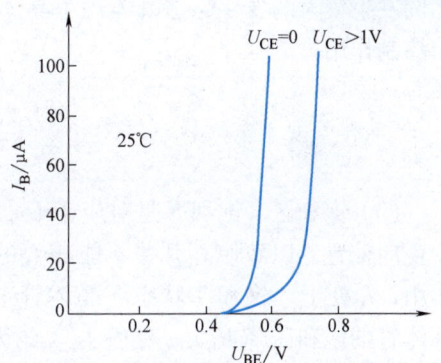

图 5-19　输入特性曲线

图 5-19 画出了 $U_{CE} > 1V$ 时的输入特性曲线。U_{CE} 越大，曲线越向右移，但从 U_{CE} 大于一定值（一般当 $U_{CE} > 1V$）后，曲线基本重合，因此只需测试一条 $U_{CE} > 1V$ 的输入特性曲线。

可以看出，晶体管的输入特性曲线是非线性的，且有一段死区，只有在发射结外加电压大于死区电压时，晶体管才会出现 I_B。硅管的死区电压约为 0.5V，锗管的为 0.1~0.2V。晶体管导通时，其发射结电压变化不大，硅管的为 0.6~0.7V，锗管的为 0.3V。这是检查放大电路中晶体管是否正常的重要依据，若检查结果与上述数值相差较大，可直接判断管子有故障存在。

2. 输出特性曲线

输出特性曲线是在基极电流 I_B 一定的情况下，晶体管输出回路中集射电压 U_{CE} 与集电极电流 I_C 之间的关系曲线，用函数式表示为

$$I_C = f(U_{CE}) \big|_{I_B = 常数}$$

图 5-20 为某晶体管的输出特性曲线。在不同的 I_B 下，可得出不同的曲线，所以晶体管的输出特性曲线是一曲线簇。

当 I_B 一定时，在 U_{CE} 超过一定数值（约 1V）以后，U_{CE} 继续增大时，I_C 不再有明显的增加，此时晶体管具有恒流特性。

当 I_B 增大时，相应的 I_C 也增大，曲线上移，而且 I_C 比 I_B 大得多。

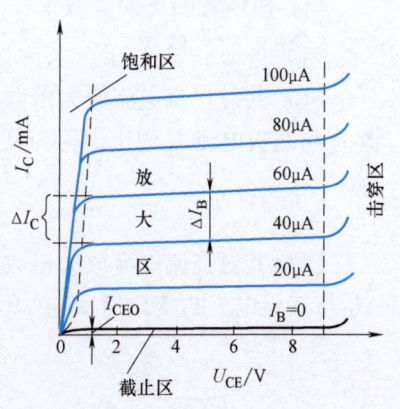

图 5-20　输出特性曲线

通常把晶体管的输出特性曲线分为四个区域：截止区、放大区、饱和区及击穿区。

（1）截止区 $I_B=0$ 时的曲线的以下区域称为截止区。$I_B=0$ 时，$I_C=I_{CEO}$（在表 5-1 中，I_{CEO} 小于 10μA）。对于 NPN 型硅管，$U_{BE}<0.5V$ 时，已开始截止，但是为了可靠截止，常使 $U_{BE}\leqslant 0$。

> 晶体管截止状态的工作条件是发射结零偏或反偏，集电结反向偏置。

（2）放大区 输出特性曲线的近似水平部分是放大区。在该区域内，管压降 U_{CE} 已足够大，发射结正向偏置，集电结反向偏置，I_C 与 I_B 成正比关系，即 I_B 有一个微小变化，I_C 将按比例发生较大的变化，这既体现了晶体管的电流放大作用，也体现了基极电流对集电极电流的控制作用。

> 晶体管处于放大状态的工作条件是发射结正向偏置，集电结反向偏置。

（3）饱和区 饱和区是对应于 U_{CE} 较小的区域（$U_{CE}<U_{BE}$），此时发射结和集电结均处于正向偏置，以致使 I_C 几乎不能随 I_B 的增大而增大，即 I_C 不受 I_B 的控制，晶体管失去放大作用，I_C 处于"饱和"状态。晶体管工作在饱和区时，集电极与发射极之间的管压降称为晶体管的饱和压降 U_{CES}，锗管 U_{CES} 约为 0.1V，硅管 U_{CES} 约为 0.3V。

> 晶体管饱和状态的工作条件是发射结、集电结均正向偏置。

> 以上三个区域均为晶体管的正常工作区。晶体管工作在饱和区和截止区时，具有"开关"特性，因而常用于脉冲数字电路；晶体管工作在放大区时可在模拟电路中起放大作用，所以晶体管具有"开关"和"放大"两大功能。

（4）击穿区 从曲线的右边可以看到，当 U_{CE} 大于某一值后，I_C 开始剧增，这个现象称为一次击穿。晶体管一次击穿后，集电极电流突增，只要电路中有合适的限流电阻，击穿电流小，时间短，晶体管不会烧毁。当集电极电压降低后，晶体管仍能恢复正常工作。

四、晶体管的主要参数

1. 电流放大倍数

（1）共射直流电流放大倍数 $\bar{\beta}$ 当晶体管接成共发射极放大电路时，在静态时集电极电流 I_C 与基极电流 I_B 的比值称为共射静态电流放大倍数，即直流电流放大倍数：

$$\bar{\beta}=\frac{I_C}{I_B}$$

（2）共射交流电流放大倍数 β（h_{fe}） 当晶体管工作在动态时，集电极电流的变化量 ΔI_C 与基极电流的变化量 ΔI_B 的比值称为动态电流放大倍数，即交流电流放大倍数：

$$\beta=\frac{\Delta I_C}{\Delta I_B}$$

显然，$\bar{\beta}$ 和 β 的含义是不同的，但在输出特性曲线近于平行，并且 I_{CEO} 较小的情况下，两者数值较为接近。今后在估算时，常用 $\bar{\beta} \approx \beta$ 这个近似关系式。

2. 极间反向电流

极间反向电流的大小，反映了晶体管质量的优劣，其值越小越好。

（1）集电极-基极反向饱和电流 I_{CBO}　I_{CBO} 是晶体管的发射极开路时，集电极和基极间的反向漏电流，在温度一定的情况下，I_{CBO} 接近于常数，所以又叫反向饱和电流。温度升高时，I_{CBO} 会增大，使管子的稳定性变差。小功率硅管的 I_{CBO} 小于 $1\mu A$，锗管的 I_{CBO} 约为 $10\mu A$。I_{CBO} 的测量电路如图 5-21a 所示。

（2）穿透电流 I_{CEO}　I_{CEO} 为基极开路时，由集电区穿过基区流入发射区的穿透电流，它是 I_{CBO} 的 $(1+\bar{\beta})$ 倍，即

$$I_{CEO} = (1+\bar{\beta})I_{CBO}$$

而集电极电流 I_C 为

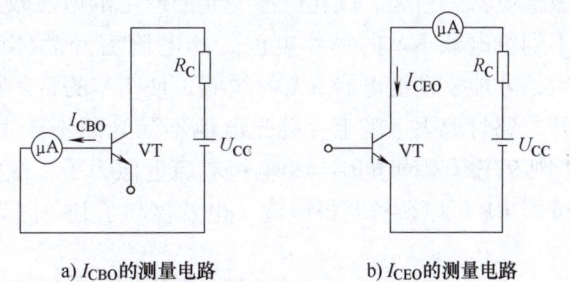

a) I_{CBO} 的测量电路　　　b) I_{CEO} 的测量电路

图 5-21　极间反向电流的测量电路

$$I_C = \bar{\beta}I_B + I_{CEO}$$

因此，由于 I_{CBO} 受温度影响较大，故温度变化对 I_{CEO} 和 I_C 的影响更大，选用管子时，一般希望极间反向饱和电流尽量小一些。I_{CEO} 的测量电路如图 5-21b 所示。

3. 极限参数

极限参数是指晶体管正常工作时所允许的电流、电压和功率等的极限值。如果超过这些值，就很难保证管子的正常工作，严重时将造成管子的损坏。常用的极限参数有以下几个。

（1）集电极最大允许电流 I_{CM}　晶体管的集电极电流 I_C 超过一定值时，某些参数将变坏，特别是晶体管的 β 值将明显下降，当 β 值下降到正常值的三分之二时的集电极电流，称为集电极最大允许电流 I_{CM}。因此，在使用晶体管时，I_C 超过 I_{CM} 时并不一定会使晶体管损坏，但 β 值将逐渐降低。

（2）集电极 – 发射极反向击穿电压 $U_{(BR)CEO}$　$U_{(BR)CEO}$ 是指基极开路时，加于集电极与发射极间的反向击穿电压，其值通常为几十伏至几百伏以上。当温度上升时，击穿电压要下降，所以选择晶体管时，$U_{(BR)CEO}$ 应大于工作电压 U_{CE} 的两倍以上。使用中，若 $U_{CE} > U_{(BR)CEO}$，将可能导致晶体管损坏。

（3）发射极- 基极反向击穿电压 $U_{(BR)EBO}$　$U_{(BR)EBO}$ 是指集电极开路时，允许加在发射极与基极之间的最高反向电压，一般为几伏至几十伏。

（4）集电极最大允许功耗 P_{CM}　晶体管正常工作时，由于集电结所加反向电压较大，集电极电流 I_C 也较大，因 $U_{CB} \approx U_{CE}$，故将 $U_{CE}I_C$ 作为集电极的功率损耗。根据管子工作时允许的最高温度，定出了集电极最大允许功率损耗 P_{CM}。晶体管在使用中应保证 $U_{CE}I_C < P_{CM}$。根据 P_{CM} 值，可在输出特性曲线上画出一条 P_{CM} 线，称之为允许管耗线，如图 5-22 所示。使

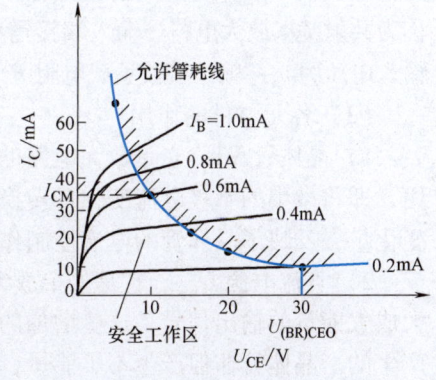

图 5-22　晶体管的安全工作区

用时，P_C 超过极限值是不允许的。

4. 实例

简易路灯自动开关电路如图 5-23 所示。2CR44 是硅光电池，又叫太阳电池，它是把光能直接转换为电能的半导体器件，继电器 KA 是动作电流为 6mA 的高灵敏继电器。白天，硅光电池受光照产生的电流较小，达不到继电器 KA 的动作电流。此电流需经晶体管放大后，才能驱动继电器 KA 的线圈，使 KA 的常闭触点断开，路灯熄灭。晚上，硅光电池不受光照不产生电流，

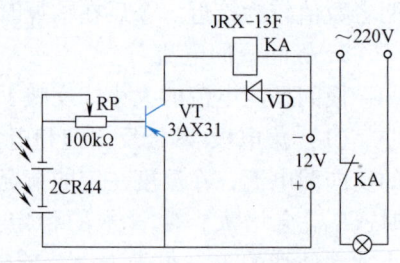

图 5-23　简易路灯自动开关电路

晶体管没有基极电流，集电极电流近似为零，继电器常闭触点闭合，路灯电源接通。调整电位器 RP 可以调整基极电流，也就控制了开关路灯时光的强度。

第三节　单管基本放大电路

一、对放大电路的要求

（1）有一定的输出功率　上节的实例中，由于基极电流对集电极电流有控制作用，所以硅光电池能以微小的功率来控制继电器动作时所需的较大功率。

（2）具有足够的放大倍数　放大倍数是衡量放大电路放大能力的重要参数。放大器的输入信号十分微弱，如果要使它的输出达到额定功率，就要求放大器具有足够的电流、电压放大倍数。

（3）失真要小　凡包含放大器的仪器设备，如示波器、扩音机等，都要求输出信号与输入信号的波形一致，如果放大过程中波形变化了就叫失真，实际放大过程中造成失真的因素很多，使用中要求失真不超过允许的范围。

（4）工作要稳定　当工作条件变化时，放大器中晶体管的工作特性将受到影响，因此必须采取措施尽量减少干扰，保证放大器在工作范围内的稳定。

二、共射基本放大电路

1. 共射基本放大电路的组成及各元器件的作用

（1）电路组成　图 5-24 所示电路是最基本的交流放大电路。由于晶体管的发射极是输入和输出的公共端，故称为共射基本放大电路。输入端接需要放大的交流信号源，输入电压为 u_i；输出端接负载电阻 R_L，输出电压为 u_o。

（2）各元器件的作用

1）晶体管 VT。它是放大电路的核心，起电流放大作用，即将微小的基极电流变化量转换成较大的集电极电流变化量，反映了晶体管的电流控制作用。

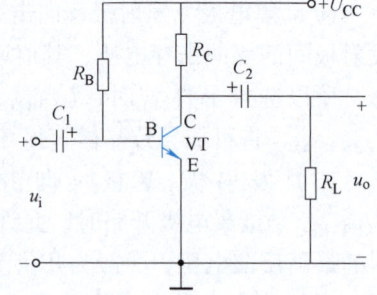

图 5-24　共射基本放大电路

2）直流电源 U_CC。它是整个放大电路的能量提供者。放大电路把小能量的输入信号放大成大能量的输出信号，这些增加的能量就是由 U_CC 通过晶体管转换来的，绝非晶体管本身产生的。晶体管非但产生不了能量，还由于它在工作时发热而消耗能量。

3）集电极电阻 R_C。其作用是将晶体管的集电极电流变换成集电极电压（$u_\text{CE} = U_\text{CC} -$

$i_C R_C$）。R_C 的值一般取几千欧至几十千欧。

4）基极偏置电阻 R_B　它使晶体管的发射结正偏，集电结反偏，确保晶体管工作在放大状态。它决定了静态基极电流 I_{BQ} 的大小。I_{BQ} 也称偏置电流，故 R_B 称为偏置电阻。

5）电容 C_1 和 C_2。其一是隔断直流，使电路的静态工作点不受输入端的信号源和输出端负载的影响；其二是传送交流信号，当 C_1、C_2 的电容量足够大时，它们对交流信号呈现的容抗很小，可近似认为短路，故 C_1、C_2 称为耦合电容。

C_1、C_2 通常是大容量的电解电容，一般为几微法至几十微法。在连接电路时要注意它的极性。

2. 共射基本放大电路的静态工作点

放大器的工作状态分静态和动态两种。静态是指放大电路无输入信号时的工作状态。静态工作点 Q 是指放大电路在静态时，晶体管各极电压和电流值（主要指 I_{BQ}、I_{CQ} 和 U_{CEQ}）。

静态工作点不同对放大器有比较大的影响。由晶体管的输入特性和输出特性可知，当 I_B 设置非常小，在输入信号为负半周时，交流信号所产生的 i_b 与直流量 I_B 叠加后，很容易使晶体管进入截止区而失去放大作用，如图 5-25b 所示；当 I_B 设置较大，在输入信号为正半周时，交流信号所产生的 i_b 与直流量 I_B 叠加后，使 i_C 很大，u_{CE} 很小（此时集电结也正偏），这样又很容易使晶体管进入饱和区而失去放大作用，如图 5-25d 所示。当工作点设置适当时，将会得到如图 5-25c 所示的波形。因此，静态工作点设置得是否合理，直接影响着放大电路的工作状态，它是否稳定也影响着放大电路的稳定性。

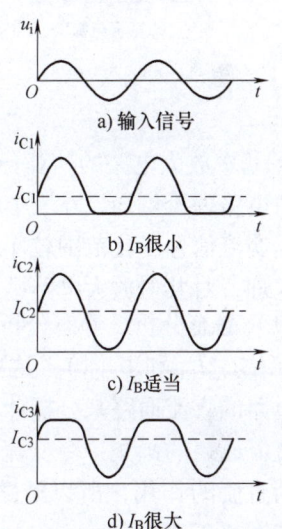

3. 共射基本放大电路的工作原理

放大电路有输入信号时的工作状态称为动态。这时，放大电路在直流电源电压与输入的交流电压共同作用下，电路中的电流和电压既有直流成分，又有交流成分，总的电流与电压是随交流信号变化的脉动直流。

图 5-25　静态工作点对波形的影响

在图 5-26 所示的共射基本放大电路中，交流输入信号 u_i 通过耦合电容 C_1 送到晶体管的基极和发射极。图 5-26a 所示为输入信号波形。电源 U_{CC} 通过偏置电阻 R_B 提供 U_{BEQ}，基射电压为交流信号 u_i 与直流电压 U_{BEQ} 的叠加，其波形如图 5-26b 所示，它使基极电流 i_B 产生相应的变化，其波形如图 5-26c 所示。

基本共射放大电路的工作原理

变化的基极电流 i_B 使集电极电流 i_C 有较大的变化（$i_c = \beta i_b$），如图 5-26d 所示。i_C 电流大时，集电极电阻 R_C 的压降也相应大，使集电极对地的电位降低；反之 i_C 电流小时，集电极对地的电位升高。因此集射电压 u_{CE} 波形与 i_C 变化情况正好相反，如图 5-26e 所示。集电极的信号经过电容 C_2 耦合后隔离了直流成分 U_{CEQ}，输出只是信号的交流成分，波形如图 5-26f 所示。

综上所述，在共射放大电路中，输入电压 u_i 与输出电压 u_o 频率相同，相位相反，因此这种单级的共发射极放大电路通常也称为反相放大器。

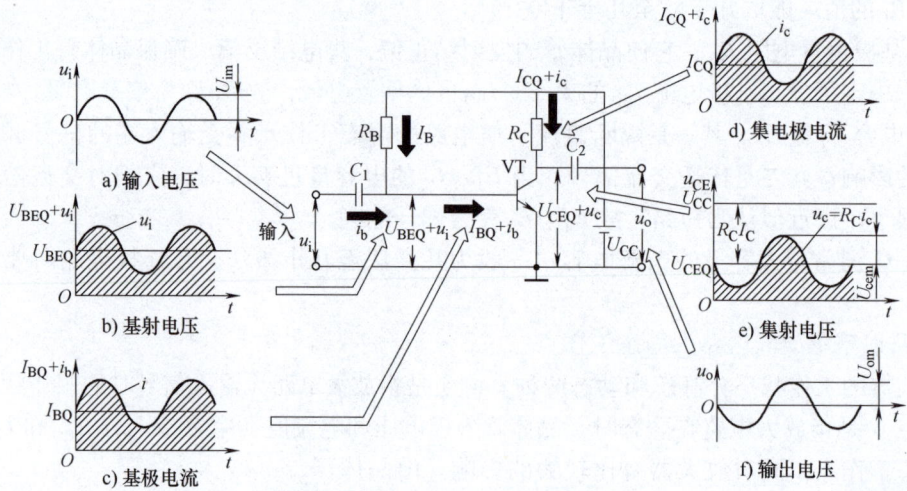

图 5-26　放大器的电压、电流波形

4. 基本放大电路的估算分析法

由电路理论可知，在一个交流输入信号和直流电源信号共同作用的电路中，当交流信号变化范围较小时，可以将晶体管等效为线性元件。下面应用叠加定理，对共射放大电路进行分析。

基本共射放大电路的静态分析

（1）静态分析　静态分析主要是确定放大电路的静态工作点（I_{BQ}、I_{CQ} 和 U_{CEQ}），这些物理量都是直流量，故可用放大电路的直流通路来分析计算。

直流通路的画法：令交流输入信号 $u_i = 0$，电容 C_1 和 C_2 有隔断直流的作用，所以开路。据此画出图 5-24 的直流通路，如图 5-27 所示。

直流通路的作用：主要是为电路实现能量转换提供电能。其次，使电路获得合适的静态工作点。

根据图 5-27 所示的直流通路得出

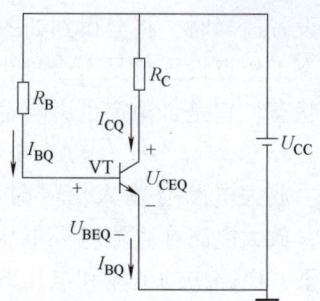

图 5-27　直流通路

$$I_{BQ} = \frac{U_{CC} - U_{BEQ}}{R_B} \tag{5-6}$$

硅管的 U_{BEQ} 约为 0.7V，锗管的为 0.3V，当 $U_{CC} \gg U_{BEQ}$ 时，可忽略 U_{BEQ}，即

$$I_{BQ} \approx \frac{U_{CC}}{R_B} \tag{5-7}$$

根据晶体管的电流放大特性可得

$$I_{CQ} = \beta I_{BQ} \tag{5-8}$$

再根据图 5-27 所示的直流通路可得

$$U_{CEQ} = U_{CC} - I_{CQ} R_C \tag{5-9}$$

（2）动态分析　动态分析主要确定放大电路的电压放大倍数、输入电阻和输出电阻等。

动态时，因为有输入信号，晶体管的各个电流和电压瞬时值都含有直流分量和交流分量，而所谓放大，则只考虑其中的交流分量。动态分析最基本的方法是微变等效电路法。

1）晶体管的微变等效电路。微变等效电路法又称**小信号分析法**，它将晶体管在静态工作点附近进行线性化，然后用一个线性模型来等效，如图5-28所示。

下面从共射极接法的晶体管输入特性和输出特性两方面来分析。

由图5-28b可以看出，晶体管的输入特性曲线是非线性的，但在输入小信号时，选择合适的Q点，则Q点附近的工作段可近似为直线。当U_{CE}为常数时，ΔU_{BE}与ΔI_B之比为

$$r_{be} = \frac{\Delta U_{BE}}{\Delta I_B}$$

式中，r_{be}称为晶体管的输入电阻。在小信号工作条件下，r_{be}是一个常数，因此晶体管的输入电路可用r_{be}来等效，如图5-28d所示。

低频小功率晶体管的r_{be}可用下式估算

$$r_{be} \approx 300\Omega + \frac{26mV}{I_{BQ}} \quad (5\text{-}10)$$

式中，r_{be}称为晶体管的输入电阻（Ω）；I_{BQ}为基极电流的静态值（mA）。

晶体管的输出特性曲线如图5-28c所示，在线性工作区是一组近似等距离平行的直线。当U_{CE}为常数时，ΔI_C与ΔI_B之比为

$$\beta = \frac{\Delta I_C}{\Delta I_B} = \frac{i_c}{i_b} \quad (5\text{-}11)$$

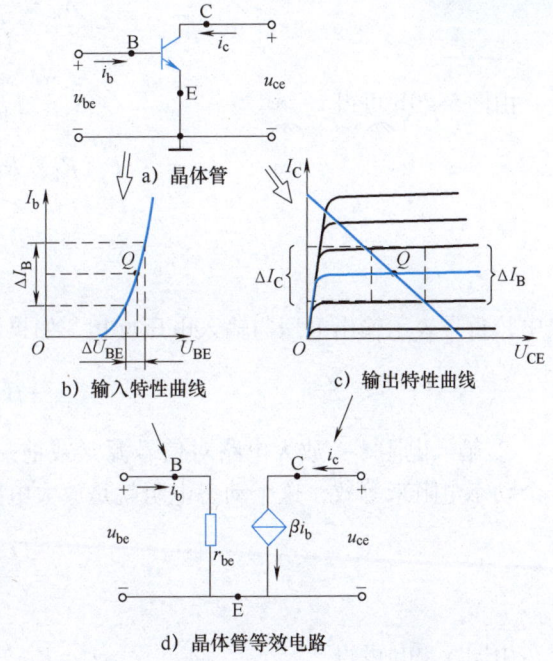

图5-28　晶体管的微变等效电路

β是晶体管共射极放大电路的电流放大倍数。在小信号工作条件下，β是一个常数，它代表晶体管的电流控制作用，晶体管输出回路用受控电流源$i_c = \beta i_b$来代替，如图5-28d所示。在一些相关的电子技术手册中常用h_{fe}来代表β。

2）放大电路的微变等效电路。由晶体管微变等效电路和放大电路的交流通路可得出放大电路的微变等效电路。图5-29a是图5-24所示共射基本放大电路的交流通路。微变等效电路中的电压、电流都是交流分量。输入信号是正弦信号，可用相量来表示，如图5-29b所示。

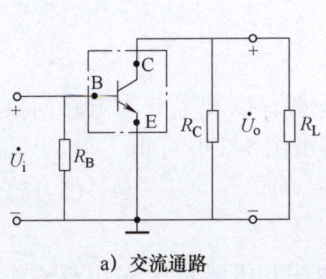
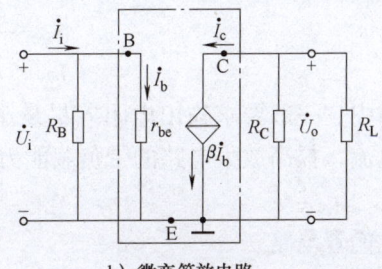

a）交流通路　　　　　　　　b）微变等效电路

图5-29　共射基本放大电路的等效电路

交流通路的画法：令直流电源 $U_{CC}=0$，即将电源正极与地线短接。在电容 C_1 和 C_2 的值较大时，它们对交流信号呈现的容抗很小，可以忽略不计，所以用短路代替。

交流通路的作用：主要是将微弱的输入信号，按一定要求放大后，从输出端输出。

3）交流参数的计算。

① 电压放大倍数 A_u：放大电路输出电压与输入电压的比值叫作电压放大倍数，定义为

$$A_u = \frac{\dot{U}_o}{\dot{U}_i}$$

由图 5-29b 可得

$$\dot{U}_i = \dot{I}_b r_{be}$$

$$\dot{U}_o = - \dot{I}_c(R_L /\!/ R_C) = - \beta \dot{I}_b R'_L$$

$$A_u = \frac{\dot{U}_o}{\dot{U}_i} = - \beta \frac{R'_L}{r_{be}} \tag{5-12}$$

式中，负号表示输出电压与输入电压反相。如果电路中输出端开路（$R_L = \infty$），则

$$A_u = - \beta \frac{R_C}{r_{be}}$$

② 输入电阻 r_i：放大电路对信号源（或前一级放大电路）而言，是一个负载，可以用一个动态电阻来等效，这个动态电阻就是放大电路的输入电阻 r_i。其定义为

$$r_i = \frac{\dot{U}_i}{\dot{I}_i}$$

由图 5-29b 可得

$$r_i = R_B /\!/ r_{be} \tag{5-13}$$

一般 $R_B \gg r_{be}$，上式可近似为

$$r_i \approx r_{be} \tag{5-14}$$

③ 输出电阻 r_o：放大电路对负载（或后一级放大电路）而言，是一个信号源，其内阻即为放大电路的输出电阻 r_o，它也是一个动态电阻。令输入信号短路，即 $\dot{U}_i = 0$，（当 $\dot{U}_i$ 为信号源 $\dot{U}_S$ 和内阻 R_S 时，只令 $\dot{U}_S = 0$，保留 R_S）和输出端开路（$R_L = \infty$）的条件下，在输出端加上电压 $\dot{U}$，若产生的电流为 $\dot{I}$，则

$$r_o = \frac{\dot{U}}{\dot{I}}$$

在放大电路中，一般要求输出电阻 r_o 尽量小一些，以利于放大电路向负载提供更大的电流，提高放大电路的带负载能力。由图 5-29b 可得

$$r_o = R_C \tag{5-15}$$

三、分压式偏置电路

对于共射基本放大电路，优点是结构简单，电压和电流放大作用都比较大；缺点是静态工作点不稳定。

分压式偏置
电路的特点
及计算方法

静态工作点不稳定的原因很多，如电源电压波动、电路参数变化、晶体管老化等，但主要原因是晶体管特性参数（U_{BE}、β、I_{CBO}）随温度变化。

例如，当温度升高时，对于同样的 I_{BQ}，输出特性曲线将上移。严重时，将使晶体管进入饱和区而失去放大能力，这是不希望的。为了克服上述问题，常使用图 5-30 所示的分压式偏置电路。

此电路的特点是：

（1）基极电位稳定　设流过电阻 R_{B1} 和 R_{B2} 的电流分别为 I_1 和 I_2，且 $I_1 = I_2 + I_{BQ}$，一般 I_{BQ} 很小，所以 $I_1 \gg I_{BQ}$，可以近似地认为 $I_1 \approx I_2$，则

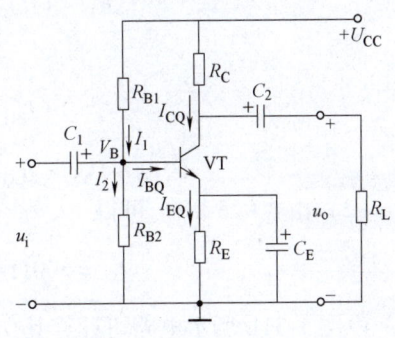

图 5-30　分压式偏置电路

$$V_B \approx \frac{R_{B2}U_{CC}}{R_{B1} + R_{B2}} \qquad (5\text{-}16)$$

所以基极电位 V_B 由电压 U_{CC} 经 R_{B1} 和 R_{B2} 分压所决定，随温度变化很小。

（2）静态工作点稳定　利用发射极电阻 R_E 来获得反映电流 I_E 变化的信号，反馈到输入端，实现工作点稳定。其过程为

$$t(℃) \uparrow \rightarrow I_{CQ} \uparrow \rightarrow V_E \uparrow \rightarrow U_{BEQ} \downarrow \rightarrow I_{BQ} \downarrow \rightarrow I_{CQ} \downarrow$$

通常 $V_B \gg U_{BEQ}$，所以发射极电流

$$I_{EQ} = \frac{V_B - U_{BEQ}}{R_E} \approx \frac{V_B}{R_E} \qquad (5\text{-}17)$$

根据 $I_1 \gg I_{BQ}$ 和 $V_B \gg U_{BEQ}$ 两个条件，得出的式（5-16）、式（5-17），分别说明了 V_B 和 I_{EQ} 是稳定的，基本上不随温度而变，而且也基本上与管子的参数 β 无关。

例 5-2　在图 5-30 所示电路中，已知 $U_{CC} = 12V$，$R_C = R_E = 2k\Omega$，$R_{B1} = 20k\Omega$，$R_{B2} = 10k\Omega$，$R_L = 2k\Omega$，晶体管的 $\beta = 40$，试计算：

（1）静态工作点。

（2）输入电阻 r_i、输出电阻 r_o 和电压放大倍数 A_u。

解　图 5-30 所示电路的直流通路和微变等效电路如图 5-31 所示。

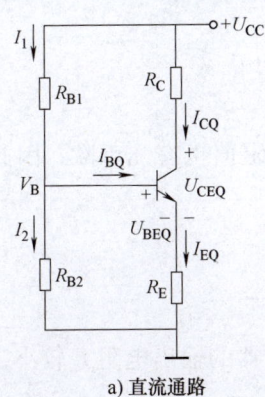

a) 直流通路

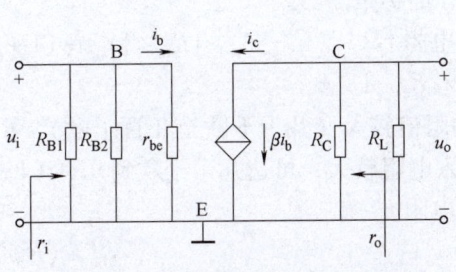

b) 微变等效电路

图 5-31　例 5-2 图

（1）由式（5-16）、式（5-17）可得

$$I_{EQ} \approx \frac{V_B}{R_E} \approx \frac{R_{B2} U_{CC}}{(R_{B1} + R_{B2}) R_E} = \frac{10 \times 12}{(10 + 20) \times 2} \text{mA} = 2\text{mA}$$

则

$$I_{CQ} \approx I_{EQ} = 2\text{mA}$$

$$I_{BQ} = \frac{I_{CQ}}{\beta} = \frac{2}{40} \text{mA} = 0.05\text{mA}$$

$$U_{CEQ} \approx U_{CC} - I_{CQ}(R_C + R_E) = 12\text{V} - 2 \times (2 + 2)\text{V} = 4\text{V}$$

（2）由式（5-10）可得

$$r_{be} = 300\Omega + \frac{26\text{mV}}{I_{BQ}} = 300\Omega + \frac{26}{0.05}\Omega = 820\Omega$$

由图 5-31b 所示电路可计算其交流参数如下：

$$r_i = R_{B1} // R_{B2} // r_{be} \approx r_{be} = 820\Omega$$

$$r_o = R_C = 2\text{k}\Omega$$

$$R'_L = R_C // R_L = \frac{2 \times 2}{2 + 2} \text{k}\Omega = 1\text{k}\Omega$$

$$A_u = -\beta \frac{R'_L}{r_{be}} = -40 \times \frac{1 \times 10^3}{820} \approx -49$$

四、射极输出器

图 5-32 所示是一个射极输出器。

1. 电路分析

通过静态分析得出：射极输出器中的电阻 R_E 同样具有稳定工作点的作用。

通过动态分析得出：

（1）电压放大倍数 A_u

$$A_u = \frac{\dot{U}_o}{\dot{U}_i} = \frac{(1 + \beta) R'_L}{r_{be} + (1 + \beta) R'_L} < 1$$

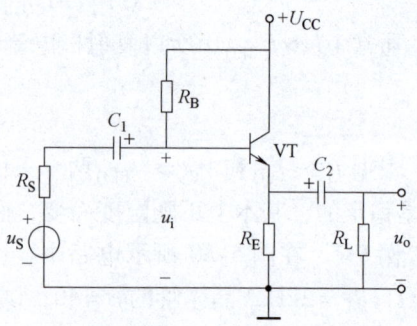

图 5-32　射极输出器

式中，A_u 略小于 1，正因为输出电压接近输入电压，二者的相位又相同，故射极输出器又称为射极跟随器，简称跟随器。

（2）输入电阻 r_i 　　　　　　$r_i = R_B // [r_{be} + (1 + \beta) R'_L]$ 　　　　　　　（5-18）

式中，$R'_L = R_E // R_L$。

通常 R_B 的阻值较大（几十千欧至几百千欧），R_E 的阻值也有几千欧，因此上式表明射极输出器的输入电阻较大，可达几十千欧到几百千欧。

（3）输出电阻 r_o

$$r_o = R_E // \frac{r_{be} + (R_S // R_B)}{1 + \beta}$$ 　　　　　　　　（5-19）

式中，R_S 为信号源内阻（通常较小）。上式表明射极输出器的输出电阻 r_o 较小，通常为几欧至几百欧。

> 由此可见，射极输出器的特点是输入电阻大，输出电阻小，没有电压放大能力。

2. 射极输出器在电路中的应用

（1）用于输入级　由于其输入电阻大，从信号源吸取的电流小，对信号源影响小，因此在放大电路中多用它作高输入电阻的输入级。

（2）用于输出级　放大器的输出电阻越小，带负载能力越强。当放大器接入负载或负载变化时，对放大器影响小，可以保持输出电压的稳定。由于射极输出器的输出电阻小，因此在多级放大器的输出级常使用它。

（3）用于隔离级　在共射放大电路的级间耦合中，往往存在着前级输出电阻大，后级输入电阻小这种阻抗不匹配的现象，这将造成耦合中的信号损失，使放大倍数下降。利用射极输出器输入电阻大、输出电阻小的特点，将其接入上述两级放大器之间，在隔离前后级的同时，起到了阻抗匹配的作用。

第四节　多级放大器

在实际应用中，放大器的输入信号都较微弱，有时可低到毫伏或微伏数量级，为了驱动负载工作，必须由多级放大电路对微弱信号进行连续放大，方可在输出端获得必要的电压幅度或足够的功率。图 5-33 所示为多级放大电路的组成框图，其中输入级和中间级主要用做

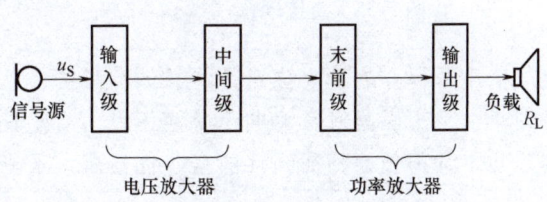

图 5-33　用作音频功放的多级放大器组成框图

电压放大，可将微弱的输入电压放大到足够的幅度；后面的末前级和输出级用作功率放大，以输出负载所需要的功率。在多级放大电路中，每两个单级放大电路之间的连接方式称为**耦合**。常用的级间耦合有阻容耦合、直接耦合、变压器耦合和光耦合等四种方式。

一、级间耦合方式及特点

1. 阻容耦合

图 5-34 所示为两级阻容耦合放大电路，两级之间是通过电容耦合起来的。由于电容有"隔直流、通交流"的作用，因此前一级的交流输出信号可以通过耦合电容传送到后一级的输入端，而各级放大电路的静态工作点相互没有影响。此外，它还具有体积小、重量轻的优点。这些优点使它在多级放大电路中得到广泛应用。但阻容耦合方式不适合传送变化缓慢的信号，因为这类信号在通过耦合电容时会有很大的衰减。至于直流信号，则根本不能传送。

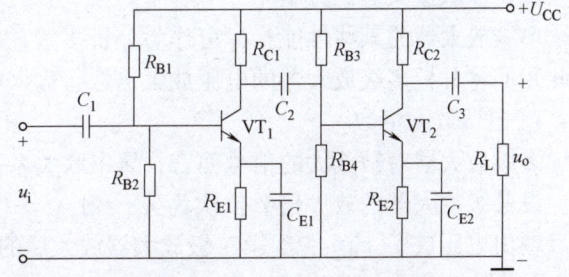

图 5-34　两级阻容耦合放大电路

2. 直接耦合

为了避免耦合电容对缓慢信号造成的衰减，可以把前一级的输出端直接接到下一级的输入端，如图 5-35 所示，我们把这种连接方式称为直接耦合。直接耦合放大电路不仅能放大

交流信号，还能放大直流信号或变化缓慢的信号，但直接耦合使各级的直流通路互相连通，各级的静态工作点互相影响，温度变化造成的直流工作点的漂移会被逐级放大，温漂较大。直接耦合是集成电路内部常用的耦合方式。

3. 变压器耦合

通过变压器实现级间耦合的放大器如图5-36所示。变压器T_1将第一级的输出电压信号变换成第二级的输入电压信号，变压器T_2将第二级的输出电压信号变换成负载R_L所要求的电压。

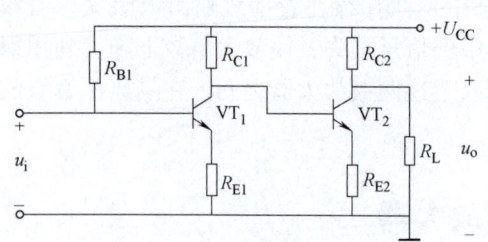

图5-35 直接耦合   图5-36 变压器耦合

> 变压器耦合的最大优点是能够进行阻抗、电压和电流的变换，这在功率放大器中常常用到。由于变压器对直流电无变换作用，因此具有很好的隔直作用。变压器耦合的缺点是体积和重量都较大，高频性能差、价格高，不能传送变化缓慢的信号或直流信号。

4. 光耦合

图5-37所示为光耦合放大器，其前级与后级的耦合器件是光耦合器件。前级的输出信号通过发光二极管转换为光信号，该光信号照射在光电晶体管上，还原为电信号送至后级输入端。光耦合既可传输交流信号又可传输直流信号；既可实现前后级的电隔离，又便于集成化。

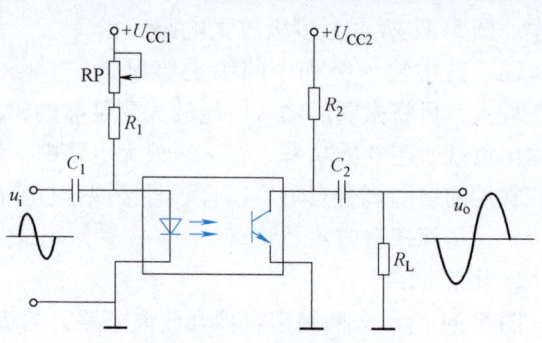

图5-37 光耦合放大器

二、多级放大器的分析

单级放大器的某些性能指标可作为分析多级放大器的依据，但多级放大器又有其特点，为此我们将分析多级放大器的电压放大倍数、输入电阻、输出电阻及非线性失真等内容。

1. 电压放大倍数

多级放大器对被放大的信号而言，属串联关系。前一级的输出信号就是后一级的输入信号。设各级放大器的放大倍数依次为A_{u1}、A_{u2}、$\cdots$、A_{un}，则输入信号u_i被第一级放大器放大后输出电压成了$A_{u1}u_i$，经第二级放大器放大后的输出电压成为$A_{u1}A_{u2}u_i$，依此类推，通过n级放大器放大后，输出电压为$A_{u1}A_{u2}A_{u3}\cdots A_{un}u_i$。所以多级放大器总的电压放大倍数为各级电压放大倍数之积，即

$$A_u = A_{u1}A_{u2}\cdots A_{un} \tag{5-20}$$

式中，A_{u1}、A_{u2}、$\cdots$、A_{un-1}为有负载时的电压放大倍数，其负载为相应后级的输入电阻；A_{un}则视具体电路而定。

电压放大倍数在工程中常用对数形式来表示，称为电压增益，用字母G_u表示，单位为

分贝（dB），定义为

$$G_u = 20\lg|A_u| \tag{5-21}$$

若用分贝表示，则总增益为各级增益的代数和，即

$$G_u = 20\lg|A_{u1}A_{u2}\cdots A_{un}| = 20\lg|A_{u1}| + 20\lg|A_{u2}| + \cdots + 20\lg|A_{un}|$$
$$= G_{u1} + G_{u2} + \cdots + G_{un} \tag{5-22}$$

2. 输入电阻和输出电阻

多级放大器的输入电阻和输出电阻与单级放大器类似，其输入电阻是从输入端看进去的等效电阻，也就是第一级的输入电阻，输出电阻也是从输出端看进去的等效电阻，即最后一级的输出电阻。

3. 非线性失真

晶体管的输入特性曲线不是直线，输出特性曲线族中，每一条输出特性曲线也不完全是直线，其间隔也不完全相等。这就导致了输入输出特性的非线性，经放大器放大后的输出信号波形，与输入信号波形相比总是有一些变异，称为波形失真。这种变异是由晶体管的非线性特性引起，所以这种波形失真又叫非线性失真。

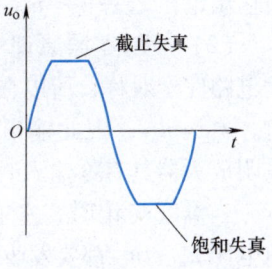

另外，如果放大电路的静态工作点选得不恰当或输入信号幅度过大，会使信号进入晶体管的截止区或饱和区而造成波形失真，这种失真分别称为截止失真和饱和失真，如图 5-38 所示，它们均属于非线性失真的范畴。对任何放大电路，总希望它的非线性失真越小越好。在多级放大器中，由于各级均存在着失真，则输出端波形失真更大，要减小输出波形的失真，必然要尽力克服各单级放大器的失真。

图 5-38　单管共射放大器
非线性失真波形

三、差动放大电路

在自动控制和检测装置中，待处理的电信号有许多是变化极为缓慢的，这类信号统称为直流信号。用来放大直流信号的放大电路称为直流放大器，直流放大器不能使用阻容耦合或变压器耦合方式，只有采用直接耦合方式才能使直流信号逐级顺利传送，但采用直接耦合必须处理好抑制零点漂移这一关键技术。

差动放大电路的工作原理

1. 零点漂移

将直流放大器输入端对地短路，使之处于静态时，在输出端用直流毫伏表进行测量，会出现不规则变化的电压，即表针时快时慢不规则摆动，如图 5-39 所示，这种现象称为零点漂移，简称零漂。在直接耦合放大电路中，前一级的零漂电压会传到后一级并被逐级放大，严重时零漂电压会超过有用的信号，这将导致测量和控制系统出错。

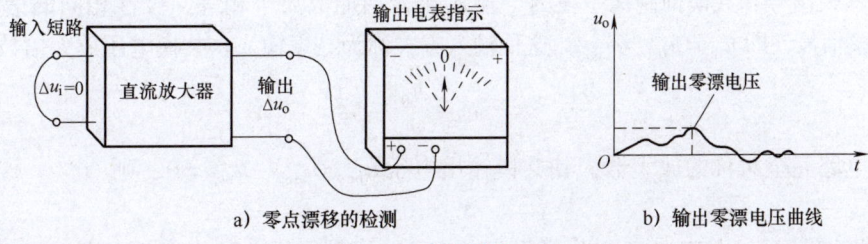

a）零点漂移的检测　　　　　　　　　　b）输出零漂电压曲线

图 5-39　零点漂移现象

造成零点漂移的原因是电源电压的波动和晶体管参数随温度的变化，其中温度变化是产生零漂的最主要原因。

抑制零漂的方法很多，如采用高稳定度的稳压电源来抑制电源电压波动引起的零漂；利用恒温系统来消除温度变化的影响等。但最常用的方法是利用两只特性相同的晶体管接成差动放大器，这种电路在集成运放（详见第六章）及其他模拟集成电路中常作为输入级及前置级。

2. 基本差动放大器

（1）电路结构　差动放大器是一种能够有效地抑制零漂的直流放大器，图5-40所示电路是最基本的电路形式。从电路中可以看出，它是由两个完全对称的单管放大器组成的。图中两个晶体管及对应的电阻参数基本一致。u_{id}是输入电压，它经R_1、R_2分压为u_{i1}与u_{i2}，分别加到两管的基极，经过放大后获得输出电压u_o，输出电压u_o等于两管集电极输出电压之差$u_o = u_{o1} - u_{o2}$。

（2）抑制零漂原理　因左右两个放大电路完全对称，所以在输入信号$u_{id} = 0$时，$u_{o1} = u_{o2}$，因此输出电压$u_o = 0$，即表明放大器具有零输入时零输出的特点。

当温度变化时，左右两个管子的输出电压u_{o1}、u_{o2}都要发生变动，但由于电路对称，两管的输出变化量（即每管的零漂）相同，即$\Delta u_{o1} = \Delta u_{o2}$，则$u_o = 0$。

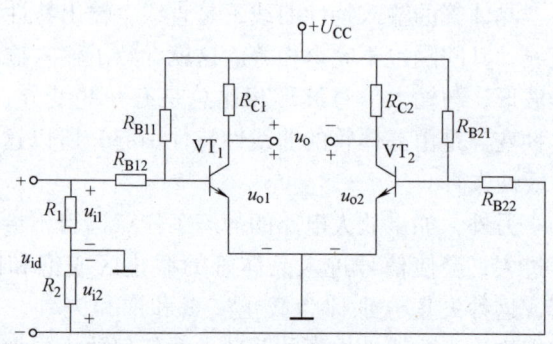

图5-40　基本差动放大器

可见利用两管的零漂在输出端相抵消，可以有效地抑制零漂。

（3）差模信号和差模放大倍数　当输入信号u_{id}被R_1、R_2分压为大小相等、极性相反的一对输入信号，分别输入到两管的基极，此信号称为差模信号，即$u_{id1} = u_{id}/2$，$u_{id2} = -u_{id}/2$。则放大器对差模信号的放大倍数A_{ud}定义为

$$A_{ud} = \frac{u_{od}}{u_{id}} \tag{5-23}$$

因两侧电路对称，电压放大倍数$A_{u1} = A_{u2} = A_u$，故有

$$A_{ud} = \frac{u_{od}}{u_{id}} = \frac{u_{od1} - u_{od2}}{u_{id}} = \frac{A_{u1}u_{id1} - A_{u2}u_{id2}}{u_{id}} = A_u$$

即

$$A_{ud} = A_u \tag{5-24}$$

该电路以多一倍的元件换来了对零点漂移抑制能力的提高。

（4）共模信号和共模抑制比　在两个输入端分别加上大小相等、极性相同的信号，此信号称为共模信号，即$u_{ic} = u_{ic1} = u_{ic2}$，这种输入方式称为共模输入。共模电压放大倍数定义为

$$A_{uc} = \frac{u_{oc}}{u_{ic}} \tag{5-25}$$

对于电路完全对称的放大器，其共模输出电压$u_{oc} = u_{oc1} - u_{oc2} = 0$，则

$$A_{uc} = 0 \tag{5-26}$$

在理想情况下，由于温度变化、电源电压波动等原因所引起两管的输出电压漂移量

Δu_{o1} 和 Δu_{o2} 相等，它们分别折合为各自的输入电压漂移也必然相等，即为共模信号。可见零点漂移等效于共模输入。实际上，放大器不可能绝对对称，故共模放大信号不为零。因此共模放大倍数 A_{uc} 越小，则表明抑制零漂能力越强。

常用共模抑制比 K_{CMR} 来衡量放大器对有用信号的放大能力以及对无用漂移信号的抑制能力，其定义是

$$K_{CMR} = \left| \frac{A_{ud}}{A_{uc}} \right| \tag{5-27}$$

共模抑制比越大，放大器的性能越好。

（5）差模信号与共模信号共存　当放大电路两个输入端的实际输入信号为 u_{i1}、u_{i2} 时，则

$$u_{id} = u_{i1} - u_{i2} \tag{5-28}$$

$$u_{ic} = \frac{u_{i1} + u_{i2}}{2} \tag{5-29}$$

此时，输出电压 u_o 中，既有差模输出信号 u_{od}，又有共模输出信号 u_{oc}，即

$$u_o = u_{od} + u_{oc} \tag{5-30}$$

实验四　单管共射放大电路的测试

一、实验目的

1）掌握放大电路静态工作点的调整和测试方法。

2）学习放大器电压放大倍数的测试方法。

3）观察静态工作点对输出波形的影响。

4）熟悉常用电子仪器的使用方法。

二、预习要求

1）理解分压式单管共射放大器的工作原理及电路中各元件的作用。

2）掌握分压式单管共射放大器静态工作点的计算方法。

3）了解共射放大电路中饱和失真、截止失真或信号过大引起失真的输出电压波形。

4）掌握放大器电压放大倍数的测试方法。

5）思考：如何测量实验任务 1 中集电极的电流？

三、实验仪器

实验仪器及设备见表 5-2。

表 5-2　实验仪器及设备清单

序号	名　　称	型号或规格	数　量	备　注
1	直流稳压电源	自定	1	
2	低频信号发生器	自定	1	
3	示波器	自定	1	
4	数字万用表	自定	1	
5	电子技术实验机或实验板	自定	1	
6	交流毫伏表	自定	1	

四、实验内容

【任务1】 调整与测试静态工作点

按图 5-41 连接电路（实验电路中各元器件参数仅供参考，可根据实验室情况调整）。调节 RP，使发射极对地的电压 $V_E = 3V$，用数字万用表的直流电压档分别测出晶体管的集电极、基极的对地电压，记录到表 5-3 中。

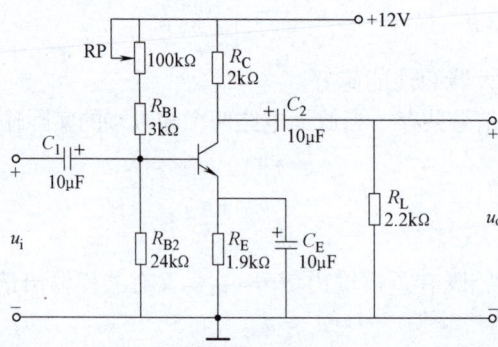

图 5-41　共射放大电路

表 5-3　静态工作点的测试

测　量　值			计　算　值	
V_E/V	V_B/V	V_C/V	$I_C \approx V_E/R_E$	$U_{CE} = V_C - V_E$

【任务2】 测量电压放大倍数

输入正弦信号：$f = 1kHz$，$U_i = 10 \sim 20mV$，用示波器观察输出信号，当 R_L 分别为 ∞ 及 $2.2k\Omega$ 时，用交流毫伏表分别测量输入、输出电压，并记录到表 5-4 中。

表 5-4　电压放大倍数的测量

$R_L/k\Omega$	U_i/mV	U_o/V	计算放大倍数 A_u
2.2			
∞			

【任务3】 观察静态工作点的变动及输入电压太大对输出波形的影响

首先，改变输入信号的大小，使输出达到最大不失真，然后按表 5-5 要求调节，用示波器观察并记录输出电压的失真情况。

表 5-5　输入参数对输出波形的影响

条　件	输出电压波形	输出信号失真类型
RP 不变，增大 U_i		
U_i 不变，减小 RP		
U_i 不变，增大 RP		

五、注意事项

在电子实验过程中，注意所有仪器和电路要共地。

边学边练三　直流稳压电源

 读一读1　直流稳压电源的组成

日常生活和工业生产中使用的各种电子设备以及各种自动控制装置都需要稳定的直流电源供电。直流电源可以由直流发电机和各种电池提供，但比较经济实用的方法是利用电子电路将广泛使用的工频交流电转换成稳定的直流电，这种电路称为直流稳压电源电路。直流稳压电源的组成框图如图5-42所示。各组成部分的作用如下。

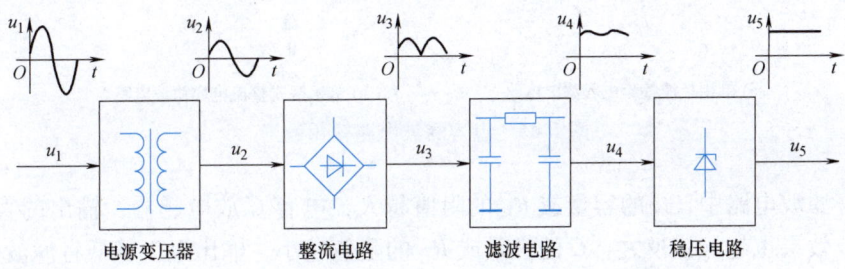

图 5-42　直流稳压电源组成框图

（1）电源变压器　其作用是将交流电网所提供的220V或380V的电压变换成直流电源所需要的电压。

（2）整流电路　其作用是将交流电压变换成脉动直流电压。

（3）滤波电路　其作用是滤除脉动直流电压中含有的交流成分，从而得到脉动幅度较小的直流电压，以适应负载的需要。

（4）稳压电路　经整流、滤波输出的电压仍有一些波动，电网电压波动或负载变化时将导致其变化，稳压电路的作用就是使输出电压稳定。

读一读2　滤波电路

滤波电路简称为滤波器,实际电路中常采用电容滤波器。

电容滤波器是在负载的两端并联一个电容构成的，它是根据电容两端电压不能突变的原理设计的。图5-43所示电路是单相半波整流电容滤波电路，图5-44所示电路是单相桥式整流电容滤波电路。

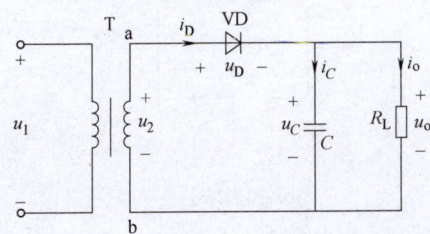

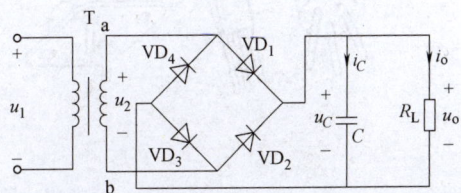

图 5-43　单相半波整流电容滤波电路　　　　图 5-44　单相桥式整流电容滤波电路

图 5-43、图 5-44 未接滤波电容 C 之前，输出电压的波形如图 5-45 中的虚线所示。当在负载 R_L 的两端并联滤波电容后，输出波形就变为图 5-45 中的实线所示。显然，加上滤波器后输出电压的脉动程度减小了。

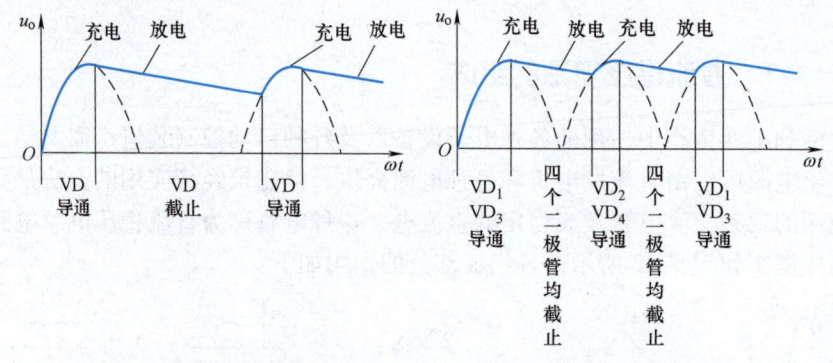

a) 单相半波整流电容滤波电路　　　　b) 单相桥式整流电容滤波电路

图 5-45　电容滤波电路输出波形

在电容滤波电路中，C 的容量或 R_L 的阻值越大，电容 C 放电越慢，输出的直流电压就越大，滤波效果也越好；反之，C 的容量或 R_L 的阻值越小，输出电压越低且滤波效果越差。

在采用大容量的滤波电容时，接通电源的瞬间充电电流很大，称为浪涌电流。

电容滤波器只适用于负载电流较小的场合。

 读一读3　稳压电路

稳压电路一般用集成电路实现，称为集成稳压电源。

所谓集成稳压电源，就是把稳压电源的功率调整管、取样电路、基准电压、比较放大电路、起动和保护电路等，全部集成在一块芯片上，作为一个器件使用。因为集成稳压电源具有体积小，外围元器件少，性能稳定可靠，使用、调整方便等优点，因此得到广泛应用。

目前，集成稳压电源类型很多，作为小功率的稳压电源以三端式串联稳压电源应用最为普遍。三端式是指稳压器仅有输入、输出、接地三个接线端子，其外形和图形符号如图 5-46 所示。例如，W78 系列，有 5V、6V、9V、12V、15V、18V 和 24V 共七档固定正电压输出。如果需要 15V 输出电压则选用 W7815 型。另外还有与 W78 系列对应的 W79 系列，它有固定负电压输出。以上两种系列三端稳压电源可以输出 0.5A 电流，如果加装散热片，可达到 1.5A。

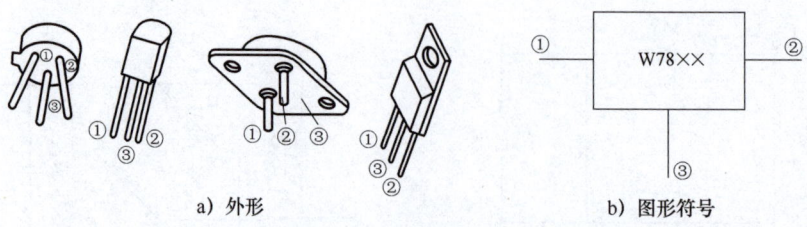

a) 外形　　　　　　　　　　　　b) 图形符号

图 5-46　三端集成稳压电源的外形和图形符号

具有固定电压输出的稳压电源如图 5-47 所示。W78 系列的①脚为输入端，②脚为输出端，③脚为公共端，通常是在整流滤波电路之后接上三端稳压电源，输入电压接①、③端，②、③端则输出稳定电压 U_o。W79 系列的②脚为输入端，③脚为输出端，①脚为公共端。在输入端并联一个电容 C_1 以旁路高频干扰信号，消除自激振荡。输出端的电容 C_2 起滤波作用。

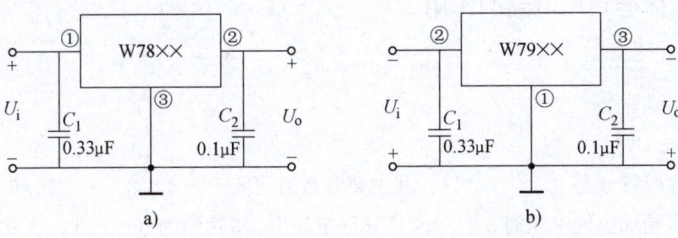

图 5-47 三端固定式稳压电源

 **议一议**

直流稳压电源由几个部分组成？

整流电路可以输出什么样的电压信号？其作用是什么？

滤波电路可以输出什么样的电压信号？其作用是什么？

稳压电路可以输出什么样的电压信号？其作用是什么？

 练一练 搭接直流稳压电源

 任务1 搭接电路

按图 5-48 搭接电路。图中，变压器的额定容量为 20VA，二次绕组的额定电压为 18V、额定电流为 1A，二极管的型号为 1N4001，负载电阻应大于 15Ω。对于接入的负载电阻，应计算负载电阻上的功率，负载电阻上消耗的功率应小于负载电阻的额定功率。

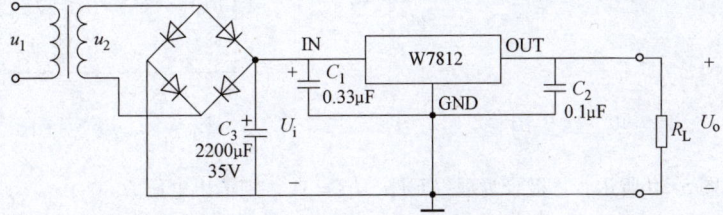

图 5-48 直流稳压电源

 任务 2 观察输出电压波形

用示波器观察变压器二次绕组两端的电压波形、桥式整流电路的输出电压波形、滤波电路的输出电压波形及稳压电路的输出波形。根据各部分电路的输出电压波形，体会整流电路、滤波电路和稳压电路的作用。

 **任务3　测量电压**

　　用万用表的交流电压档测量变压器二次绕组两端的电压，用万用表的直流电压档测量桥式整流电路、滤波电路及稳压电路的输出直流电压。改变负载电阻的阻值，测量以上各部分电压的变化情况，体会稳压电路的作用。

思考题与习题

一、填空题

5-1　二极管的主要特性是（　　　　），其主要参数有（　　　）、（　　　）和（　　　）。

5-2　二极管的两端加正向电压时，有一段"死区电压"，锗管约为（　　　），硅管约为（　　　）。

5-3　整流电路是利用二极管的单向导电性，将（　　　）电转换成脉动的（　　　）电。

5-4　晶体管具有放大作用的外部条件是（　　　）结正向偏置，（　　　）结反向偏置。

5-5　晶体管是一种（　　　）控制（　　　）的控制器件。

5-6　共射极放大电路的输出电压与输入电压相位（　　　）。射极输出器的输出电压与输入电压相位（　　　）。

5-7　对直流通路而言，放大器中的电容可视作（　　　）；对于交流通路而言，容抗小的电容可视作（　　　），直流电源可视作（　　　）。

5-8　为了抑制直流放大器的零点漂移，可采用（　　　）电路。电路的对称性越（　　　），差动放大器抑制零漂的能力越好，它的 K_{CMR} 就越（　　　）。共模抑制比 K_{CMR} 等于（　　　）之比的绝对值。

5-9　多级放大器有（　　　）耦合、（　　　）耦合、（　　　）耦合和（　　　）耦合等方式。

二、单项选择题

5-10　在图5-49所示电路中，若测得a、b两端的电位如图所示，则二极管工作状态为（　　　）。

a）导通　　　　　　　　b）截止　　　　　　　c）不确定

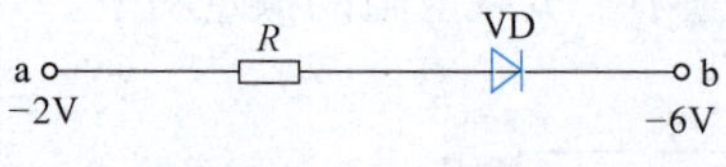

图 5-49　题 5-10 图 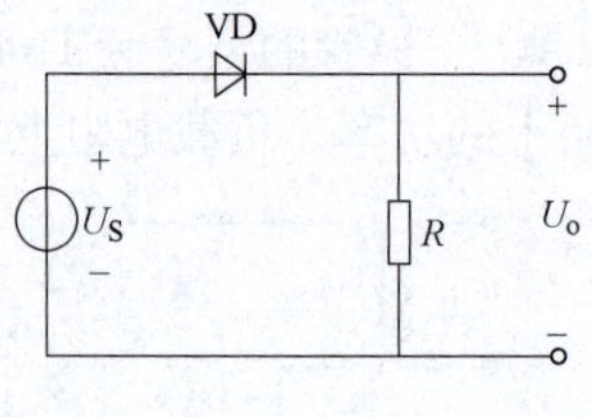　　　　　　　　　图 5-50　题 5-11 图

5-11　电路如图5-50所示，二极管为理想元件，$U_S = 3V$，则输出电压 U_o 为（　　　）。

a）2/3V　　　　　　　b）3V　　　　　　　c）0

5-12　在图5-51所示电路中，所有二极管均为理想元件，则 VD_1、VD_2、VD_3 的工作状态分别为（　　　）。

a）VD_1 导通，VD_2、VD_3 截止　b）VD_1、VD_2 截止，VD_3 导通　c）VD_1、VD_3 截止，VD_2 导通

5-13　在图5-52电路中，稳压管 VS_1 的稳压值为6V，稳压管 VS_2 的稳压值为12V，则输出电压 U_o 等于（　　　）。

a）12V　　　　　　　b）6V　　　　　　　c）18V

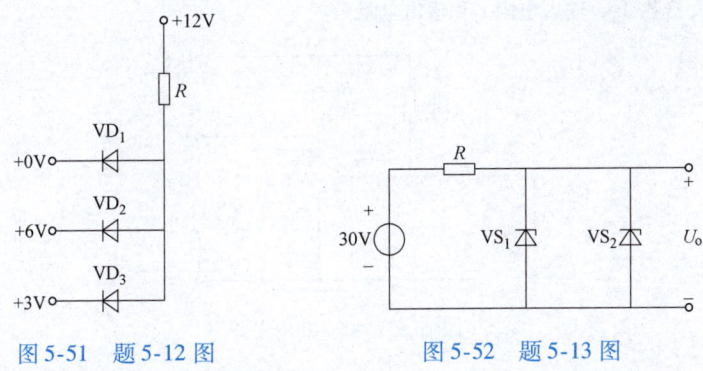

图 5-51　题 5-12 图　　　　　　图 5-52　题 5-13 图

5-14　单相桥式整流电路如图 5-12 所示，已知交流电压 $u_2 = 100\sin\omega t$ V，若有一个二极管损坏（断开），则输出电压的平均值 U_o 为（　　　）。

a）31.82V　　　　　　b）45V　　　　　　c）0

5-15　图 5-53 所示电路中，正确的单相桥式整流电路是图（　　　）。

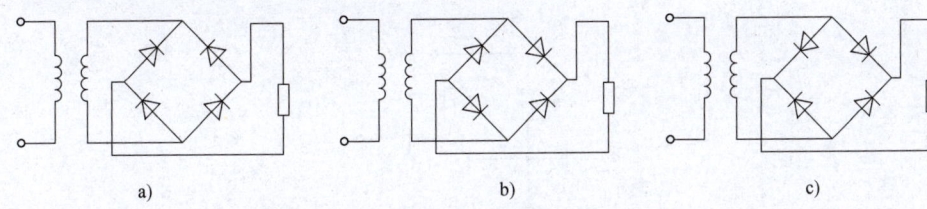

a）　　　　　　　　　　b）　　　　　　　　　　c）

图 5-53　题 5-15 图

5-16　已知某两级单管放大器的电压放大倍数分别为 20 和 30，且耦合方式为阻容耦合，其总的电压放大倍数为（　　　）。

a）600　　　　　　b）50　　　　　　c）10

三、综合题

5-17　电路如图 5-54 所示，设二极管为理想元件，试求输出电压 U_o。

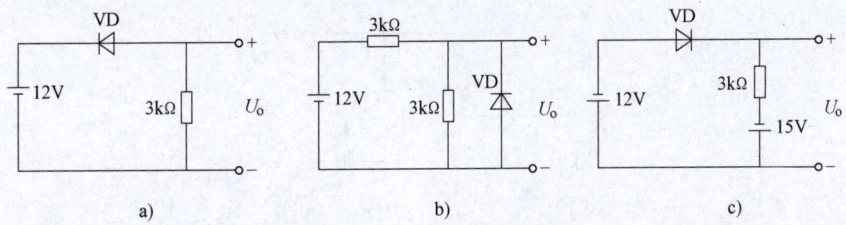

a）　　　　　　　　　　b）　　　　　　　　　　c）

图 5-54　题 5-17 图

5-18　单相半波整流电路如图 5-10 所示，负载电阻 $R_L = 2\text{k}\Omega$，变压器二次绕组电压 $U_2 = 30$ V。试求输出电压 U_o 和电流 I_o。

5-19　单相桥式整流电路如图 5-12 所示，已知负载电阻 $R_L = 1\text{k}\Omega$。今要求该整流电路输出直流电压 $U_o = 80$V，试求变压器二次绕组电压 U_2。

5-20　共射基本放大电路如图 5-55 所示，其中，晶体管为 NPN 型硅管，$\beta = 100$，$r_{be} = 1.3\text{k}\Omega$。

（1）估算静态工作点。

（2）求电压放大倍数 A_u、输入电阻 r_i 和输出电阻 r_o。

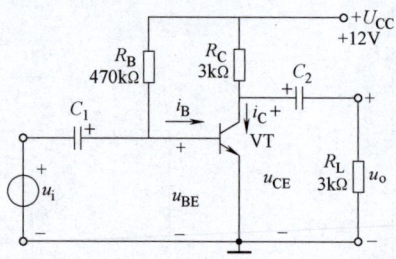

图 5-55　题 5-20 图

5-21　分压式偏置电路如图 5-56 所示，已知 $R_{B1} = 30\text{k}\Omega$，$R_{B2} = 10\text{k}\Omega$，$R_C = 1.5\text{k}\Omega$，$R_E = 2\text{k}\Omega$，$\beta = 50$。

（1）简要说明图中各元件的名称及作用。

（2）简述稳定静态工作点的过程。

（3）估算静态工作点。

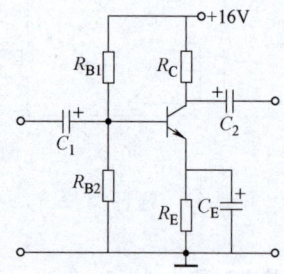

图 5-56　题 5-21 图

5-22　射极输出器如图 5-57 所示，已知晶体管为硅管，$\beta = 100$，$r_{be} = 1.2\text{k}\Omega$。试求输入电阻 r_i 和输出电阻 r_o。

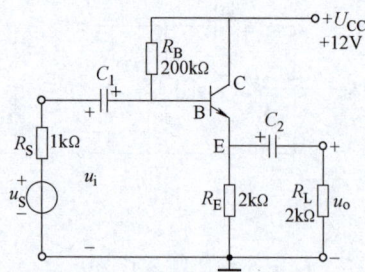

图 5-57　题 5-22 图

5-23　某三级放大电路，若测得 $A_{u1} = 10$，$A_{u2} = 100$，$A_{u3} = 100$，试问总的电压放大倍是多少？折算为分贝是多少？

5-24　某差动放大器，已知 $u_{i1} = 2.001\text{V}$，$u_{i2} = 2\text{V}$，$A_{ud} = 10$，$K_{CMR} = 100\text{dB}$，试求输出电压 u_o 中的差模输出信号 u_{od} 和共模输出信号 u_{oc}。

光伏发电

太阳有光能和热能，所以太阳能发电也有太阳能光发电和太阳能热发电之分。

太阳能热发电是通过集热装置驱动汽轮机，汽轮机把热能先转化成机械动能，再把机械动能转化为电能的一种发电形式，成本很高，适合大型发电系统。太阳能光发电简称光伏发电，光伏发电是利用光电池将光能转化为电能的发电形式，适合大型和小型发电系统，目前技术成熟，应用相当广泛。

太阳能电池的分类：①晶体硅电池，包含单晶硅、多晶硅；②非晶硅薄膜电池；③多元化合物薄膜电池，包含砷化镓Ⅲ-Ⅴ族化合物、铜铟硒等。电池的成本主要取决于硅片的成本，市场上的太阳能电池多数是多晶硅电池。

一、发展史

1839 年，法国物理学家贝克雷尔发现了光生伏特效应。1951 年，美国贝尔研究所的科学家开发出单晶硅太阳能电池。

1958 年，我国研制出首块单晶硅，1968 年光伏发电系统研发成功。1969 年，东方红一号卫星的备用卫星实践一号首次应用了我国研制的光伏发电系统作为电源。1983 年，我国首台 10kW 民用光伏电站运行。1999 年，我国首条多晶硅太阳能电池生产线建成。

二、工作原理

光伏发电是一种利用太阳能将光能直接转化成电能的技术。它是光电二极管的大规模应用。由于光电二极管在反偏状态下的反向电流与照度成正比，当制成大面积二极管时，能将光能直接转化成电能，称为光电池。为了提高光电池的发电效率，常采用多晶硅、单晶硅等不同的材料制造光伏电池，同时也可以采用多级结合技术、光敏浓缩技术等措施来提高吸收效率和电子的收集效率。

光伏发电系统原理框图如图 5-58 所示。该系统由电池组件、逆变器及主控制器等组成。电池组件用来实现能量的采集转换，逆变器用于将光电池输出的 12V 直流电转换成 220V 的交流电，然后输送给电网。

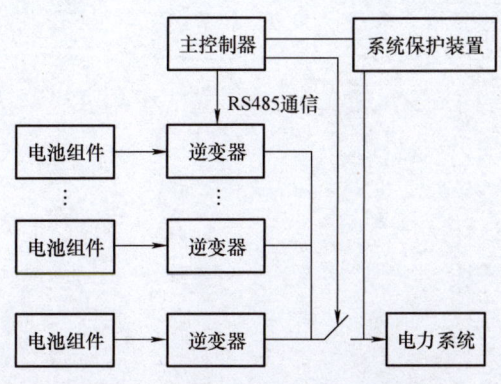

图 5-58　光伏发电系统原理框图

三、现状和发展趋势

21世纪的今天，我国光伏发电在民用建筑、船舶、交通枢纽、渔业和畜牧业等领域得以广泛应用。2010年，单晶硅、多晶硅电池转化效率突破19%，位于世界第一梯队。随着光伏发电技术的发展，光电池的效率不断提高，将在2030年达到30%~50%的效率。高效的光伏电池可以减少光伏电站的占地面积和成本，更好地利用太阳能光源替代化石能源。

四、应用

光伏发电系统的分类：按系统并网与否分为独立式和并网式；按系统是否连接负载分为集中式和分布式。由于集中式不接负载而直接并入电网，投资大、建设周期长、占地面积大，所以应用较少。

带蓄电池的独立光伏系统多应用在联网不方便的边远地区的村庄供电系统、太阳能户用电源系统、通信信号电源及太阳能路灯系统等。

例如，某独立民用建筑欲安装一套光伏发电系统，已知该用户全年平均每天用电量为20kW·h（度），建筑内装有电表，并网方便。经厂家上门勘察、设计、配送、安装、售后维护等一站式服务，设计安装了一套约10kW的光伏发电系统。该系统选用了30块电池组件，每块330W，组成不带蓄电池的并网分布式系统，夏季每天发电量为50~60kW·h，冬季每天发电量为20~30kW·h，多余电量反馈电网。总投资具体回本时间与当时的系统采购价格、民用电价、上网电价和政策补贴力度有关。

第六章
运算放大器及其应用

集成电路是利用半导体制造工艺把整个电路的各个元器件以及相互之间的连接线同时制造在一块半导体芯片上，组成一个不可分割的整体，实现了材料、元器件和电路的统一。集成电路与分立元器件电路比较，具有体积小、重量轻、功耗低的优点，由于减少了焊点，工作可靠性高，价格也较便宜。就导电类型而言，有双极型（晶体管）、单极型（场效应晶体管）和两种兼容的。就功能而言，有数字集成电路和模拟集成电路，而后者又有集成运算放大器、集成功率放大器和集成稳压电源等多种。本章主要介绍集成运算放大器。

第一节　集成运算放大器

集成运算放大器简称集成运放或运放，是具有高增益的多级直接耦合放大电路。在信号运算、信号处理、信号测量及波形产生等方面获得广泛应用。

一、集成运算放大器的组成

集成运算放大器的内部包括四个部分：输入级、中间级、输出级和偏置电路，如图 6-1 所示。

输入级是提高运算放大器质量的关键部分，要求其输入电阻高，能够抑制零点漂移和干扰信号。因此输入级都采用差动放大电路，它有同相和反相两个输入端。

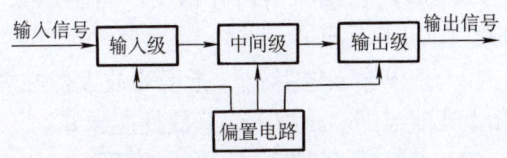

图 6-1　集成运算放大器组成框图

中间级主要进行电压放大，要求电压放大倍数高，一般由共射放大电路组成。

输出级与负载相接，要求其输出电阻低，带负载能力强，一般由互补对称电路或射极输出器组成。

偏置电路的作用是为上述各级电路提供稳定和合适的偏置电流，决定各级的静态工作点。一般由各种恒流源组成。

由于运算放大器内部电路相当复杂，对使用者而言，主要是掌握如何使用，知道它的各引脚功能、主要参数及外部特性，对内部结构了解即可。

二、集成运算放大器的图形符号及外形

集成运算放大器的图形符号如图6-2所示。u_+为同相输入端，由此端输入信号，输出信号与输入信号同相。u_-为反相输入端，由此端输入信号，输出信号与输入信号反相。u_o为输出端，$+U_{CC}$接正电源，$-U_{CC}$接负电源。

常见集成运放的外形有双列直插式和圆壳式等，如图6-3所示。双列直插式引脚号的识别是：引脚朝外，缺口向左，从左下脚开始为1，逆时针排列。如LM358是8引脚的双集成运放，各引脚号及功能如图6-4所示。

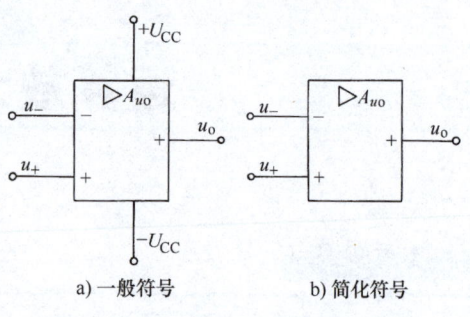

a) 一般符号　　　　b) 简化符号

图6-2　集成运算放大器的图形符号

 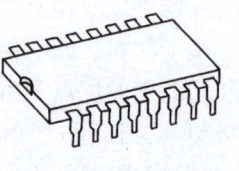 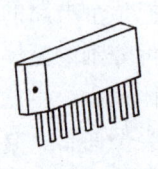

图6-3　集成运放外形图

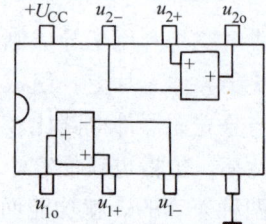

图6-4　LM358引脚功能图

需要注意的是：集成运放种类很多，不同型号的用途不同，引脚功能也不同，使用前必须查阅相关的手册和说明。

三、集成运算放大器的主要参数

为了合理选用和正确使用运算放大器，必须了解运算放大器的主要参数及意义。其他参数可查阅手册。

（1）开环电压放大倍数 A_{uo}　指运算放大器在无外加反馈情况下的空载电压放大倍数（差模输入），它是决定运算精度的重要因素，其值越大越好。一般为 $10^4 \sim 10^7$，即 $80 \sim 140dB$（$20\lg|A_{uo}|$）。

（2）差模输入电阻 r_{id}　指运算放大器在差模输入时的开环输入电阻，一般在几十千欧至几十兆欧范围。r_{id}越大，运放性能越好。

（3）开环输出电阻 r_o　指运算放大器无外加反馈回路时的输出电阻，开环输出电阻 r_o越小，带负载能力越强。一般为 $20 \sim 200\Omega$。

（4）共模抑制比 K_{CMR}　用来综合衡量运算放大器的放大和抗零漂、抗共模干扰的能力，K_{CMR}越大，抗共模干扰能力越强。一般为 $65 \sim 75dB$。

（5）输入失调电压 U_{io}　对于实际运算放大器，当输入电压 $u_+ = u_- = 0$ 时，输出电压 $u_o \neq 0$，将其折合到输入端就是输入失调电压。它在数值上等于输出电压为零时两输入端之间应施加的直流补偿电压。U_{io}的大小反映了输入级差动放大电路的不对称程度，显然其值越小越好，一般为几毫伏，高质量的在 $1mV$ 以下。

（6）输入失调电流 I_{io}　输入失调电流是输入信号为零时，两个输入端静态电流之差。

I_{io}一般为纳安级，其值越小越好。

（7）最大输出电压 U_{opp}　指运放在空载情况下，最大不失真输出电压的峰-峰值。

四、理想运算放大器的条件及分析依据

1. 理想化条件

> 开环电压放大倍数 $A_{uo} \rightarrow \infty$；
>
> 差模输入电阻 $r_{id} \rightarrow \infty$；
>
> 开环输出电阻 $r_o \rightarrow 0$；
>
> 共模抑制比 $K_{CMR} \rightarrow \infty$。

以上条件俗称"三高一低"。由于实际运算放大器的上述指标足够大，接近理想化的条件，因此在分析时用理想运算放大器代替实际放大器所引起的误差并不严重，在工程上是允许的，这样就使分析过程极大的简化。在分析运算放大器时，一般可将它看成是一个理想运算放大器。

理想运算放大器的图形符号如图 6-5a 所示，图中的"∞"表示电压放大倍数 $A_{uo} \rightarrow \infty$。图 6-5b 为运算放大器的传输特性曲线。实际运算放大器的特性曲线分为线性区和饱和区，理想运算放大器的特性曲线无线性区。实际运算放大器可工作在线性区，也可工作在饱和区，但分析方法截然不同。

当运算放大器工作在线性区时，它是一个线性放大元件，u_o 和（$u_+ - u_-$）是线性关系，满足

$$u_o = A_{uo}(u_+ - u_-) \qquad (6\text{-}1)$$

由于 A_{uo} 很高，即使输入毫伏级以下的信号，也足以使输出电压饱和，其饱和值为 $\pm U_{o(sat)}$，在数值上接近正、负电源电压。

理想运放的条件和传输特性

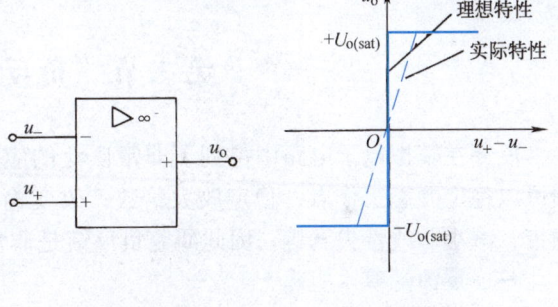

a）图形符号　　b）传输特性

图 6-5　运算放大器的图形符号和传输特性

另外，由于干扰，在线性区工作难于稳定。所以，要使运算放大器工作在线性区，通常引入深度负反馈。

当运算放大器的工作范围超出线性区在饱和区时，输出电压和输入电压不再满足式（6-1）表示的关系，此时输出只有两种可能，即

$$u_+ > u_-\ \text{时，}\ u_o = +U_{o(sat)}$$
$$u_+ < u_-\ \text{时，}\ u_o = -U_{o(sat)} \qquad (6\text{-}2)$$

例 6-1　F007 运算放大器如图 6-2 所示，正负电源电压为 ±15V，开环电压放大倍数 $A_{uo} = 2 \times 10^5$，输出最大电压为 ±13V。分别加入下列输入电压，求输出电压及极性。1）$u_+ = 15\mu V$，$u_- = -10\mu V$；2）$u_+ = -5\mu V$，$u_- = 10\mu V$；3）$u_+ = 0V$，$u_- = 5mV$；4）$u_+ = 5mV$，$u_- = 0V$。

解　由式（6-1）得 $\quad u_+ - u_- = \dfrac{u_o}{A_{uo}} = \dfrac{\pm 13}{2 \times 10^5}V = \pm 65\mu V$

可见，当两个输入端之间的电压绝对值小于 65μV，输出与输入满足式（6-1），否则输

出就满足式（6-2），因此有

1）$u_o = A_{uo}(u_+ - u_-) = 2 \times 10^5 \times (15+10) \times 10^{-6}\mathrm{V} = +5\mathrm{V}$

2）$u_o = A_{uo}(u_+ - u_-) = 2 \times 10^5 \times (-5-10) \times 10^{-6}\mathrm{V} = -3\mathrm{V}$

3）$u_o = -13\mathrm{V}$

4）$u_o = +13\mathrm{V}$

2. 分析依据

运算放大器工作在线性区时，依据"虚短""虚断"两个重要的概念对运算放大器组成的电路进行分析，极大地简化了分析过程。

1）由于 $A_{uo} \to \infty$，而输出电压是有限电压，从式（6-1）可知 $u_+ - u_- = u_o/A_{uo} \approx 0$，即

$$u_+ \approx u_- \tag{6-3}$$

上式说明同相输入端和反相输入端之间相当于短路。由于不是真正的短路，故称为"虚短"。

2）由于运算放大器的差模输入电阻 $r_{id} \to \infty$，而输入电压 $u_i = u_+ - u_-$ 是有限值，两个输入端电流 $i_+ = i_- = u_i/r_{id}$，即

$$i_+ = i_- \approx 0 \tag{6-4}$$

上式说明同相输入端和反相输入端之间相当于断路。由于不是真正的断路，故称为"虚断"。

第二节　负反馈放大器

反馈在模拟电子电路中得到了非常广泛的应用。在放大电路中引入负反馈可以稳定静态工作点，稳定放大倍数，改变输入电阻、输出电阻，拓展通频带，减小非线性失真等。因此研究负反馈是非常必要的。

一、反馈的基本概念

凡是将放大电路输出信号 X_o（电压或电流）的一部分或全部通过某种电路（反馈电路）引回到输入端，就称为反馈。若引回的反馈信号削弱输入信号而使放大电路的放大倍数降低，则称这种反馈为负反馈，若反馈信号增强输入信号，则称为正反馈。本节主要讲负反馈。图6-6中分别为无负反馈的基本放大电路和带有负反馈的放大电路的框图。显然任何带有负反馈的放大电路都包含基本放大电路和反馈电路两部分。输入信号 X_i 与反馈信号 X_f 在"⊗"处叠加后产生净输入信号 $X_d = X_i - X_f$。基本放大电路（开环）的放大倍数 $A = X_o/X_d$，反馈电路的反馈系数 $F = X_f/X_o$，带有负反馈的放大电路（闭环）的放大倍数 $A_f = X_o/X_i$。

二、反馈类型的判别方法

（1）有无反馈的判别　判断有无反馈，就是判断有无反馈通道，即在放大

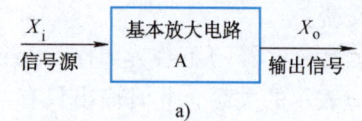

a)

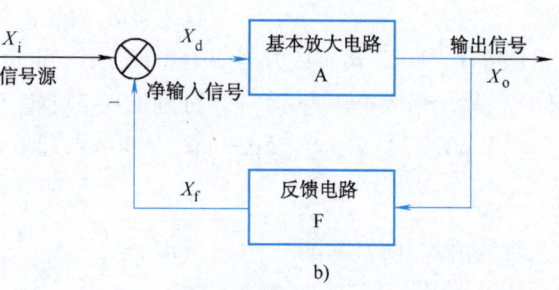

b)

图6-6　反馈放大电路框图

电路的输出端与输入端之间有无电路连接，如果有电路连接，就有反馈，否则就没有反馈。反馈通道一般由电阻或电容组成。例如下文的图 6-15 所示电路就有反馈，而图 6-22 所示电路就无反馈。

（2）交、直流反馈的判断　直流通路中所具有的反馈称为直流反馈。在交流通路中所具有的反馈称为交流反馈。例如，分压式偏置电路（见图 5-30）中，由于电容 C 的通交流作用使 R_E 上只有直流反馈信号，并且使净输入 U_{BE} 减小，所以是直流负反馈。直流负反馈的目的是稳定静态工作点，这点在前面讲得很清楚了。再比如射极输出器（见图 5-32）中的 R_E 既在直流通路上也在交流通路上，所以交、直流反馈都有。交流负反馈的目的是改善放大电路的性能，因此下面主要研究交流负反馈。

（3）正、负反馈的判断　用瞬时极性法，首先在放大器输入端设输入信号的极性为"＋"或"－"，再依次按相关点的相位变化推出各点对地交流瞬时极性，最后根据反馈回输入端（或输入回路）的反馈信号瞬时极性看其效果，使净输入信号减小的是负反馈，否则是正反馈。例如，图 6-7a 中净输入 $u_d = u_i - u_f$，图 6-7b 中净输入 $i_d = i_i - i_f$，它们都是负反馈。如果将图中 u_f 的极性相反，i_f 的方向相反，则净输入增加，那它们就是正反馈了。晶体管的净输入是 u_{be} 或 i_b。集成运算放大器的净输入是 $u_+ - u_-$ 或 i_- 及 i_+。

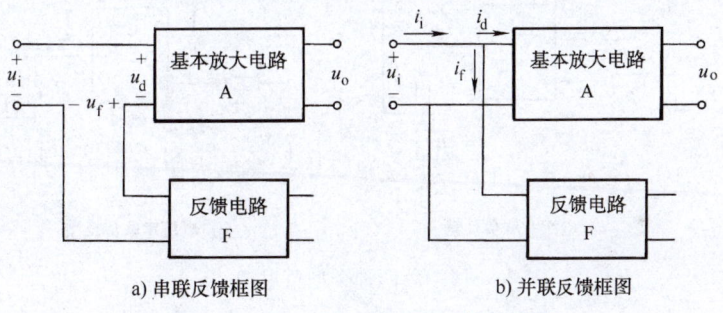

图 6-7　正负反馈及串并联反馈的判别

（4）串联、并联反馈的判断　图 6-7 所示电路中，若输入信号 u_i 与反馈信号 u_f 在输入端相串联，且以电压相减的形式出现，即 $u_d = u_i - u_f$，则为串联负反馈；若输入信号 i_i 与反馈信号 i_f 在输入回路并联且以电流相减形式出现，即 $i_d = i_i - i_f$，则为并联负反馈。

（5）电流、电压反馈的判断　图 6-8 所示电路中，反馈信号取自于输出电压，且 $X_f \propto u_o$，

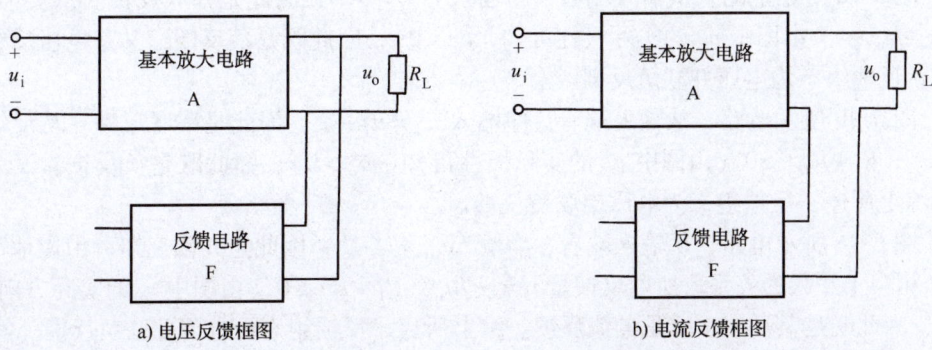

图 6-8　电压、电流反馈判别

则是电压反馈；若反馈信号取自于输出电流，且 $X_f \propto i_o$，则是电流反馈。实用的判断方法：将输出电压短接，若反馈量仍然存在，并且与 i_o 有关，则为电流反馈；若反馈量不存在或与 i_o 无关，则为电压反馈。

三、负反馈放大器的四种组态

综合上述反馈类型，负反馈有四种组态（类型），下面以图6-9所示的运算放大器中的负反馈电路为例进行介绍。

负反馈放大
电路的四种
组态

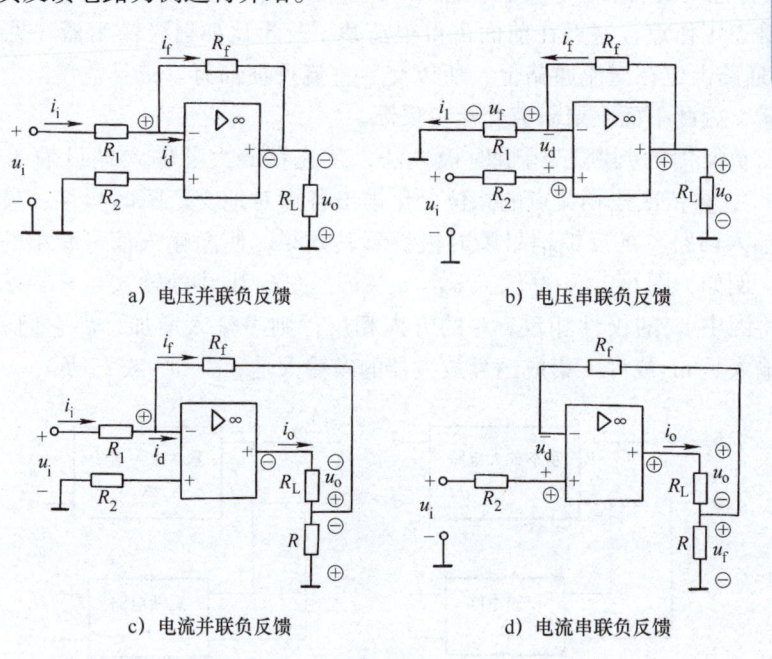

a) 电压并联负反馈   b) 电压串联负反馈

c) 电流并联负反馈   d) 电流串联负反馈

图6-9   四种类型负反馈

由于基本放大电路是运算放大器，因此在分析图6-9中的反馈组态时还要运用"虚断""虚短"的概念。图6-9a及图6-9c都是反相输入，运算放大器的反相输入端为"虚地"。明确了上述概念后，先设 u_i 的极性，根据同相端、反相端的概念得出输出端的极性，再由反馈通道引回输入端，逐步判断出反馈量的极性或方向，这样就不难理解图6-9中电压标注的极性 $\oplus$ 都是实际极性，有助于反馈组态的分析。

1）图6-9a所示电路，从输入端看，净输入 $i_d = i_i - i_f$，因此是并联反馈。从反馈量看，$i_f = -u_o/R_f > 0$（由图中 u_o 的实际极性可知，$u_o < 0$），因此既是负反馈，又是电压反馈。综上所述，反馈组态为电压并联负反馈。

2）图6-9b所示电路，从输入端看，净输入 $u_d = u_i - u_f$，因此是串联反馈。从反馈量看 $u_f = R_1 u_o/(R_f + R_1) > 0$（由图中 u_o 的实际极性可知，$u_o > 0$），因此既是负反馈，又是电压反馈。综上所述，反馈组态为电压串联负反馈。

3）图6-9c所示电路，从输入端看，净输入 $i_d = i_i - i_f$，因此是并联反馈。由虚地可看出 R_f 与 R 相当于并联的关系，所以反馈量 $i_f = -Ri_o/(R_f + R) > 0$（由图中 i_o 的实际方向可知，$i_o < 0$），因此既是负反馈，又是电流反馈。综上所述，反馈组态为电流并联负反馈。

4）图6-9d所示电路，从输入端看，净输入 $u_d = u_i - u_f$，因此是串联反馈。由于反相输入端的电流为零，因此 R 与 R_L 是串联关系，反馈量 $u_f = Ri_o > 0$（由图中 i_o 的实际方向可知，$i_o > 0$），因此既是负反馈又是电流反馈。如果将输出 u_o 短接，反馈信号仍然存在，也可判断出是电流反馈。综上所述，反馈组态为电流串联负反馈。

> 从上述的分析可以得出一般规律：①反馈电路直接从输出端引出的，是电压反馈；反馈电路是通过一个与负载串联的电阻上引出的，是电流反馈。②输入信号和反馈信号分别加在两个输入端上的，是串联反馈；加在同一个输入端上的，是并联反馈。③反馈信号使净输入信号减小的，是负反馈，否则，是正反馈。④由分立元件组成的反馈电路，可仿照运放组成的反馈电路的分析方法进行分析，其关键是要通晓分立元件与运放输入输出端子的对应关系。

四、负反馈对放大器性能的影响

1. 降低放大倍数及提高放大倍数的稳定性

根据图 6-6b 所示，可以推导出具有负反馈（闭环）的放大电路的放大倍数为

负反馈对放大器性能的影响

$$A_f = \frac{X_o}{X_i} = \frac{A}{1 + AF} \tag{6-5}$$

F 反映反馈量的大小，其数值在 $0 \sim 1$ 之间，$F = 0$，表示无反馈；$F = 1$，则表示输出量全部反馈到输入端。显然有负反馈时，$A_f < A$。

上式中的（$1 + AF$）是衡量负反馈程度的一个重要指标，称为反馈深度。（$1 + AF$）越大，放大倍数 A_f 越小。当 $AF \gg 1$ 时称为深度负反馈，此时 $A_f \approx 1/F$，可以认为放大电路的放大倍数只由反馈电路决定，而与基本放大电路的放大倍数无关。运算放大器负反馈电路都能够满足深度负反馈的条件，这一点在第三节运算放大器的线性应用得到了验证。

负反馈能提高放大倍数的稳定性是不难理解的。例如，如果由于某种原因使输出信号减小，则反馈信号也相应减小，于是净输入信号增大，随之输出信号也相应增大，这样就牵制了输出信号的减小，使放大电路能比较稳定地工作。如果引入的是深度负反馈，则放大倍数 $A_f = 1/F$，即基本不受外界因素变化的影响，这时放大电路的工作非常稳定。

2. 改善非线性失真

图 6-10 所示电路中，假定输出的失真波形是正半周大、负半周小，负反馈信号电压 u_f 与输入信号 u_i 进行叠加后使净输入信号 u_d 产生预失真，即正半周小、负半周大。这种失真波形通过放大器放大后正好弥补了放大器的缺陷，使输出信号比较接近于无失真的波形。但是，如果原信号本身就有失真，引入负反馈也无法改善。

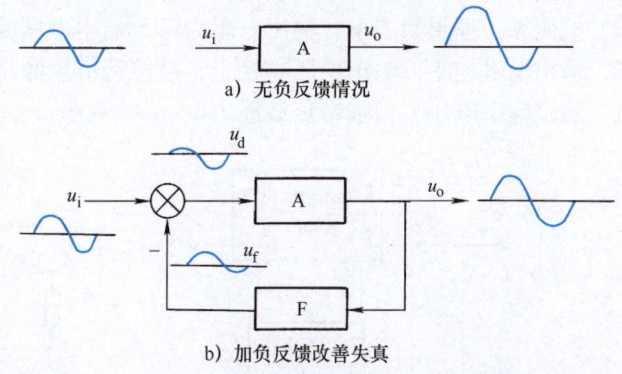

a) 无负反馈情况

b) 加负反馈改善失真

图 6-10 负反馈对非线性失真的改善

3. 拓展通频带

通频带是放大电路的重要指标，放大器的放大倍数和输入信号的频率有关。定义放大倍数为最大放大倍数的 $\sqrt{2}/2$ 倍以上所对应的频率范围为放大器的通频带，用 BW 表示。在一些要求有较宽频带的音、视频放大电路中，引入负反馈是拓展通频带的有效措施之一。

放大器引入负反馈后,将引起放大倍数的下降,在中频区,放大电路的输出信号较强,反馈信号也相应较大,使放大倍数下降得较多;在高频区和低频区,放大电路的输出信号相对较小,反馈信号也相应减小,因而放大倍数下降得少些。如图6-11所示,加入负反馈之后,幅频特性⊖变得平坦,通频带变宽。

4. 对输入电阻和输出电阻的影响

1)负反馈对输入电阻的影响取决于反馈信号在输入端的连接方式。串联负反馈使输入电阻提高,并联负反馈使输入电阻降低。

在图6-12所示电路中,当信号源u_i不变时,引入串联负反馈u_f后,u_f抵消了u_i的一部分,所以基本放大电路的净输入电压u_d减小,使输入电流i_i减小,从而引起输入电阻r_{if}($=u_i/i_i$)比无反馈时的输入电阻r_i增加。反馈越深,r_{if}增加越多。输入电阻增大,减小了向信号源索取的电流,电路对信号源的要求降低了。

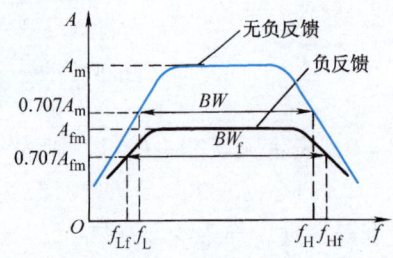

图 6-11 负反馈展宽放大器的通频带

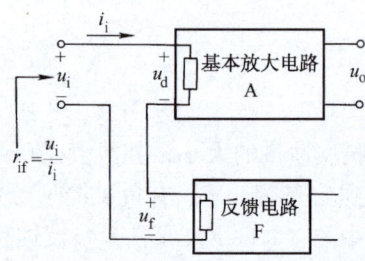

图 6-12 串联负反馈提高输入电阻

并联负反馈由于输入电流i_i($=i_d+i_f$)的增加,致使输入电阻r_{if}($=u_i/i_i$)减小,如图6-13所示,并联负反馈越深,r_{if}减小越多。

2)负反馈对输出电阻的影响取决于输出端反馈信号的取样方式。电压负反馈降低输出电阻,目的是稳定输出电压;电流负反馈提高输出电阻,目的是稳定输出电流。

如果是电压负反馈,从输出端看放大电路,可用戴维南等效电路来等效,如图6-14a所示。等效电路中的电阻就是放大电路的输出电阻,等效电路中的电压源就是放大电路的输出信号电压源。理想状态下,输出电阻为零,输出电压为恒压源特性,这意味着电压负反馈越深,输出电阻越小,输出电压越稳定,越接近恒压源特性。所以电压负反馈能够减小输出电阻,稳定输出电压,增强带负载能力。

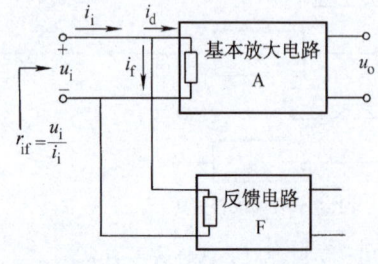

图 6-13 并联负反馈降低输入电阻

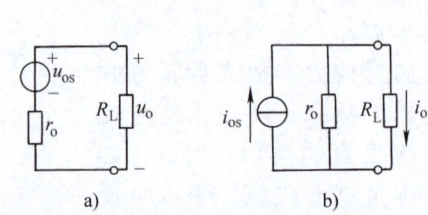

图 6-14 负反馈放大电路输出端等效图

如果是电流负反馈,从输出端看,放大电路可等效为电流源与电阻并联的形式来讨论,

⊖ 幅频特性是指电压放大倍数A与频率f的关系。

如图6-14b所示。等效电阻中的电阻仍然为输出电阻，电流源为输出信号电流源。理想状态下，输出电阻为无穷大，输出电流为恒流源特性。这意味着电流负反馈越深，输出电阻越大，输出电流越稳定，越接近恒流源特性。所以电流负反馈能够增加输出电阻，稳定输出电流。

第三节　运算放大器的应用

由运算放大器组成的电路可实现比例、积分、微分、对数及加减等运算。此时电路都要引入深度负反馈使运算放大器工作在线性区。运算放大器也可工作在饱和区，实现电压比较及波形转换等。本节只介绍比例、加减运算和电压比较器等电路。

一、运算放大器的线性应用

1. 信号运算电路

（1）反相比例运算　图6-15为反相比例运算电路。输入信号 u_i 经电阻 R_1 接到集成运算放大器的反相输入端，同相输入端经电阻 R_2 接地。输出电压 u_o 经电阻 R_f 接回到反相输入端。在实际电路中，为了保证运算放大器的两个输入端处于平衡状态，应使 $R_2 = R_1 /\!/ R_f$。

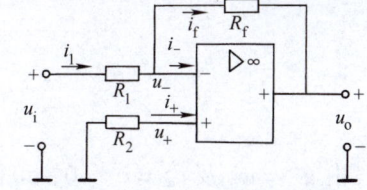

图6-15　反相比例运算电路

在图6-15中，应用"虚断"和"虚短"的概念可知，从同相输入端流入运算放大器的电流 $i_+ = 0$，R_2 上没有压降，因此 $u_+ = 0$。在理想状态下 $u_+ = u_-$，所以

$$u_- = 0 \tag{6-6}$$

虽然反相输入端的电位等于零电位，但实际上反相输入端没有接"地"，这种现象称为"虚地"。"虚地"是反相运算放大电路的一个重要特点。

由于从反相输入端流入运算放大器的电流 $i_- = 0$，所以 $i_1 = i_f$，从图6-15中可列出

$$i_1 = \frac{u_i - u_-}{R_1} = \frac{u_i}{R_1}$$

$$i_f = \frac{u_- - u_o}{R_f} = -\frac{u_o}{R_f}$$

$$\frac{u_i}{R_1} = -\frac{u_o}{R_f}$$

故

$$u_o = -\frac{R_f}{R_1} u_i \tag{6-7}$$

闭环电压放大倍数为

$$A_{uf} = \frac{u_o}{u_i} = -\frac{R_f}{R_1} \tag{6-8}$$

式中负号代表输出与输入反相，输出与输入的比例由 R_f 与 R_1 的比值来决定，而与集成运放内部各项参数无关，说明电路引入了深度负反馈，保证了比例运算的精度和稳定性。从反馈组态来看，属于电压并联负反馈。当 $R_f = R_1$ 时 $u_o = -u_i$，$A_{uf} = -1$，这就是反相器。

例6-2　电路如图6-15所示，已知 $R_1 = 2\text{k}\Omega$，$u_i = 2\text{V}$，试求下列情况时的 R_f 及 R_2 的阻值。1）$u_o = -6\text{V}$；2）电源电压为 $\pm 15\text{V}$，输出电压达到极限值。

解　由式（6-7）得 $R_f = -\dfrac{u_o}{u_i} R_1$，平衡电阻 $R_2 = R_1 /\!/ R_f$

1）$R_f = -\dfrac{u_o}{u_i}R_1 = -\dfrac{-6}{2} \times 2\text{k}\Omega = 6\text{k}\Omega$

$R_2 = R_1 /\!/ R_f = 2\text{k}\Omega /\!/ 6\text{k}\Omega = 1.5\text{k}\Omega$

2）设饱和电压为 $\pm 13\text{V}$，则 $R_f = -\dfrac{-13}{2} \times 2\text{k}\Omega = 13\text{k}\Omega$，$R_2 \approx 1.73\text{k}\Omega$。当 $R_f \geqslant 13\text{k}\Omega$ 时，输出电压饱和。

（2）同相比例运算　图 6-16a 为同相比例运算电路，信号 u_i 接到同相输入端，R_f 引入负反馈。在同相比例运算的实际电路中，也应使 $R_2 = R_1 /\!/ R_f$，以保证两个输入端处于平衡状态。

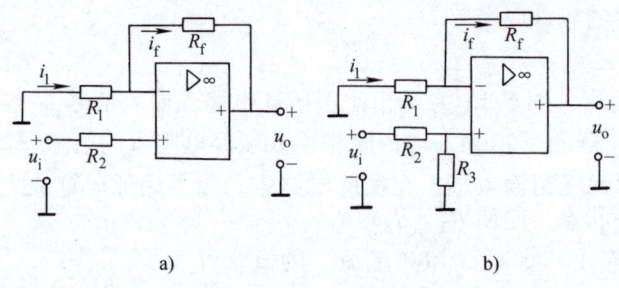

a)　　　　　　　　b)

图 6-16　同相比例运算电路

由 $u_- = u_+$ 及 $i_+ = i_- = 0$，可得 $u_+ = u_i$，$i_1 = i_f$。

$$i_1 = -\frac{u_-}{R_1} = -\frac{u_+}{R_1}$$

$$i_f = \frac{u_- - u_o}{R_f} = \frac{u_+ - u_o}{R_f}$$

$$u_o = \left(1 + \frac{R_f}{R_1}\right)u_+ \tag{6-9}$$

于是　　　　　　　　　　　　$$u_o = \left(1 + \frac{R_f}{R_1}\right)u_i$$

闭环电压放大倍数为　　　　　　$$A_{uf} = \frac{u_o}{u_i} = 1 + \frac{R_f}{R_1} \tag{6-10}$$

式（6-9）更有一般性，当同相输入端的前置电路结构较复杂时，如图 6-16b 所示，只需要将 u_+ 求出代入式（6-9）便可求得输出电压。

式（6-10）说明了输出电压与输入电压的大小成正比，且相位相同，电路实现了同相比例运算。一般 A_{uf} 值恒大于 1，但当 $R_f = 0$ 或 $R_1 = \infty$ 时，$A_{uf} = 1$，这种电路称为电压跟随器，如图 6-17 所示。从反馈组态来看，图 6-17 所示电路属于电压串联负反馈。由于是深度负反馈，所以 A_{uf} 与运算放大器参数无关，其精度和稳定程度只取决于 R_1 和 R_f，同时电路的输入电阻很高，输出电阻很低。

例 6-3　电路如图 6-16b 所示，求 u_o 与 u_i 的关系式。

解　由于 $i_+ = 0$，所以 R_2 与 R_3 是串联关系，由分压公式得

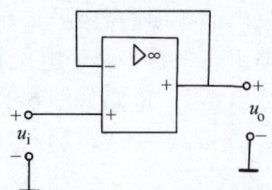

图 6-17　电压跟随器

$$u_+ = \frac{R_3}{R_2 + R_3} u_i$$

将 u_+ 代入式（6-9）得

$$u_o = \left(1 + \frac{R_f}{R_1}\right)\left(\frac{R_3}{R_2 + R_3}\right) u_i$$

（3）差动比例运算　差动比例运算也称为减法运算，电路如图 6-18 所示，信号同时从两个输入端加入。

由于 $i_- = 0$，所以 $i_1 = i_f$，R_f 与 R_1 是串联关系，于是

$$i_1 = \frac{u_{i1} - u_o}{R_1 + R_f}$$

$$u_- = u_{i1} - R_1 i_1 = u_{i1} - R_1 \frac{u_{i1} - u_o}{R_1 + R_f}$$

又由于 $i_+ = 0$，所以 R_2 与 R_3 是串联关系，可得

$$u_+ = \frac{R_3}{R_2 + R_3} u_{i2}$$

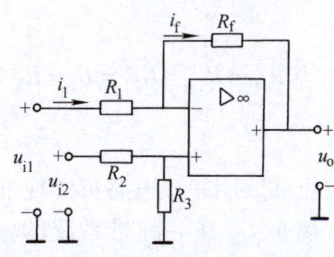

图 6-18　差动比例运算电路

因为 $u_+ = u_-$，解得

$$u_o = \left(1 + \frac{R_f}{R_1}\right)\frac{R_3}{R_2 + R_3} u_{i2} - \frac{R_f}{R_1} u_{i1} \tag{6-11}$$

> 利用叠加原理也可得出上式。当 u_{i1} 单独作用时，是反相比例运算，即式（6-11）中的后一项；当 u_{i2} 单独作用时，如图 6-16b 所示，是同相比例运算，显然其结果就是式（6-11）中的前一项。

在式（6-11）中，若 $R_1 = R_2$ 及 $R_f = R_3$ 时，则有

$$u_o = \frac{R_f}{R_1}(u_{i2} - u_{i1}) \tag{6-12}$$

在式（6-12）中，当 $R_f = R_1$ 时，则得

$$u_o = u_{i2} - u_{i1} \tag{6-13}$$

由上两式可见，输出电压 u_o 与两个输入电压的差值成正比，所以可以进行减法运算。

由式（6-12）可得差动比例运算电压放大倍数为

$$A_{uf} = \frac{u_o}{u_{i2} - u_{i1}} = \frac{R_f}{R_1} \tag{6-14}$$

由于电路存在共模电压，为了保证运算精度，应当选用共模抑制比较高的运算放大器，另外，还应尽量提高元件的对称性。

（4）反相比例求和电路　如果反相输入端有若干个输入信号，则构成反相比例求和电路，也叫加法运算电路，如图 6-19 所示。平衡电阻 $R_2 = R_{11} // R_{12} // R_{13} // R_f$。

由于 $u_- = u_+$ 及 $i_+ = i_- = 0$，以及运放的反相输入端是"虚地"点，于是

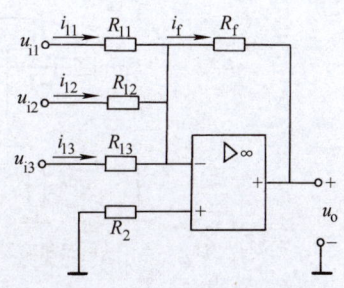

图 6-19　反相比例求和电路

$$i_f = i_{11} + i_{12} + i_{13}$$

$$-\frac{u_o}{R_f} = \frac{u_{i1}}{R_{11}} + \frac{u_{i2}}{R_{12}} + \frac{u_{i3}}{R_{13}}$$

$$u_o = -\left(\frac{R_f}{R_{11}}u_{i1} + \frac{R_f}{R_{12}}u_{i2} + \frac{R_f}{R_{13}}u_{i3}\right) \tag{6-15}$$

当 $R_{11} = R_{12} = R_{13} = R_1$ 时，上式为

$$u_o = -\frac{R_f}{R_1}(u_{i1} + u_{i2} + u_{i3}) \tag{6-16}$$

当 $R_{11} = R_{12} = R_{13} = R_f = R_1$ 时，

$$u_o = -(u_{i1} + u_{i2} + u_{i3}) \tag{6-17}$$

上式表明，该电路可实现求和比例运算，负号表示输出电压与输入电压反相。

例6-4 某一测量系统的输出电压和一些非电量（经传感器变换为电量）的关系如图6-19所示，表达式为 $u_o = -(4u_{i1} + 2u_{i2} + 0.5u_{i3})$。试确定图6-19电路中的各输入电阻和平衡电阻。设 $R_f = 100\text{k}\Omega$。

解 由式（6-15）可得

$$R_{11} = \frac{R_f}{4} = \frac{100}{4}\text{k}\Omega = 25\text{k}\Omega$$

$$R_{12} = \frac{R_f}{2} = \frac{100}{2}\text{k}\Omega = 50\text{k}\Omega$$

$$R_{13} = \frac{R_f}{0.5} = \frac{100}{0.5}\text{k}\Omega = 200\text{k}\Omega$$

$$R_2 = R_{11} /\!/ R_{12} /\!/ R_{13} /\!/ R_f = (25 /\!/ 50 /\!/ 200 /\!/ 100)\text{k}\Omega = 13.3\text{k}\Omega$$

2. 信号变换电路

在自动控制系统和测量系统中，经常需要把待测的电压转换成电流或把待测的电流转换成电压，利用运算放大器可完成它们之间的转换。

（1）电压-电流变换电路 将输入电压变换成与之成正比的输出电流的电路，称为电压-电流变换器。图6-20a所示为反相输入式电压-电流变换器。其中，R_1为输入电阻，R_L为负载电阻，R_2为平衡电阻。在理想条件下，运算放大器的输入电流为零，所以有

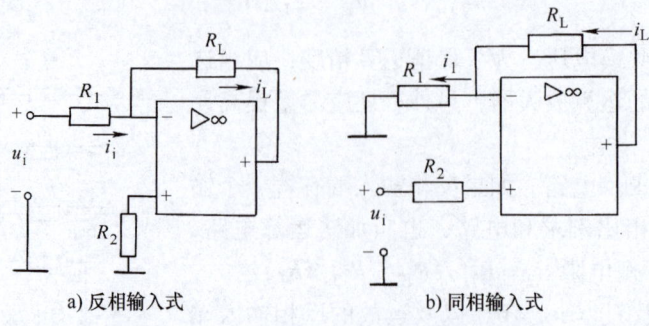

a) 反相输入式　　　　b) 同相输入式

图6-20 电压-电流变换电路

$$i_{\mathrm{L}} = i_{\mathrm{i}} = \frac{u_{\mathrm{i}}}{R_1} \tag{6-18}$$

式（6-18）说明，负载电流与输入电压成正比，而与负载电阻 R_{L} 无关。只要输入电压 u_{i} 恒定，则输出电流 i_{L} 将稳定不变。

图 6-20b 所示为同相输入式电压-电流变换器。根据理想运放的条件，有

$$u_- = u_+ = u_{\mathrm{i}}$$

则

$$i_{\mathrm{L}} = i_1 = \frac{u_{\mathrm{i}}}{R_1} \tag{6-19}$$

其效果与反相输入式电压-电流变换器相同，由于采取的同相输入，输入电阻高，电路精度高。但不可避免有较大的共模电压输入，应选用共模抑制比高的集成运算放大器。

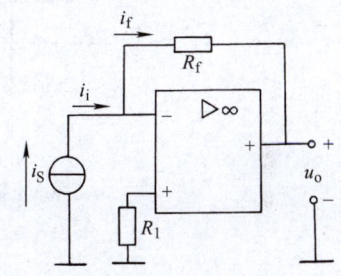

（2）电流-电压变换电路　电流-电压变换电路如图 6-21 所示，运算放大器在理想状态下，有

$$i_{\mathrm{f}} = i_{\mathrm{i}}$$

则

$$u_{\mathrm{o}} = -i_{\mathrm{f}}R_{\mathrm{f}} = -i_{\mathrm{i}}R_{\mathrm{f}} \tag{6-20}$$

图 6-21　电流-电压变换电路

式（6-20）说明，输出电压与输入电流成正比，如果输入电流稳定，只要 R_{f} 选得精确，则输出电压将是稳定的。

二、运算放大器的非线性应用

运放的非线性运用及分析

电压比较器是一种模拟信号的处理电路。它将模拟信号输入电压与参考电压进行比较，并将比较的结果输出。比较的结果只需要反映输入量比参考量是大还是小，所以用正、负两值就可以表示输出结果。因此应用集成运算放大器构成比较器时，集成运算放大器应工作在非线性区（饱和区），即开环状态。图 6-22a 为电压比较器中的一种。加在同相输入端的 U_{R} 是参考电压，输入电压 u_{i} 加在反相输入端。由于运算放大器开环电压放大倍数很高，即使输入端有微小的差值信号，也会使输出电压饱和。

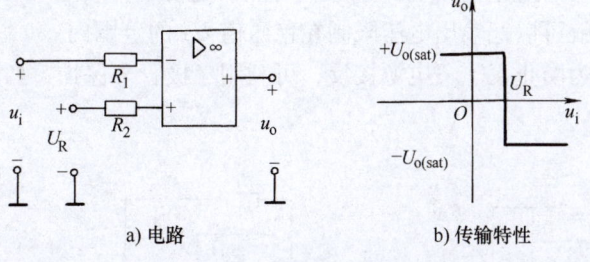

a) 电路　　　　　　　b) 传输特性

图 6-22　电压比较器

当 $u_{\mathrm{i}} < U_{\mathrm{R}}$ 时，$u_{\mathrm{o}} = +U_{\mathrm{o(sat)}}$；
当 $u_{\mathrm{i}} > U_{\mathrm{R}}$ 时，$u_{\mathrm{o}} = -U_{\mathrm{o(sat)}}$。

图 6-22b 为电压比较器的传输特性。可见，在比较器的输入端进行模拟信号大小的比较，在输出端则以正、负两个极限值来反映比较结果。

当 $U_R = 0$ 时，输入电压和零电压比较，称为过零比较器，其传输特性如图 6-23a 所示。当 u_i 为正弦波电压时，u_o 为矩形波电压，实现了波形的转换，如图 6-23b 所示。比较器在自动控制及自动测量系统中应用十分广泛。

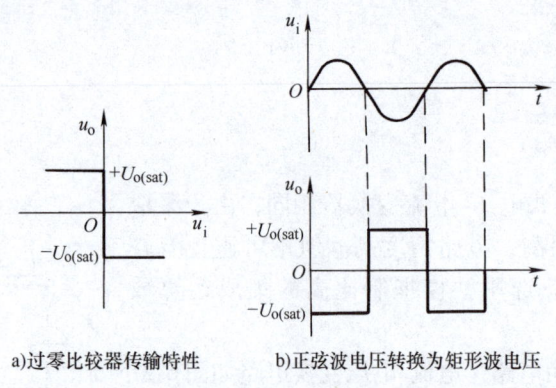

a)过零比较器传输特性　　　b)正弦波电压转换为矩形波电压

图 6-23　过零比较器

三、使用集成运算放大器应注意的问题

1. 选用元件

集成运算放大器的类型很多，按其技术指标可分为通用型、高速型、高阻型、低功耗型、大功率型及高精度型等；按其内部电路可分为双极型（由晶体管组成）和单极型（由场效应晶体管组成）；按每一集成片中运算放大器的数目可分为单运放、双运放和四运放。通常是根据实际要求来选用运算放大器，选好后，根据引脚图和图形符号连接外部电路。一般生产厂家对其产品都配有使用说明书，选用元器件时应仔细阅读。

2. 保护

（1）输入端保护　当输入端所加的差模或共模电压以及干扰电压过高时，都会损坏输入级的晶体管。为此，在输入端接入反相并联的二极管将输入电压限制在二极管的正向电压以下，如图 6-24 所示。

（2）输出端保护　为防止输出电压过大，可利用稳压管来保护，如图 6-25 所示，将双向稳压管接在输出端就可以把输出电压限制在稳压值 U_Z 的范围内。

（3）电源保护　为防止正、负电源接反，可利用二极管来保护，如图 6-26 所示。

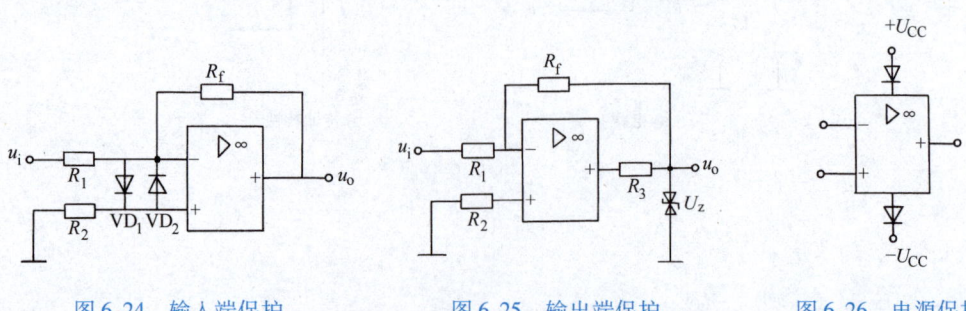

图 6-24　输入端保护　　　　图 6-25　输出端保护　　　　图 6-26　电源保护

<h1 style="text-align:center">实验五　运算放大器的线性应用</h1>

一、实验目的

1）学习集成运算放大器的正确使用方法。

2）应用集成运算放大器组成基本运算电路。

二、预习要求

1）根据图6-28、图6-29、图6-30中各元件参数计算反相比例运算电路的放大倍数，反相加法运算电路、减法运算电路的输出电压。

2）熟悉万用表的使用方法，切记直流电压档的标识为 DCV，注意万用表的表笔正确插法，即红表笔插在"＋"插孔中，黑表笔插在"－"插孔中。

三、实验仪器

实验仪器见表6-1。

表6-1　实验仪器清单

序号	名　　称	型号或规格	数　量	备　注
1	直流稳压电源（双路输出）	自定	1	
2	低频信号发生器	自定	1	
3	示波器	自定	1	
4	数字万用表	自定	1	
5	电子技术学习机或实验板	自定	1	

四、实验内容

实验中选用型号为免调零的运算放大器 OP-07，其引脚图如图6-27所示。

【任务1】　反相比例运算电路的搭接与测试

实验电路如图6-28所示。按表6-2要求进行测量计算。

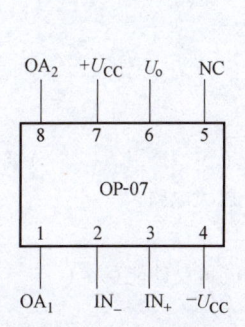

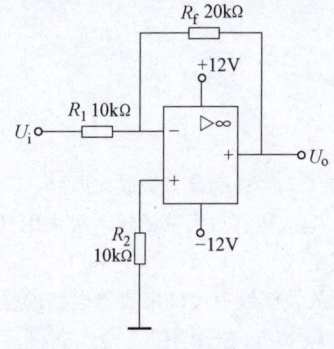

表6-2　反相比例运算电路的测量

U_i/V	-0.5	1
U_o/V		
计算 A_{uf}		

图6-27　OP-07 引脚图　　　图6-28　反相比例运算电路

【任务2】　反相加法运算电路的搭接与测试

实验电路如图6-29所示。按表6-3要求进行测量计算。

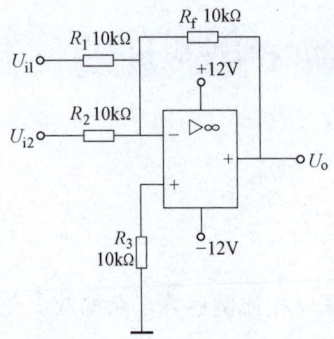

图 6-29　反相加法运算电路

表 6-3　反相加法运算电路的测量

U_{i1}/V	U_{i2}/V	U_o/V
1	−1	
1	1	
−1	1	
2	−1	

【任务3】　减法运算电路的搭接与测试

实验电路如图 6-30 所示。按表 6-4 要求进行测量计算。

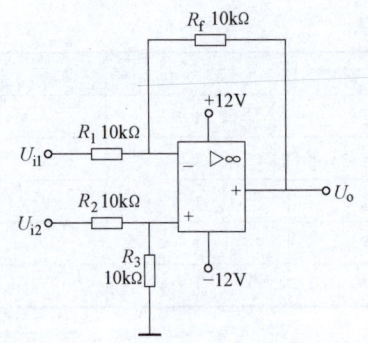

图 6-30　减法运算电路

表 6-4　减法运算电路的测量

U_{i1}/V	U_{i2}/V	U_o/V
1	−1	
1	1	
−1	1	
2	−1	

五、注意事项

1）注意集成运放的正确使用方法。

2）切记正确连接工作电源。

思考题与习题

一、填空题

6-1　集成运算放大器是高放大倍数的（　　）耦合多级放大电路。其内部有（　　）级、（　　）级、（　　）级及偏置电路。为抑制零点漂移，集成运算放大器的输入级采用（　　）放大电路。

6-2　集成运算放大器的三种输入方式是（　　）、（　　）和（　　）。

6-3　放大电路中引入负反馈，以降低放大倍数为代价来改善电路的性能。直流负反馈能稳定（　　）；交流负反馈能改善电路的动态性能：稳定（　　）、拓宽（　　）、减小（　　）等。

6-4　放大电路中引入的负反馈中，电压负反馈，能稳定输出（　　），使输出电阻（　　），带负载能力（　　）；电流负反馈，能稳定输出（　　），使输出电阻（　　）；串联负反馈，使输入电阻（　　），减小向信号源索取的电流；并联负反馈，使输入电阻（　　）。

6-5　负反馈的类型包含（　　）、（　　）、（　　）和（　　）。

二、单项选择题

6-6　电路如图6-31所示，若 u_i 一定，当可调电阻 RP 的电阻值由大适当地减小时，则输出电压的变化情况为（　　）。

a）由小变大　　　　　　b）由大变小　　　　　　c）基本不变

6-7　电路如图6-32所示，若输入电压 $u_i = -0.5V$，则输出电流 i 为（　　）。

a）10mA　　　　　　　b）−5mA　　　　　　　c）5mA

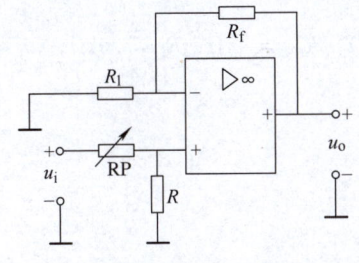

图 6-31　题 6-6 图

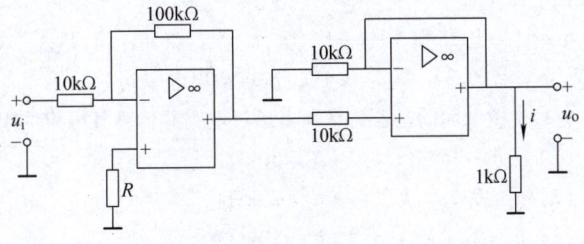

图 6-32　题 6-7 图

6-8　在图6-33所示由理想运算放大器组成的运算电路中，若运算放大器所接电源为 ±12V，且 $R_1 = 10kΩ$，$R_f = 100kΩ$，则当输入电压 $u_i = 2V$ 时，输出电压 u_o 最接近于（　　）。

a）20V　　　　　　　b）−12V　　　　　　　c）−20V

6-9　图6-34所示电路的输出电压 u_o 为（　　）。

a）$-2u_i$　　　　　　b）$-u_i$　　　　　　c）u_i

6-10　电路如图6-35所示，运算放大器的最大输出电压为 ±12V，晶体管 VT 的 $β = 50$，为了使灯 HL 亮，限额输入电压 u_i 应满足（　　）。

a）$u_i > 0$　　　　　　b）$u_i = 0$　　　　　　c）$u_i < 0$

图 6-33　题 6-8 图

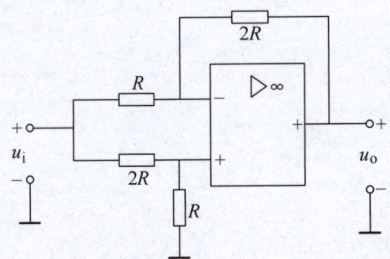

图 6-34　题 6-9 图

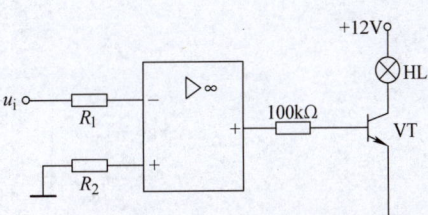

图 6-35　题 6-10 图

三、综合题

6-11　有一运算放大器如图6-2所示，正负电源电压为 ±15V，开环电压放大倍数 $A_{uo} = 1 \times 10^6$，输出最大电压为 ±13V。分别加入下列输入电压，求输出电压及极性。

（1）$u_+ = -10μV$，$u_- = -5μV$

（2）$u_+ = -100μV$，$u_- = 3mV$

（3）$u_+ = 5μV$，$u_- = -5μV$

（4）$u_+ = -5μV$，$u_- = -20μV$

6-12 什么是虚断和虚短？什么叫虚地？虚地与平常所说的接地有什么区别？若将虚地点接地，运算放大器还能正常工作吗？

6-13 电路如图 6-15 所示，已知 $R_1 = 10\text{k}\Omega$，$R_f = 20\text{k}\Omega$，试计算电压放大倍数及平衡电阻 R_2。

6-14 电路如图 6-16a 所示，若电压放大倍数等于 5，$R_1 = 3\text{k}\Omega$，求反馈电阻 R_f 的值。如果电路如图 6-16b 所示，若电压放大倍数仍然等于 5，$R_1 = 3\text{k}\Omega$，$R_2 = R_3 = 1.5\text{k}\Omega$，再求反馈电阻 R_f 的值。

6-15 电路如图 6-18 所示，已知 $R_1 = R_2 = 10\text{k}\Omega$，$R_3 = R_f = 30\text{k}\Omega$，$u_{i1} = 3\text{V}$，$u_{i2} = 0.5\text{V}$，试用叠加定理求输出电压 u_o。

6-16 电路如图 6-19 所示，已知 $R_{11} = 2\text{k}\Omega$，$R_{12} = 3\text{k}\Omega$，$R_{13} = 4\text{k}\Omega$，$R_f = 30\text{k}\Omega$，$u_{i1} = 0.2\text{V}$，$u_{i2} = -0.3\text{V}$，$u_{i3} = 0.4\text{V}$，试求输出电压 u_o。

6-17 按下面的运算关系画出运算电路并计算各电阻的阻值。

(1) $u_o = -3u_i$ ($R_f = 50\text{k}\Omega$)

(2) $u_o = 0.2u_i$ ($R_f = 20\text{k}\Omega$)

(3) $u_o = 2u_{i2} - u_{i1}$ ($R_f = 10\text{k}\Omega$)

6-18 分别求出图 6-36 所示电路 u_o 与 u_i 的运算关系。

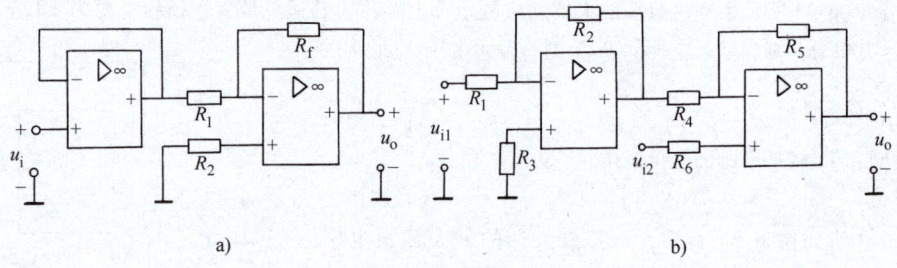

a)   b)

图 6-36 题 6-18 图

6-19 图 6-37 是监控报警装置电路原理图。如果要对温度进行监控时，可由传感器取得监控信号 u_i，U_R 是表示预期温度的参考电压。当 u_i 超过预期温度时，报警灯亮，试说明其工作原理。二极管 VD 和电阻 R_3 在此起何作用？

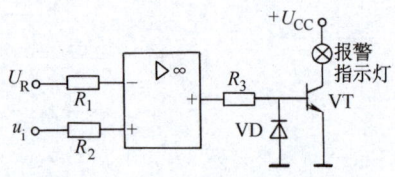

图 6-37 题 6-19 图

6-20 电路如图 6-22a 所示，$u_i = 2\sin\omega t$（mV）。

(1) 分别画出 $U_R = 1\text{mV}$、$U_R = -1\text{mV}$ 时的输出电压波形。

(2) 如果将（1）中的 u_i 加在同相端，U_R 加在反相端，画出输出电压的波形。

(3) 试分析 U_R 的大小对输出电压波形的影响。

光刻机

光刻机（Mask Aligner）又名掩模对准曝光机、曝光系统、光刻系统等，是制造芯片的核心装备。它采用类似照片冲印的技术，把掩膜版上的精细图形通过光线的曝光印制到硅片上。光刻机号称人类工业皇冠上的明珠。

生产集成电路的主要步骤如下：第一步，利用模版去除晶圆表面的保护膜；第二步，将晶圆浸泡在腐化剂中，失去保护膜的部分被腐蚀掉后形成电路；第三步，清洗残留在晶圆表面的杂质。其中光刻机就是利用紫外线通过模版去除晶圆表面保护膜的设备。

光刻机是生产大规模集成电路的核心设备，制造和维护需要高度的光学和电子工业基础，高端光刻机堪称现代光学工业之花，其制造难度之大，全世界只有少数几家公司能够制造。光刻机的国外品牌主要以荷兰 ASML（镜头来自德国），日本 Nikon 和日本 Canon 三大品牌为主，我国的上海微电子公司已研制出具有自主知识产权的光刻机，形成的产品系列已初步实现海内外销售，其他各系列产品也在研发制作中。

一、光刻机的工作原理

光刻机的工作原理示意图如图 6-38 所示，和冲印照片的原理类似，不同的是，日常冲印照片是将小底片放大，而光刻机则是将大照片缩小，也就是把电路图缩小成像在晶圆上。

二、中国光刻机的发展史

中国的光刻技术起步并不晚。垄断全球 90% 光刻机市场的荷兰 ASML 公司成立于 1984 年，而早在 20 世纪 60 年代，中国科学院就开始研究光刻机，并于 1965 年研制出第一台接触式国产光刻机，当时，只有美国和中国进行了光刻机的研究和制造。1985 年，我国第一台分布式投影光刻机研制成功，此时与国际水平的差距不到 7 年，但经历了短暂的辉煌后，我国光刻机的研究和制造就陷入了停顿甚至倒退。

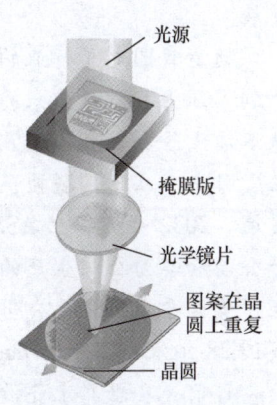

光源
掩膜版
光学镜片
图案在晶圆上重复
晶圆

图 6-38　光刻机的工作原理示意图

造成这种结果的原因主要有以下几个方面：

一是经济和技术水平相对落后。搞科研需要投入很多资金，20 世纪 80 年代，我国经济比较落后，资金不足。同时，光刻机是高端电子设备，高端电子设备需要高端电子芯片，而我国的基础工业薄弱，生产不出来高端的电子芯片，生产的光刻机，性价比不高，在市场上没有太大的竞争力，而研发光刻机又需要大量的资金和人力，国家无法提供大量的资金支持，我国的光刻机产业就没有发展起来，许多从事光刻机研究的公司最终因为没有资金支持而破产，研究所和光刻机方面的技术人员也因为没有资金支持而停止了光刻机的研究而转行。

二是自主创新意识受到冲击。改革开放后，随着发达国家的先进技术和设备陆续进入中国，造不如买的思想成为主流。直接购买和使用国外成熟的技术应用在我们要开发的产品上，比自己研发制造要高效得多，对经济的促进作用也要快得多，因此，国家各级政府引进了大量的国外半导体设备和生产线，国产设备因为性价比的原因没有销路，大量从事光刻机研制的企业逐渐放弃了光刻机方面的科研，造成的结果就是芯片制造的核心技术掌握在西方国家手里，成了西方国家限制我国芯片技术发展的武器。

三是与国际制裁有关。早在 1996 年，30 多个国家，主要是西方国家，签署了《瓦森纳协定》。尽管协定中规定成员国自行决定是否发放敏感产品和技术的出口许可证，并在自愿基础上向其他成员国通报有关信息，但实际上完全受美国控制。当协定成员国中的某一国家拟向我国出口某项技术时，美国甚至直接出面干涉，如捷克拟向我国出口"无源雷达设备"时，美国便向捷克施加压力，迫使捷克停止这项交易。

三、我国光刻机的现状

基于种种原因，我国的光刻机研发和产业在一段时间里出现了停滞不前甚至倒退的情况，但在 1999 年出现了新的转机。1999 年，北约入侵科索沃时，美国的电子信息战几乎使南斯拉夫所有的网络通信系统瘫痪，令我国政府感到震惊。我国政府有关部门多次召开紧急会议，讨论一旦与美国交恶，国家的信息安全将面临巨大的威胁。芯片生产技术的水平限制着电子信息产业的发展水平，光刻机技术是芯片生产的基础，没有先进的光刻机就不可能生产出先进的芯片。基于国家信息安全和产业发展的考虑，2000 年，光刻机技术才重新受到重视。随着国家对光刻机产业的重视和各方面的投入，我国的光刻机产业也重新得到了发展。

随着我国电子行业的发展，特别是华为在手机芯片设计方面达到了世界领先水平，美国感到了压力。设计出来的芯片要制造出来，就要用到光刻机，限制我国企业获得光刻机就能从本质上限制住我国芯片产业的发展，从而限制我国电子产业的发展。因此，美国就联合荷兰、日本成立三国联盟，限制向我国企业提供先进的光刻机，极大地阻碍了我国芯片产业的发展。2022 年，荷兰 ASML 公司最先进的光刻机已可以生产 3nm 的芯片，我国的上海微电子公司和华为公司生产的最先进的光刻机精度最高可以生产 28nm 的芯片，还有比较大的差距。美国要求 ASML 公司只向我国企业提供用于 28nm 以上成熟工艺的光刻机，也就想限制我国 28 纳米以下如 14nm、7nm，甚至更先进的 5nm、3nm 等芯片产业的发展。

目前，在世界上还没有人能够撼动荷兰光刻机在世界上的霸主地位。事实上，一台光刻机的结构非常复杂，光刻机零件数以万计，工艺也非常复杂，它甚至需要从世界各地进口零部件，荷兰也依靠许多国家的支持才有今天。由于以美国为首的西方国家的封锁，我国在制造光刻机时，无法买到一些先进的零部件，一切都需要自己研发和制造。

随着我国科技人员的努力，我国的光刻机产业也在快速追赶。例如，高端光刻机的核心部件是极紫外光源、光学镜头以及双工作台，现在我国已经掌握了双工作台技术以及极紫外光源技术，尤其是纳米级双工作台技术，原来全世界只有荷兰 ASML 公司有，现在我国已成为全世界第二个掌握这项技术的国家了。

虽然崛起之路任重道远，但中国的进步也一直没有停止，与发达国家的差距也在逐渐缩小。像现在的高铁、光伏这些代表中国制造的名片，一开始都被封杀和制裁，最后则一步步逆袭成功。相信随着我国科技人员的努力，我国的光刻机一定能达到世界先进水平。

第七章
数字电路基础及组合逻辑电路

 本章知识点

> (1) 本章基本知识。典型习题 7-1 ~ 7-10。
> (2) 常用逻辑门电路的逻辑符号、逻辑功能和表示方法。典型习题 7-14 ~ 7-17。
> (3) 集成逻辑门电路的参数及应用。典型习题 7-18。
> (4) 典型组合逻辑电路的功能和应用。典型习题 7-19。

第一节　数字电路基础

一、数字电路的概念及应用

1. 数字信号的概念

电子电路所处理的电信号分为两类：一类是数值随时间连续变化的信号，称为模拟信号，例如，模拟语言的音频信号（可以通过传声器把声音信号转换成相应的电信号）就属于模拟信号；另一类是数值随时间断续、离散变化的信号，也就是说其数值的变化是不连续的，多以脉冲信号的形式出现，这一类信号称为数字信号。

脉冲信号也称脉冲波。电脉冲是指在短促的时间内突然变化的电信号。例如，发报机的操作人员每按一次按键所发送的信号，就属于这种信号。常见的脉冲信号如图 7-1 所示。

从广义上讲，一切非正弦的、带有突变特点的波形，统称为脉冲。数字电路处理的信号多是矩形脉冲，这种信号只有两种状

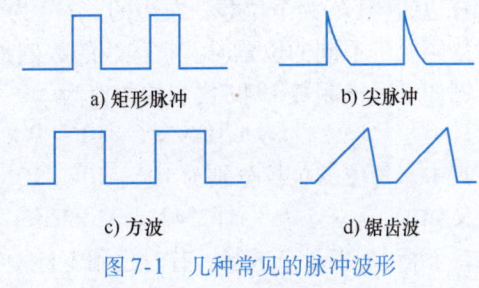

图 7-1　几种常见的脉冲波形

态，可用二值变量（逻辑变量）来表示，即用逻辑 1 和 0 来表示信号的状态（高电平或低电平），我们以后所讲的数字信号，通常都是指这种信号。

2. 数字电路的概念

按照电子电路中工作信号的不同，通常把电路分为模拟电路和数字电路。我们把处理模拟信号的电子电路称为模拟电路，如各类放大器、稳压电路等都属于模拟电路。我们把处理数字信号的电子电路称为数字电路，如后面将要介绍的各类门电路、触发器、译码器及计数器等都属于数字电路。

与模拟电路比较，数字电路主要有以下特点：

1) 数字电路在计数和数值运算时采用二进制数，是利用数字信号的两种状态来传输 0

和 1 这样的数字信息的，抗干扰能力强。

2）数字电路不仅能完成数值运算，而且能进行逻辑判断和逻辑运算。这在控制系统中是不可缺少的，因此也把数字电路称为逻辑电路。

3）数字电路的分析方法不同于模拟电路，其重点在于研究各种数字电路输出与输入之间的相互关系，即逻辑关系，因此分析数字电路的数学工具是逻辑代数，表达数字电路逻辑功能的方式主要是真值表、逻辑函数表达式和逻辑图等。

数字电路也有一定的局限性，因此，往往把数字电路和模拟电路结合起来，组成一个完整的电子系统。

3. 数字电路的应用

数字电路的应用十分广泛，它已广泛应用于数字通信、自动控制、数字测量仪表以及家用电器等各个领域。特别是在数字电路基础上发展起来的电子计算机，已进入现代社会的各个领域，不仅在高科技研究领域，而且在生产、管理、教育、服务行业以及家庭中都得到了广泛应用，它标志着电子技术的发展进入了一个新的阶段。另外，数字式移动电话（手机）、数字式高清晰度电视以及数码照相机等也都是数字电路发展的产物。

二、数制和码制

在日常生活中，我们习惯采用十进制数，而在数字系统中进行数字的运算和处理时，采用的都是二进制数。二进制数位数太多，使用不方便，所以也经常采用十六进制数（每位代替四位二进制数）。

数制和码制

1. 数的表示方法

（1）十进制数　十进制数采用十个数码：0、1、2、3、4、5、6、7、8、9，任何数值都可以用上述十个数码按一定规律排列起来表示。十进制数的计数规律是"逢十进一"。$0 \sim 9$ 十个数可以用一位基本数码表示，10 以上的数则要用两位以上的数码表示。如 11 这个数，右边的"1"为个位数，左边的"1"为十位数，也就是：$11 = 1 \times 10^1 + 1 \times 10^0$。这样，每一数码处于不同的位置时，它代表的数值是不同的，即不同的数位有不同的位权。

例如，十进制数 1949 代表的数值为

$$1949 = 1 \times 10^3 + 9 \times 10^2 + 4 \times 10^1 + 9 \times 10^0$$

其中，每位的位权分别为 10^3、10^2、10^1、10^0。

又如　　　　　　　　$[234]_{10} = 2 \times 10^2 + 3 \times 10^1 + 4 \times 10^0 = 234$

式中，下标 10 表示十进制，有时也用下标 D 表示十进制，两者都可以省略。

（2）二进制数　二进制数采用两个数码：0 和 1，计数规律是"逢二进一"。二进制数的各位位权从低位到高位分别是 2^0、2^1、2^2、$\cdots$。

例如　　　　　　　　$[1001]_2 = 1 \times 2^3 + 0 \times 2^2 + 0 \times 2^1 + 1 \times 2^0 = 9$

式中，下标 2 表示二进制，有时也用下标 B 表示。

（3）十六进制数　十六进制数采用 16 个数码：0、1、2、3、4、5、6、7、8、9、A、B、C、D、E、F，其中 A、B、C、D、E、F 分别表示 10、11、12、13、14、15。十六进制数的计数规律是"逢十六进一"，各位的位权是 16 的幂。

例如　　　　　　　　$[9D]_{16} = 9 \times 16^1 + 13 \times 16^0 = 157$

式中，下标 16 表示十六进制，有时也用下标 H 表示。

二进制数的位数很多，不便于书写和记忆。例如，要表示十进制数 4020，若用二进制表示，则为111110110100，若用十六进制表示，则为FB4，因此，在数字系统的资料中常采用十六进制数代替二进制数。

（4）二进制数与十六进制数的相互转换

1）将二进制正整数转换为十六进制数。

将二进制数从最低位开始，每4位分为一组（最高位可以补0），每组都转换为1位相应的十六进制数码即可。

例7-1 将二进制数[1001011]$_2$转换为十六进制数。

解 二进制数　0100　1011

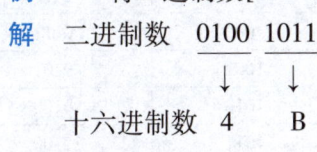

十六进制数　4　　　B

即[1001011]$_2$ = [4B]$_{16}$

2）将十六进制正整数转换为二进制数。

将十六进制数的每一位转换为相应的4位二进制数即可。

例7-2 将[4B]$_{16}$转换为二进制数。

解 十六进制数 4　　　B

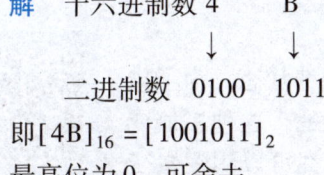

二进制数　0100　　1011

即[4B]$_{16}$ = [1001011]$_2$

最高位为0，可舍去。

2. 常用编码

数字系统中的信息可以分为两类：一类是数值信息；另一类是文字、符号信息。数值的表示前已述及。文字、符号信息也常用一定位数的二进制数码来表示，这个特定的二进制码称为代码。建立这种代码与文字、符号或特定对象之间的一一对应的关系称为编码。这就如运动会给所有运动员编上不同的号码一样。

（1）二-十进制码（BCD码）　二-十进制码（BCD码）指的是用十个特定的四位二进制数来分别表示一位十进制数的编码方式，这种特定的四位二进制数简称BCD码。由于四位二进制数码有十六种不同的组合状态，用以表示十进制数的十个数码时，只需选用其中十种组合，其余六种组合则不用（称为无效组合）。因此，BCD码的编码方式有很多种。

在BCD编码中，一般分有权码和无权码。表7-1中列出了几种常见的BCD码。例如，8421BCD码是一种最基本的、应用十分普遍的BCD码，它是一种有权码，8421就是指编码中各位的位权分别是8、4、2、1，另外2421BCD码、5421BCD码也属于有权码，而余3码和格雷循环码（也称格雷码）则属于无权码。

（2）二-十进制数　将十进制数的每一位分别用BCD码表示出来，所构成的数称为二-十进制数，它们是一位对四位的关系。例如，[47]$_{10}$ = [01000111]$_{8421BCD}$，下标表示该数为8421编码方式。

在二-十进制数中，BCD码的每四位组成一组，代表一位十进制数码，组与组之间的关系仍是十进制关系。

表 7-1　常见的几种 BCD 编码

十进制数码	8421编码	5421编码	2421编码	余3码（无权码）	格雷码（无权码）
0	0000	0000	0000	0011	0000
1	0001	0001	0001	0100	0001
2	0010	0010	0010	0101	0011
3	0011	0011	0011	0110	0010
4	0100	0100	0100	0111	0110
5	0101	1000	1011	1000	0111
6	0110	1001	1100	1001	0101
7	0111	1010	1101	1010	0100
8	1000	1011	1110	1011	1100
9	1001	1100	1111	1100	1000

三、逻辑代数的基本知识

逻辑代数是用以描述逻辑关系、反映逻辑变量运算规律的数学，它是分析和设计逻辑电路所采用的一种数学工具。

1. 基本逻辑关系

（1）逻辑变量　自然界中，许多现象都存在着对立的两种状态，为了描述这种相互对立的状态，往往采用仅有两个取值的变量来表示，这种二值变量就称为逻辑变量。例如，电平的高低，灯泡的亮灭等现象都可以用逻辑变量来表示。

三种基本的
逻辑关系

逻辑变量可以用字母 A、B、C、$\cdots$、X、Y、Z 等来表示，但逻辑变量只有两个不同的取值，分别是逻辑 0 和逻辑 1。这里 0 和 1 不表示具体的数值，只表示相互对立的两种状态。

（2）基本的逻辑关系及其运算　所谓逻辑关系是指一定的因果关系，即条件和结果的关系。基本的逻辑关系只有"与""或""非"三种，逻辑代数中有三种基本的逻辑运算，即"与"运算、"或"运算、"非"运算，其他逻辑运算是通过这三种基本运算来实现的。在数字电路中，利用输入信号来对应"条件"，用输出信号来对应"结果"，这样，数字电路输入、输出信号之间所存在的因果关系就可以用这三种逻辑关系来描述，对应的电路分别叫作"与门""或门""非门"。

1）与逻辑和与运算。当决定某一种结果的所有条件都具备时，这个结果才能发生，这种逻辑关系称为与逻辑关系，简称与逻辑。

例如，把两只开关与一只白炽灯串联后接到电源上，当这两只开关都闭合时，白炽灯才能亮，只要有一只开关断开，灯就灭。因此，灯亮和开关的接通是与逻辑关系，若用 Y 代表白炽灯的状态，A、B 分别代表两只开关的状态，可以用逻辑代数中的与运算表示，记作

$$Y = A \cdot B$$

或

$$Y = AB$$

这里，灯亮、开关接通，我们用逻辑 1 表示；灯灭、开关断开，我们用逻辑 0 表示。与运算的运算规则为 $0 \cdot 0 = 0$，$0 \cdot 1 = 0$，$1 \cdot 0 = 0$，$1 \cdot 1 = 1$。即有 0 出 0，全 1 出 1。

2）或逻辑和或运算。当决定某一结果的几个条件中，只要有一个或一个以上的条件具

备，结果就发生，这种逻辑关系称为或逻辑关系，简称或逻辑。

例如，把两只并联的开关和一只灯泡串联后接到电源上，这样，只要有一个开关接通，灯泡就亮。因此，灯亮和开关的接通是或逻辑关系，可以用逻辑代数中的或运算来表示，记作

$$Y = A + B$$

或运算的运算规则为 $0+0=0$，$0+1=1$，$1+0=1$，$1+1=1$。即**有 1 出 1，全 0 出 0**。或逻辑又称为逻辑加。

3）非逻辑和非运算。如果条件与结果的状态总是相反，则这样的逻辑关系叫作非逻辑关系，简称非逻辑，或称为逻辑非。逻辑变量 A 的逻辑非，表示为 $\overline{A}$，$\overline{A}$ 读作 "A 非" 或 "A 反"，其表达式为

$$Y = \overline{A}$$

非逻辑的运算规律为 $\overline{0}=1$，$\overline{1}=0$。

2. 逻辑函数及其表示方法

（1）逻辑函数的定义　逻辑函数的定义和普通代数中函数的定义类似。在逻辑电路中，如果输入变量 A、B、C、…的取值确定后，输出变量 Y 的值也被唯一确定了。那么，我们就称 Y 是 A、B、C、…的逻辑函数。逻辑函数的一般表达式可以记作

逻辑函数的
表示方法

$$Y = f(A, B, C, \cdots)$$

根据函数的定义，$Y = A \cdot B$、$Y = A + B$、$Y = \overline{A}$ 三个表达式反映的是三个基本的逻辑函数，分别表示 Y 是 A、B 的与函数、或函数以及 Y 是 A 的非函数。

在逻辑代数中，逻辑函数和逻辑变量一样，都只有逻辑 0 和逻辑 1 两种取值。

（2）逻辑函数的表示方法　逻辑函数的表示方法有很多种，以下结合实际电路介绍几种常用的方法。

1）**真值表**。真值表是将逻辑变量的各种可能的取值和相应的函数值排列在一起而组成的表格。

例如，图 7-2a 所示是二极管与门电路，A、B 是它的两个输入端，Y 是输出端。当 A、B 中有低电平$^{\ominus}$时，则对应的二极管导通，输出电压被钳位在低电平。当 A、B 全为高电平时，输出才为高电平。如果高电平用 1 表示，低电平用 0 表示，则可得与门真值表，见表 7-2。

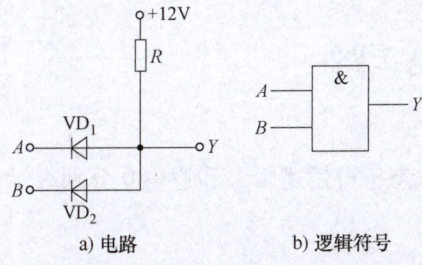

a）电路　　　b）逻辑符号

图 7-2　二极管与门电路

表 7-2　与门真值表

A	B	Y
0	0	0
0	1	0
1	0	0
1	1	1

$\ominus$　电平是表示电位相对高低的术语。

2）逻辑函数表达式。逻辑函数表达式是用各变量的与、或、非逻辑运算的组合表达式来表示逻辑函数的，简称函数式或表达式。

在上例中，与门电路输出状态 Y 与输入状态 A、B 的逻辑关系可表示为

$$Y = A \cdot B$$

该式表明，当 A 和 B 全为1时，输出 Y 才为1，这与它的真值表是相符的。

3）逻辑图。用规定的逻辑符号连接所构成的图，称为逻辑图。图7-2b所示为与门的逻辑符号，也是与逻辑的逻辑符号。每一种逻辑运算都可以用一种逻辑符号来表示，只要能得到逻辑函数的表达式，就可以转换为逻辑图。由于逻辑符号也代表逻辑门电路，和电路器件是相对应的，所以逻辑图也称为逻辑电路图。

3. 逻辑代数中的基本公式和定律

（1）变量和常量的关系

公式1	$A + 0 = A$	公式1′	$A \cdot 1 = A$
公式2	$A + 1 = 1$	公式2′	$A \cdot 0 = 0$
公式3	$A + \bar{A} = 1$	公式3′	$A \cdot \bar{A} = 0$

逻辑代数的
基本公式
和定律

（2）与普通代数相似的定律

1）交换律

公式4　　$A + B = B + A$　　　　公式4′　　$A \cdot B = B \cdot A$

2）结合律

公式5　$(A + B) + C = A + (B + C)$　　公式5′　$(A \cdot B) \cdot C = A \cdot (B \cdot C)$

3）分配律

公式6　$A \cdot (B + C) = A \cdot B + A \cdot C$　　公式6′$A + B \cdot C = (A + B) \cdot (A + C)$

上述公式中，除公式6′以外，其他都和普通代数完全一样。

（3）逻辑代数中的一些特殊定律

1）重叠律

公式7　　　$A + A = A$　　　　公式7′　　$A \cdot A = A$

2）反演律（摩根定律）

公式8　　$\overline{A + B} = \bar{A} \cdot \bar{B}$　　　公式8′　　$\overline{A \cdot B} = \bar{A} + \bar{B}$

3）非非律（否定律或还原律）

公式9　　$\bar{\bar{A}} = A$

第二节　门　电　路

一、基本逻辑门

在逻辑电路中，电平的高低是相互对立的逻辑状态，可用逻辑1和逻辑0分别表示。通常，我们用逻辑1表示高电平，用逻辑0表示低电平。

1. 二极管与门电路

二极管与门电路如图7-2所示，真值表见表7-2。其逻辑功能为"**有0出0，全1出1**"。

2. 二极管或门电路

二极管或门电路及逻辑符号如图7-3所示，图7-3b是或逻辑的逻辑符号。

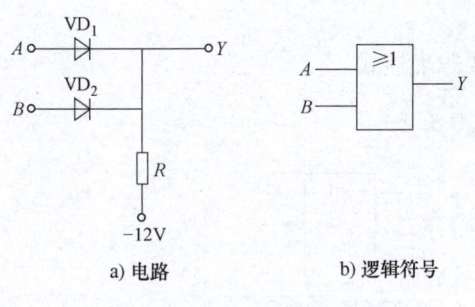

表 7-3	或门真值表	
A	B	Y
0	0	0
0	1	1
1	0	1
1	1	1

图 7-3　二极管或门电路

当 A、B 中有高电平时，则对应的二极管导通，输出电压被钳位在高电平。当 A、B 均为低电平时，输出才为低电平。或门电路的真值表见表 7-3。或门的逻辑功能为"**有 1 出 1，全 0 出 0**"。

3. 非门电路（晶体管反相器）

由晶体管构成的反相器电路如图 7-4 所示。图 7-4b 是非逻辑的逻辑符号。

当输入低电平时，晶体管截止，$i_C \approx 0$，输出高电平，$u_o = U_{oH} \approx U_{CC}$；当输入高电平时，若 R_1、R_2、R_C 选择适当，使得晶体管饱和，则输出低电平，$u_o = U_{oL} = U_{CES} \approx 0.3\text{V}$。

从图中可以看出，输出电平与输入电平反相，输出电平和输入电平之间是非逻辑关系，所以该电路称为反相器，又称为非门。图 7-4b 为非门的逻辑符号，也是非逻辑的逻辑符号。

非门电路的真值表见表 7-4。

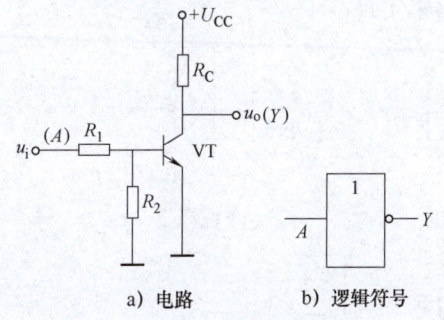

表 7-4	非门真值表
A	Y
0	1
1	0

图 7-4　非门电路及逻辑符号

二、复合逻辑门电路

所谓复合门，就是把与门、或门和非门结合起来作为一个门电路来使用。例如，把与门和非门结合起来构成与非门，把或门和非门结合起来构成或非门等。常用的复合门逻辑符号如图 7-5 所示。其中 $Y = \overline{A}B + A\overline{B}$ 称为异或逻辑，可用 $Y = A \oplus B$ 表示。其逻辑关系是：当 A、B 中有一个为 1 时，Y 为 1；A、B 都为 0 或都为 1 时，Y 等于 0。

一个逻辑函数可以有不同的表达式，除了与或表达式外还有或与表达式、与非-与非表达式、或非-或非表达式、与或非表达式等。

例如：$Y = A\overline{B} + BC$　　　　　　与或表达式

　　　$= (A + B)(\overline{B} + C)$　　　　或与表达式

　　　$= \overline{\overline{A\overline{B}} \cdot \overline{BC}}$　　　　　　与非-与非表达式

$$= \overline{\overline{A+B} + \overline{\overline{B}+C}} \qquad \text{或非-或非表达式}$$

$$= \overline{\overline{A \cdot B} + B\overline{C}} \qquad \text{与或非表达式}$$

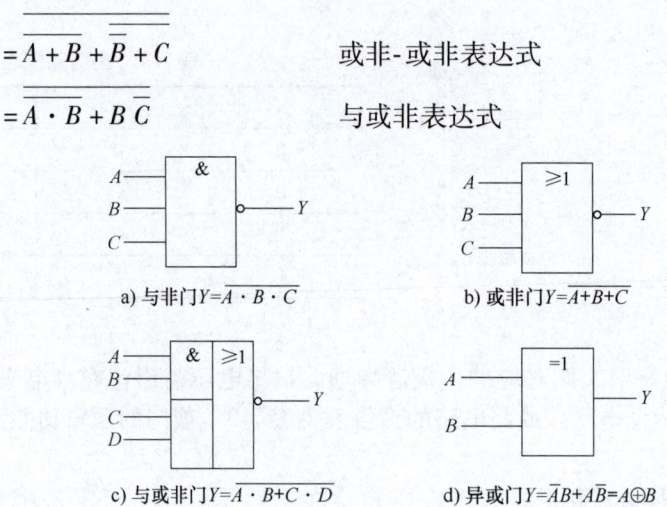

a) 与非门 $Y=\overline{A \cdot B \cdot C}$

b) 或非门 $Y=\overline{A+B+C}$

c) 与或非门 $Y=\overline{A \cdot B+C \cdot D}$

d) 异或门 $Y=\overline{A}B+A\overline{B}=A \oplus B$

图 7-5　复合门电路

可以分别列出每个表达式的真值表来证明这些等式是成立的。

根据函数的不同表达式，可得函数 Y 的逻辑图如图 7-6 所示，可以看出，通过逻辑函数的转换，同一逻辑函数可以用不同的逻辑门来实现。

例如，若采用与非表达式，则可以用三个与非门来实现逻辑函数 Y 的功能，如图 7-6b 所示，这就可以用后面讲到的一片 74LS00 集成电路来实现。

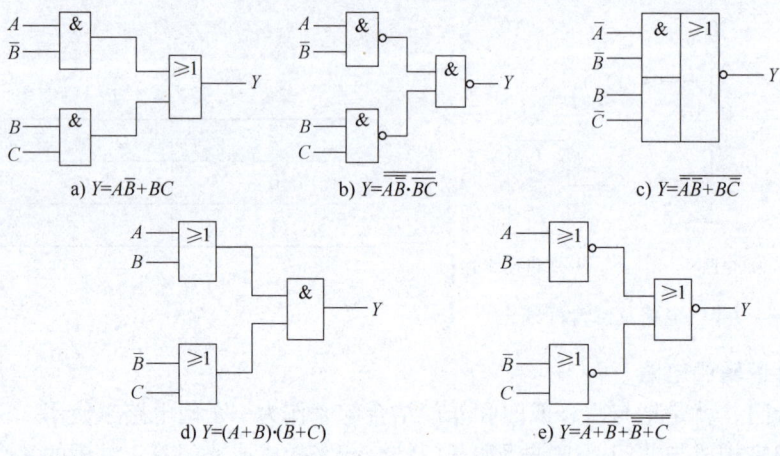

a) $Y=A\overline{B}+BC$

b) $Y=\overline{\overline{A\overline{B}} \cdot \overline{BC}}$

c) $Y=\overline{\overline{A}\overline{B}+B\overline{C}}$

d) $Y=(A+B) \cdot (\overline{B}+C)$

e) $Y=\overline{\overline{A+B}+\overline{B}+C}$

图 7-6　函数 $Y=A\overline{B}+BC$ 的等效逻辑图

三、集成逻辑门电路

前面所介绍的门电路可以由分立元件组成，但实际使用时一般采用集成逻辑门。常用的集成逻辑门有两种类型：TTL 电路和 CMOS 电路。

1. TTL 电路

TTL 电路全称为晶体管-晶体管集成逻辑门电路，简称 TTL 电路。TTL 电路有不同系列的产品，各系列产品的参数不同，其中 LSTTL 系列的产品综合性能较好，应用比较广泛，下面我们以 LSTTL 电路为例，介绍 TTL 电路。

（1）TTL 与非门电路

1）电路组成。TTL 的基本电路形式是与非门，74LS00 是一种四 2 输入的与非门，其内部有四个两输入端的与非门，其电路图和引脚图如图 7-7 所示。

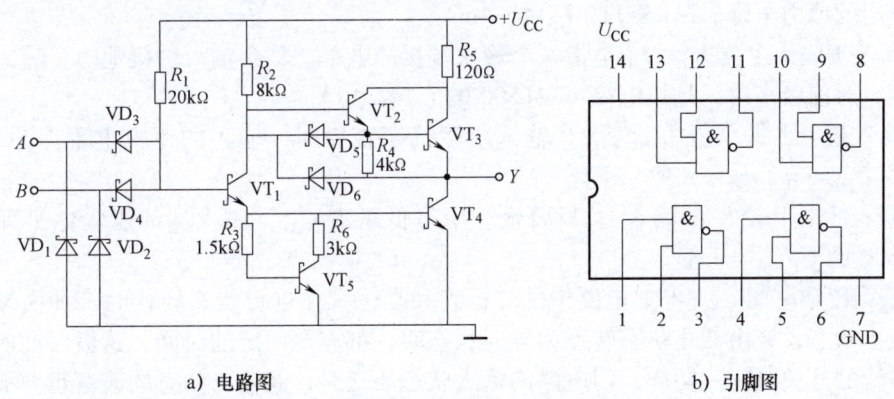

a）电路图　　　　　　　　　　　　　　　　　b）引脚图

图 7-7　与非门 74LS00

在图 7-7b 中，引脚 7 和 14 分别接地（GND）和电源（+5V 左右）。

在 LSTTL 电路内部，为了提高工作速度，采用了肖特基晶体管，肖特基晶体管的符号如图 7-8 所示。肖特基晶体管的主要特点是开关时间短、工作速度高。

LSTTL 与非门电路由输入级、中间倒相级和输出级三部分组成。

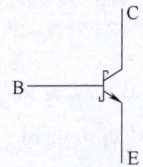

图 7-8　肖特基晶体管符号

> 功能分析：当电路的任一输入端有低电平时，输出为高电平；当输入全为高电平时，输出为低电平。

与非门电路的逻辑函数表达式为：$Y = \overline{AB}$，功能简述为"有 0 出 1，全 1 出 0"。

例 7-3　已知 74LS00 四 2 输入与非门，试问有多余端子时该如何处理。

解　与非门多余端子的处理方法分析如下：

① 多余端子接电源或悬空⊖：$Y = \overline{AB} = \overline{A \cdot 1} = \overline{A}$；

② 多余端子与有用端子并接：$Y = \overline{AB} = \overline{AA} = \overline{A}$。

2）TTL 门电路的主要参数。门电路的参数反映着门电路的特性，是合理使用门电路的重要依据。在使用中若超出了参数规定的范围，就会引起逻辑功能混乱，甚至损坏集成块。我们以 TTL 与非门为例说明 TTL 电路参数的含义。

① 输出高电平 U_{OH}。U_{OH} 是指输入端有一个或一个以上为低电平时的输出高电平值。性能较好的器件空载时 U_{OH} 约为 4V。手册中给出的是在一定测试条件下（通常是最坏的情况）所测量的最小值。正常工作时，U_{OH} 不小于手册中给出的数值。74LS00 的 U_{OH} 为 2.7V。

② 输出低电平 U_{OL}。U_{OL} 是指输入端全部接高电平时的输出低电平值。U_{OL} 是在额定的负载

⊖　对 TTL 电路来说，输入端悬空相当于高电平。

条件下测试的，应注意手册中的测试条件。手册中给出的通常是最大值。74LS00 的 $U_{OL} \leq 0.5V$。

③ 输入短路电流 I_{IS}。I_{IS} 是指输入端有一个接地，其余输入端开路时，流入接地输入端的电流。在多级电路连接时，I_{IS} 实际上就是灌入前级的负载电流。显然，I_{IS} 大，则前级带同类与非门的能力下降。74LS00 的 $I_{IS} \leq 0.4mA$。

④ 高电平输入电流 I_{IH}。I_{IH} 是指一个输入端接高电平，其余输入端接地时，流入该输入端的电流。对前级来讲，是拉电流。74LS00 的 $I_{IH} \leq 20\mu A$。

⑤ 输入高电平最小值 U_{IHmin}。当输入电平高于该值时，输入的逻辑电平即为高电平。74LS00 的 $U_{IHmin} = 2V$。

⑥ 输入低电平最大值 U_{ILmax}。只要输入电平低于 U_{ILmax}，输入端的逻辑电平即为低电平。74LS00 的 $U_{ILmax} = 0.8V$。

⑦ 平均传输时间 t_{pd}。TTL 电路中的二极管和晶体管在进行状态转换时，即由导通状态转换为截止状态，或由截止状态转换为导通状态时，都需要一定的时间，这段时间叫作二极管和晶体管的开关时间。同样，门电路的输入状态改变时，其输出状态的改变也要滞后一段时间。t_{pd} 是指电路在两种状态间相互转换时所需时间的平均值。

例 7-4 图 7-9 所示为 74LS00 与非门构成的电路，A 端为信号输入端，B 端为控制端，试根据其输入波形画出其输出波形。

解 图 7-9a 中，当控制端 B 为 0 时，不论 A 是什么状态，输出端 L 总为高电平，Y 总为低电平，信号不能通过；当控制端 B 为 1 时，$L = \overline{A \cdot B} = \overline{A \cdot 1} = \overline{A}$，$Y = \overline{L} = \overline{\overline{A}} = A$，输入端 A 的信号可以通过，其输出波形如图 7-9d 所示。

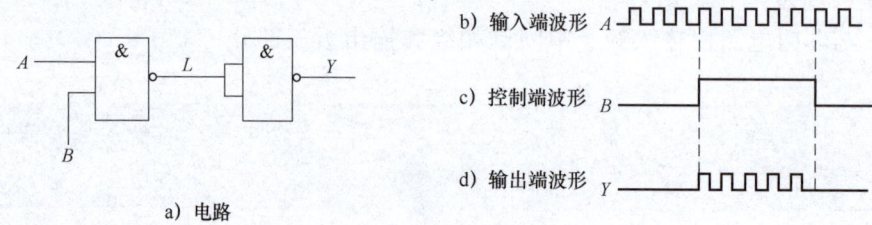

a) 电路
b) 输入端波形 A
c) 控制端波形 B
d) 输出端波形 Y

图 7-9 例 7-4 图

可以看出，在 $B = 1$ 期间，输出信号和输入信号的波形相同，所以该电路可作为数字频率计的受控传输门。当控制信号 B 的脉宽为 1s 时，该与非门输出的脉冲个数等于输入端 A 的输入信号的频率 f。

(2) 其他类型的 TTL 门电路 为实现多种多样的逻辑功能及控制，除与非门以外，生产厂家还生产了多种类型的 TTL 单元电路。这些电路的参数和与非门类似，只是逻辑功能不同。下面介绍几种常见的其他类型的 LSTTL 门电路，除个别电路外，其内部电路不再给出。

1) 或非门 74LS27。 74LS27 是一种三 3 输入或非门。内部有三个独立的或非门，每个或非门有三个输入端，图 7-10 为它的逻辑符号

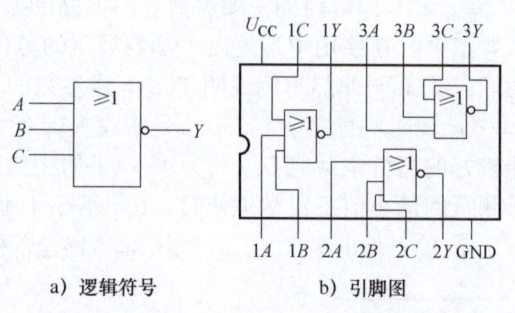

a) 逻辑符号
b) 引脚图

图 7-10 74LS27 或非门电路

与引脚图。

或非门的逻辑函数表达式为 $Y = \overline{A + B + C}$，逻辑功能简述为：**有1出0，全0出1**。

例7-5　已知 74LS27 三 3 输入或非门，问或非门多余端子该如何处理。

解　或非门多余端子的处理方法如图 7-11 所示。

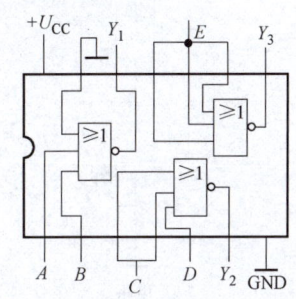

分析如下：

① 多余端子接地：对第一个或非门，若用它实现 $Y_1 = \overline{A + B}$，对第 3 个多余的输入端可以接地，即 $Y_1 = \overline{A + B + 0} = \overline{A + B}$；

② 多余端子与有用端子并接：对第二个或非门，若用它实现 $Y_2 = \overline{C + D}$，将第 3 个多余的输入端与有用的端子并接，即 $Y_2 = \overline{C + C + D} = \overline{C + D}$。另外，也可以把或非门当作非门使用，如 $Y_3 = \overline{E + E + E} = \overline{E}$。

图 7-11　或非门多余端子的处理

2）**异或门 74LS86**。74LS86 是一种四异或门，内部有四个异或门。异或门的逻辑功能为 $Y = A\overline{B} + \overline{A}B = A \oplus B$，其输入相异（一个为 0，一个为 1）时，输出为 1；输入相同时，输出为 0。

应用实例：由异或门构成的正码/反码电路如图 7-12 所示。当控制端 B 为低电平时，输出 $Y_i = A_i\overline{B} + \overline{A_i}B = A_i \cdot \overline{0} + \overline{A_i} \cdot 0 = A_i \cdot 1 + \overline{A_i} \cdot 0 = A_i$，输出与输入相等，输出为二进制码的原码（即正码）；当控制端 B 为高电平时，输出 $Y_i = A_i\overline{B} + \overline{A_i}B = A_i \cdot \overline{1} + \overline{A_i} \cdot 1 = \overline{A_i}$，输出与输入相反，输出为输入二进制码的反码。

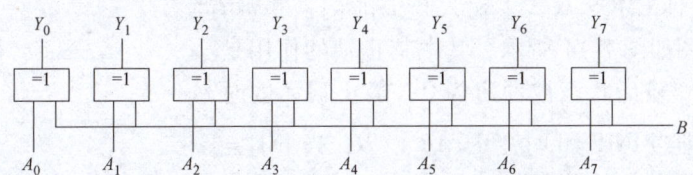

图 7-12　异或门构成的正码/反码电路

2. CMOS 电路

目前，在数字逻辑电路中，CMOS 器件得到了大量应用。

CMOS 器件内部集成的是绝缘栅型场效应晶体管，由于这种场效应晶体管是由金属（Metal）、氧化物（Oxide）和半导体材料（Semiconductor）构成的，又称为 **MOS 场效应晶体管**。MOS 场效应晶体管也是一种电子器件，其特性和晶体管类似，但其栅极（控制极，类似于晶体管的基极）与其他两个电极之间是绝缘的，输入电阻很大，输入电流极小。当在 MOS 管的栅极和另一特定电极之间加上一定的控制电压时，会在除栅极之外的另外两个电极之间产生一个能够导电的通道，称为**沟道**。如果沟道中多数载流子是自由电子，则称为 **N 沟道**，对应的管子称为 **NMOS 管**；如果沟道中多数载流子是空穴，则称为 **P 沟道**，对应的场效应晶体管称为 **PMOS 管**。NMOS 管和 PMOS 管的导通条件不同。

CMOS 集成电路中集成有两种互补的 MOS 管，一种是 N 沟道 MOS 管（NMOS 管），另一种是 P 沟道 MOS 管（PMOS 管），所以称为 CMOS 器件（互补型 MOS 器件）。

（1）CMOS反相器　CMOS反相器电路如图7-13所示，由一个N沟通MOS管VF_N和一个P沟道MOS管VF_P组成。

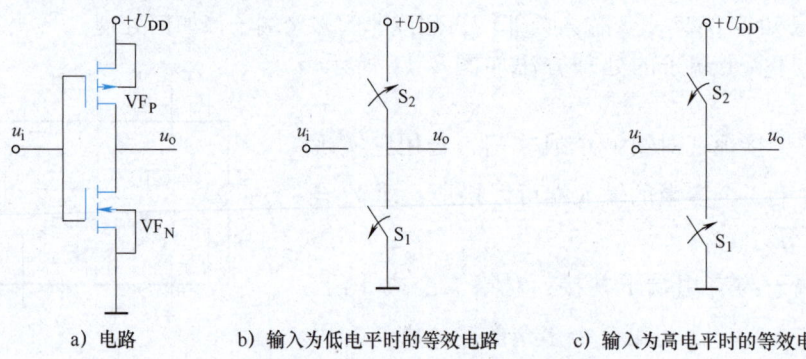

a）电路　　　b）输入为低电平时的等效电路　　　c）输入为高电平时的等效电路

图7-13　CMOS反相器及其等效电路

当输入低电平时，根据MOS管的工作原理，VF_N截止，VF_P导通，等效电路如图7-13b所示，输出为高电平；当输入为高电平时，VF_N导通，VF_P截止，等效电路如图7-13c所示，输出为低电平。

CMOS反相器中常用的有六反相器CD4069，其内部由六个反相器单元组成。

（2）其他类型的CMOS门电路　CMOS集成逻辑门的种类很多。

CD4011是一种四2输入与非门，其内部有四个与非门，每个与非门有两个输入端。

CD4025是一种三3输入或非门，它内部有三个或非门，每个或非门有三个输入端。

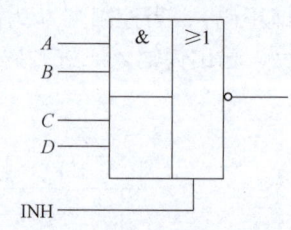

CD4085是一种CMOS双2-2输入与或非门，并带有禁止端，其逻辑图如图7-14所示。其中禁止端的作用是：当禁止端有效时，输出状态被锁定为0；禁止端无效时，电路正常工作。即当$INH=0$时，$Y=\overline{AB+CD}$；当$INH=1$时，$Y=0$，此时输出状态被锁定为0。

图7-14　带禁止端的CMOS与或非门逻辑图（1/2 CD4085）

3. TTL电路与CMOS电路比较

不同场合对集成电路的输入输出电平、工作速度和功耗等性能有不同的要求，应选用不同系列的产品。

目前，TTL电路和CMOS电路都有几种不同的系列。TTL电路常用的有74系列和74LS系列，CMOS电路常用的有CD4000系列、74HC系列和74HCT系列，它们的参数有所不同，但引脚排列相同，可以根据实际需要选用合适的产品。

与TTL电路比较，CMOS电路虽然工作速度较低，但具有集成度高、功耗低、工艺简单等优点，因此，在数字系统中，特别是大规模集成电路领域得到了广泛的应用。

第三节　常用集成组合逻辑电路

按逻辑电路逻辑功能的特点来分，数字电路可分为组合逻辑电路和时序逻辑电路。若电路在任一时刻的输出都只取决于该时刻的输入状态，而与输入信号作用之前电路原来的状态无关，则该数字电路称为组合逻辑电路。

组合逻辑电路在结构上一般由各种门电路组成，且内部不含有反馈电路，即电路中不含任何具有记忆功能的逻辑电路单元，一般也不含有反馈电路。

组合逻辑电路的逻辑功能可以用逻辑函数表达式或真值表来表示。

组合逻辑电路的品种很多，有专用的中规模集成器件（MSI），常见的有编码器、译码器、数据选择器和数字比较器等。这些集成器件通常设置有一些控制端（使能端）、功能端和级联端等，在不用或少用附加电路的情况下，就能将若干功能部件扩展成位数更多、功能更复杂的电路。

下面我们分别介绍几种实用性强，应用较广泛的组合逻辑电路。

一、编码器

在数字系统中，常常需要把某种具有特定意义的输入信号（如数字、字符或某种控制信号等）编成相应的若干位二进制代码来处理，这一过程称为编码。能够实现编码的电路称为编码器。

常用的有10线-4线8421BCD码优先编码器。其功能是将十进制数的10个数码转换成对应的四位8421BCD码（二-十进制码）。

10线-4线8421BCD码优先编码器有10个输入端，每一个输入端对应着一个十进制数（0~9），其输出端输出的是与输入信号十进制数对应的8421BCD码。

CD40147是一种标准型CMOS集成10线-4线8421BCD码优先编码器。所谓优先编码器，是指编码器的所有编码输入信号按优先顺序排了队，当同时有两个以上编码输入信号有效时，编码器将只对其中优先等级高的一个输入信号进行编码。CD40147的逻辑框图如图7-15所示，其真值表见表7-5。

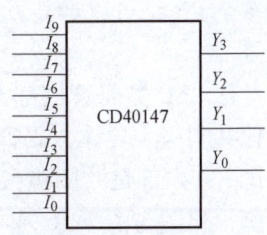

图7-15　10线-4线编码器
CD40147逻辑框图

CD40147有10个输入端 $I_0 \sim I_9$，四个输出端 Y_3、Y_2、Y_1、Y_0，优先等级是从9到0。例如，当 $I_9 = 1$ 时，无论其他输入端为何种状态，输出 $Y_3 Y_2 Y_1 Y_0 = 1001$；当 $I_9 = I_8 = 0$，$I_7 = 1$ 时，输出 $Y_3 Y_2 Y_1 Y_0 = 0111$；当其他输入端等于0，$I_0 = 1$ 时，输出 $Y_3 Y_2 Y_1 Y_0 = 0000$。当10个输入信号全为0时，输出 $Y_3 Y_2 Y_1 Y_0 = 1111$，这是一种伪码，表示没有编码输入。

表7-5　CD40147的真值表

输　入										输　出			
I_0	I_1	I_2	I_3	I_4	I_5	I_6	I_7	I_8	I_9	Y_3	Y_2	Y_1	Y_0
0	0	0	0	0	0	0	0	0	0	1	1	1	1
1	0	0	0	0	0	0	0	0	0	0	0	0	0
×	1	0	0	0	0	0	0	0	0	0	0	0	1
×	×	1	0	0	0	0	0	0	0	0	0	1	0
×	×	×	1	0	0	0	0	0	0	0	0	1	1
×	×	×	×	1	0	0	0	0	0	0	1	0	0
×	×	×	×	×	1	0	0	0	0	0	1	0	1
×	×	×	×	×	×	1	0	0	0	0	1	1	0
×	×	×	×	×	×	×	1	0	0	0	1	1	1
×	×	×	×	×	×	×	×	1	0	1	0	0	0
×	×	×	×	×	×	×	×	×	1	1	0	0	1

10 线-4 线编码器可用于键盘编码。

二、译码器及数码显示器

数码管和显示译码器

译码是编码的逆过程，也就是把二进制代码所表示的特定含义"翻译"出来的过程。实现译码功能的电路称为译码器，目前主要用集成电路实现。译码器的种类较多，最常用的是显示译码器，它是用来驱动数码管等显示器件的译码器。

在数字测量仪表和各种数字系统中，常用显示译码器将 BCD 码译成十进制数，并驱动数码显示器显示数码。显示译码器和数码显示器构成了显示电路。在讨论显示译码器之前，我们先介绍一下数码显示器（即数码管）的特性。

1. 数码显示器

在各种数码管中，分段式数码管利用不同的发光段组合来显示不同的数字，应用很广泛。下面介绍最常见的分段式数码管——半导体数码管及其驱动电路。

半导体发光二极管是一种能将电能或电信号转换成光信号的发光器件。其内部是由特殊的半导体材料组成的 PN 结。当 PN 结正向导通时，发光二极管能辐射发光。辐射波长决定了发光的颜色，通常有红、绿、橙、黄等颜色。单个 PN 结封装而成的产品就是发光二极管，而多个 PN 结可以封装成半导体数码管（也称 LED 数码管，LED 是发光二极管的英文缩写）。

半导体 LED 数码管内部有两种接法，即共阳极接法和共阴极接法，例如，BS201 就是一种七段共阴极半导体数码管（还带有一个小数点），其引脚排列图和内部接线图如图 7-16 所示。BS204 内部是共阳极接法，共阳极接法的引脚排列图和内部接线图如图 7-17 所示，其外引脚排列图与图 7-16 基本相同（共阴极输出变为共阳极输出）。

各段笔画的明暗组合能显示出十进制数 0 ~ 9 及某些英文字母，如图 7-18 所示。

a) 引脚排列图　　　　b) 内部接线图

图 7-16　共阴极 LED 数码管 BS201

a) 引脚排列图　　　　b) 内部接线图

图 7-17　共阳极 LED 数码管 BS204

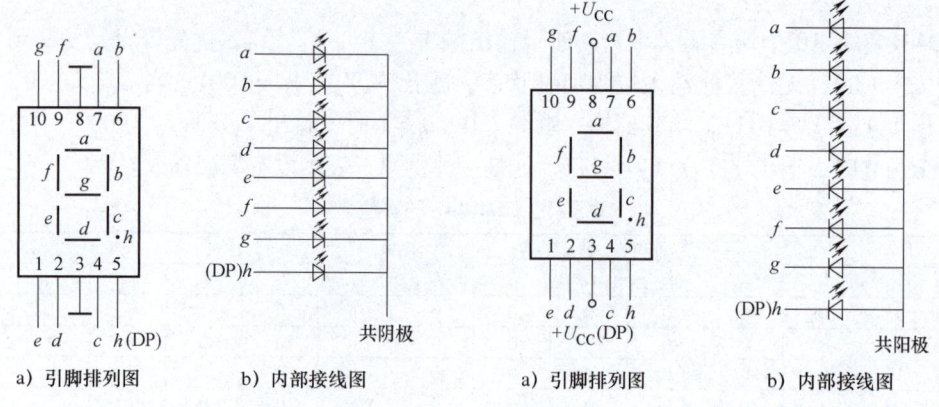

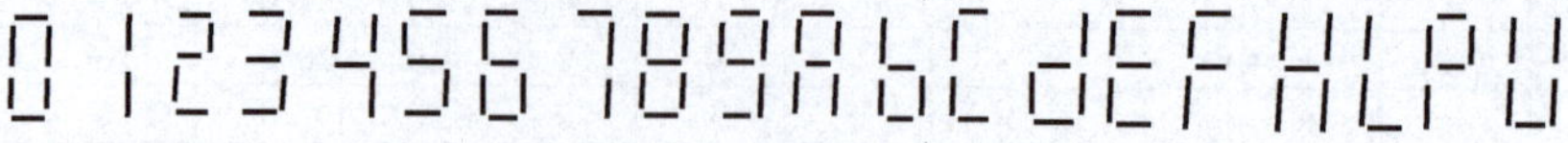

图　7-18

LED 七段显示半导体数码管的优点是工作电压低 (1.7～1.9V)、体积小、可靠性高、寿命长 (大于 1 万 h)、响应速度快 (优于 10ns) 及颜色丰富等，缺点是耗电较大，工作电流一般为几毫安至几十毫安。

LED 数码管的工作电流较大，可以用晶体管驱动，也可以用带负载能力比较强的译码/驱动器直接驱动。两种 LED 数码管的驱动电路如图 7-19 所示，较常用的方法是采用译码/驱动器直接驱动。

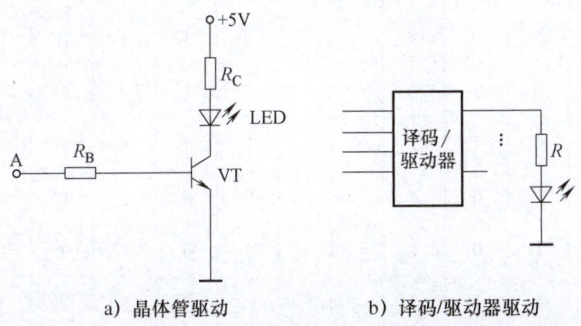

a) 晶体管驱动　　　　b) 译码/驱动器驱动

图 7-19　半导体发光二极管驱动电路

另外，液晶数码管也是一种分段式数码管，但驱动电路较复杂。

2. 七段显示译码器

如上所述，分段式数码管利用不同发光段的组合来显示不同的数字，因此，为了使数码管能将数码所代表的数显示出来，必须首先将数码译出，然后经驱动电路控制对应的显示段的状态。例如，对于 8421BCD 码的 0101 状态，对应的十进制数为 5，译码驱动器应使分段式数码管的 a、c、d、f、g 各段为一种电平，而 b、e 两段为另一种电平。即对应某一数码，译码器应有确定的几个输出端有规定信号输出，这就是分段式数码管显示译码器电路的特点。

下面，以共阴极 BCD 七段译码/驱动器 74HC48 为例说明集成译码器的使用方法。

74HC48 的逻辑框图如图 7-20 所示，其真值表见表 7-6。从 74HC48 的真值表可以看出，74HC48 应用于高电平驱动的共阴极显示器。当输入信号 $A_3A_2A_1A_0$ 为 0000～1001 时，分别显示 0～9 数字信号；而当输入 1010～1110 时，显示稳定的非数字信号；当输入为 1111 时，七个显示段全暗。可以从显示段出现非 0～9 数字符号或各段全暗，可以判断出输入已出错，即可检查输入情况。

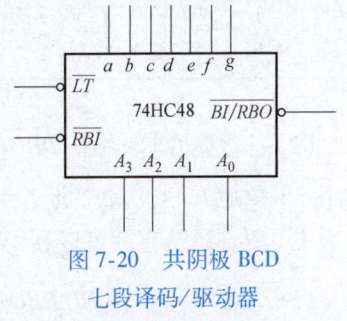

图 7-20　共阴极 BCD 七段译码/驱动器

74HC48 除基本输入端和基本输出端外，还有几个辅助输入输出端：试灯输入端 $\overline{LT}$，灭零输入端 $\overline{RBI}$，灭灯输入/灭零输出端 $\overline{BI}/\overline{RBO}$。其中 $\overline{BI}/\overline{RBO}$ 比较特殊，它既可以作输入用，也可以作输出用。现根据真值表，对它们的功能进行说明。

(1) 灭灯功能　将 $\overline{BI}/\overline{RBO}$ 端作输入用，并输入 0，即灭灯输入端 $\overline{BI}=0$ 时，无论 $\overline{LT}$、

$\overline{RBI}$ 及 A_3、A_2、A_1、A_0 状态如何，$a \sim g$ 均为 0，数码管熄灭。因此，灭灯输入端 $\overline{BI}$ 可用作显示控制。例如，用一个矩形脉冲信号来控制灭灯输入端时，显示的数字将间歇地闪亮。

表 7-6　74HC48 真值表

数字功能	输　入						$\overline{BI}/\overline{RBO}$	输　出							显示数字
	$\overline{LT}$	$\overline{RBI}$	A_3	A_2	A_1	A_0		a	b	c	d	e	f	g	
0	1	1	0	0	0	0	1	1	1	1	1	1	1	0	0
1	1	×	0	0	0	1	1	0	1	1	0	0	0	0	1
2	1	×	0	0	1	0	1	1	1	0	1	1	0	1	2
3	1	×	0	0	1	1	1	1	1	1	1	0	0	1	3
4	1	×	0	1	0	0	1	0	1	1	0	0	1	1	4
5	1	×	0	1	0	1	1	1	0	1	1	0	1	1	5
6	1	×	0	1	1	0	1	0	0	1	1	1	1	1	6
7	1	×	0	1	1	1	1	1	1	1	0	0	0	0	7
8	1	×	1	0	0	0	1	1	1	1	1	1	1	1	8
9	1	×	1	0	0	1	1	1	1	1	0	0	1	1	9
10	1	×	1	0	1	0	1	0	0	0	1	1	0	1	
11	1	×	1	0	1	1	1	0	0	1	1	0	0	1	
12	1	×	1	1	0	0	1	0	1	0	0	0	1	1	
13	1	×	1	1	0	1	1	1	0	0	1	0	1	1	
14	1	×	1	1	1	0	1	0	0	0	1	1	1	1	
15	1	×	1	1	1	1	1	0	0	0	0	0	0	0	全暗
$\overline{BI}$	×	×	×	×	×	×	0	0	0	0	0	0	0	0	全暗
$\overline{RBI}$	1	0	0	0	0	0	0	0	0	0	0	0	0	0	全暗
$\overline{LT}$	0	×	×	×	×	×	1	1	1	1	1	1	1	1	8

（2）试灯功能　在 $\overline{BI}/\overline{RBO}$ 作为输出端（不加输入信号）的前提下，当试灯输入端 $\overline{LT}=0$ 时，不论 $\overline{RBI}$、A_3、A_2、A_1、A_0 为何状态，$\overline{BI}/\overline{RBO}$ 都为 1（此时 $\overline{BI}/\overline{RBO}$ 作输出用），$a \sim g$ 全为 1，所有段全亮。可以利用试灯输入信号来测试数码管的好坏。

（3）灭零功能　在 $\overline{BI}/\overline{RBO}$ 作为输出端（不加输入信号）的前提下，当 $\overline{LT}=1$，灭零输入端 $\overline{RBI}=0$ 时，若 $A_3A_2A_1A_0$ 为 0000，则 $a \sim g$ 均为 0，数码管各段均不亮，实现灭零功能，此时，$\overline{BI}/\overline{RBO}$ 输出低电平（此时 $\overline{BI}/\overline{RBO}$ 作输出用），表示译码器处于灭零状态。若 $A_3A_2A_1A_0$ 不为 0000 时，则照常显示，$\overline{BI}/\overline{RBO}$ 输出高电平，表示译码器不处于灭零状态。因此，当输入是数字零的代码而又不需要显示零的时候，可以利用灭零输入端的功能来实现。

应用实例：一个七位数码显示器，若要将 006.0400 显示成 6.04，可按图 7-21 连接电路，这样既符合人们的阅读习惯，又能减少电能的消耗。

原理分析：图中各片电路 $\overline{LT}=1$，第一片电路 $\overline{RBI}=0$，第一片的 $\overline{RBO}$ 接第二片的 $\overline{RBI}$，当第一片的输入 $A_3A_2A_1A_0=0000$ 时，灭零且 $\overline{RBO}=0$，使第二片也有了灭零条件，只要第二片输入零，数码管也可熄灭。第六片、第七片的原理与此相同。图中，第四片的 $\overline{RBI}=1$，不处在灭零状态，因此 6 与 4 中间的 0 得以显示。

由于 74HC48 内部已设有限流电阻，所以图 7-21 中的共阴极数码管的共阴极端可以直接接地，译码器的输出端也不用接限流电阻。

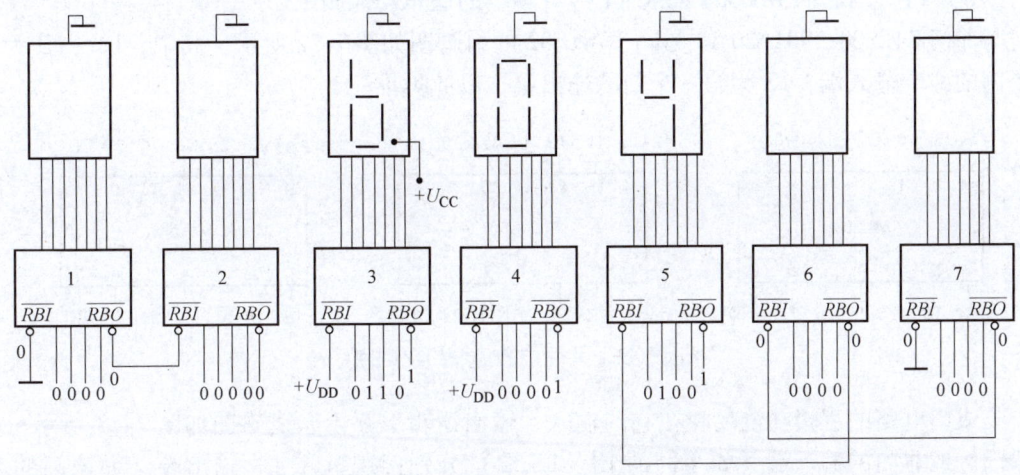

图 7-21　具有灭零控制的七位数码显示系统

对于共阴极接法的数码管，还可以采用 74HC248、CD4511 等七段锁存译码驱动器。其中 74HC248 的功能和 74HC48 相同，只是对于数字 6 和 9，分别显示的是 🔢 和 🔢。

对于共阳极接法的数码管，可以采用共阴极数码管的字形译码器，如 74HC247 等，在相同的输入条件下，其输出电平与 74HC48 相反，但在共阳极数码管上显示的结果一样。

实验六　集成门电路的应用

一、实验目的

1）熟悉与非门和或非门的逻辑功能。

2）掌握门电路的逻辑功能测试方法。

3）学习用与非门构成其他门电路。

二、预习要求

1）复习与非、或非的逻辑概念。

2）复习各基本门电路的逻辑真值表。

3）了解集成块 74LS00、74LS02、74LS20 的逻辑功能。

三、实验仪器

实验仪器及元件清单见表7-7。

表7-7　实验仪器及元件清单

序号	名　　称	型号或规格	数　量	备　　注
1	数字电路实验箱	自定	1	
2	与非门	74LS00	1	四2输入与非门
3	或非门	74LS02	1	四2输入或非门
4	与非门	74LS20	1	二4输入与非门

四、实验内容

【任务1】 与非门74LS00和或非门74LS02的逻辑功能测试

与非门74LS00、74LS20和或非门74LS02的引脚图如图7-22所示。其中，$1A$、$1B$为第一个门的两个输入端，$1Y$为第一个门的输出端，以此类推。

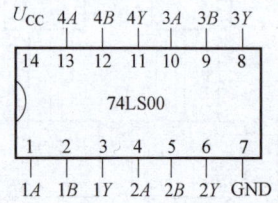 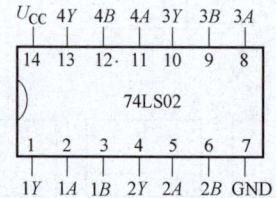 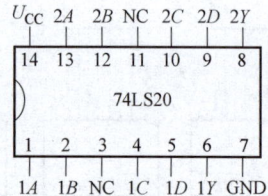

图7-22　与非门和或非门引脚图

集成门电路的逻辑功能反映在它的输入、输出逻辑关系上，逻辑图如图7-23所示。将与非门、或非门的输入端（如Ⅰ门的$1A$、$1B$端）分别接逻辑开关，输出端（如该门的$1Y$端）接发光二极管，改变输入状态的高低电平，观察发光二极管的亮灭情况，发光二极管点亮记作"1"，发光二极管熄灭记作"0"。将输出状态填入表7-8中。

表7-8　逻辑门逻辑功能测试

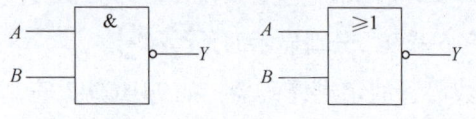

图7-23　与非门和或非门

输　　入		输　　出	
A	B	Y(74LS00)	Y(74LS02)
0	0		
0	1		
1	0		
1	1		

【任务2】 用与非门（74LS00）构成与门电路

（1）与门的逻辑功能测试　按图7-24连接电路，将与门的输入端A、B分别接逻辑开关，输出端接发光二极管，并按表7-9进行测试记录，写出图7-24所示电路的逻辑表达式。

表7-9　用与非门构成的与门逻辑功能测试

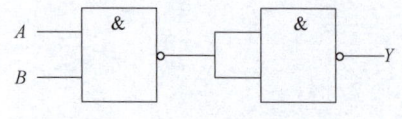

图7-24　用与非门构成与门

输　　入		输　出
A	B	Y
0	0	
0	1	
1	0	
1	1	

（2）观察与门的开关控制作用　按图 7-25 连接电路，将与门的输入端 A 接逻辑开关作为控制信号，输入端 B 接 1s 脉冲作为输入信号，输出端 Y 接发光二极管，并按表 7-10 进行测试记录。

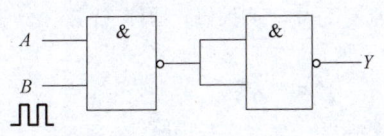

图 7-25　与门开关控制电路

表 7-10　与门的开关控制

A 控制信号	B 输入信号	Y 输出信号
0	1s 脉冲	
1	1s 脉冲	

【任务 3】　用与非门（74LS00）构成或门电路

按图 7-26 连接电路，将或门的输入端 A、B 分别接逻辑开关，输出端 Y 接发光二极管，并按表 7-11 进行测试记录，写出图 7-26 所示电路的逻辑表达式。

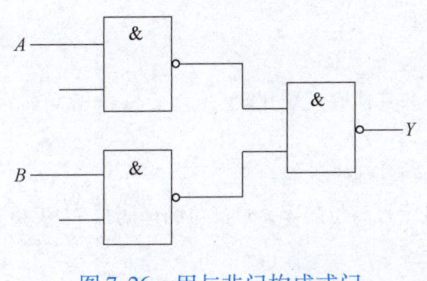

图 7-26　用与非门构成或门

表 7-11　用与非门构成的或门逻辑功能测试

输　　入		输　　出
A	B	Y
0	0	
0	1	
1	0	
1	1	

【任务 4】　用与非门构成三变量多数表决器

按图 7-27 连接电路，将表决器的输入端 A、B、C 分别接逻辑开关，输出端 Y 接发光二极管，并按表 7-12 进行测试记录，写出图 7-27 所示电路的逻辑表达式，叙述其工作原理。

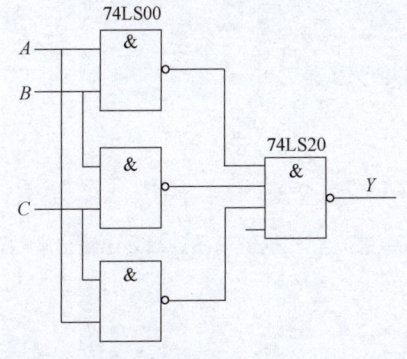

图 7-27　用与非门构成三变量多数表决器

表 7-12　用与非门构成三变量多数表决器逻辑功能测试

输　　入			输　　出
A	B	C	Y
0	0	0	
0	0	1	
0	1	0	
0	1	1	
1	0	0	
1	0	1	
1	1	0	
1	1	1	

五、注意事项

1）注意集成芯片的电源连接，不可将电源和地接反。

2）注意集成芯片的型号不同功能也不同。

思考题与习题

一、填空题

7-1 用四位二进制数码来表示一位十进制数码的方法，称为二-十进制编码，简称（　　　　）码。

7-2 基本的逻辑关系有（　　　　）、（　　　　）、（　　　　）三种。

7-3 逻辑函数常用的表达方式有（　　　　）、（　　　　）和（　　　　）等。

7-4 集成逻辑门电路中最常见的类型是（　　　　）电路和（　　　　）电路。

7-5 常用的组合逻辑单元电路有（　　　　）和（　　　　）。

二、单项选择题

7-6 在 8421 编码中，表示数字 9 的 BCD 码是（　　　　）。

a) 1001 　　　　　　　b) 1100 　　　　　　　c) 1111

7-7 下面给出的是三个逻辑门电路的输出高电平 U_{OH}，其他参数相同，性能好的逻辑门电路的输出高电平 U_{OH} 应为（　　　　）。

a) 3.4V 　　　　　　　b) 3.6V 　　　　　　　c) 4V

7-8 与非门多余的输入端可以采用下列哪些处理办法（　　　　）。

a）接地 　　　　　　　b）接电源正极 　　　　　　　c）和其他输入端并联

7-9 或非门多余的输入端可以采用下列哪些处理办法（　　　　）。

a）接地 　　　　　　　b）接电源正极 　　　　　　　c）和其他输入端并联

7-10 用译码器 74HC48 组成数码显示系统，如果不想显示最高位的零，最高位的译码器 74HC48 的灭零输入端 $\overline{RBI}$ 的处理方法是（　　　　）。

a）接电源正极 　　　　b）接地 　　　　c）接低位译码器的灭零输出端 $\overline{BI/RBO}$

三、综合题

7-11 将下列二进制数转换成十进制数。

1011 　11010 　1110101 　110101 　10100011 　11111111

7-12 将下列二进制数转换成十六进制数。

10101111 　1001011 　10101001101 　1001110110

7-13 将下列十六进制数转换成二进制数。

5E 　2D4 　47 　6CA 　F0

7-14 当变量 A、B、C 取哪些组合时，下列逻辑函数 Y 的值为 1。

1）$Y = A\overline{B} + \overline{B}\overline{C}$

2）$Y = AB + BC + AC$

3）$Y = \overline{AB + BC} \cdot (A + B)$

7-15 写出图 7-28 所示各逻辑图输出 Y 的逻辑表达式并化简（提示：根据逻辑图逐级写出输出端的逻辑函数式）。

7-16 试画出下列逻辑函数表达式的逻辑图。

1）$Y = AB + CD$

2）$Y = \overline{\overline{AB} \cdot \overline{CD}}$

3）$Y = \overline{AB + CD}$

7-17 电路如图 7-29a、b 所示，已知 A、B、C 波形如图 7-29 c 所示，试画出相应的输出 Y_1、Y_2 的波形。

7-18 图 7-30 所示 TTL 门电路中，输入端 1、2、3 为多余输入端，试问哪些接法是正确的？

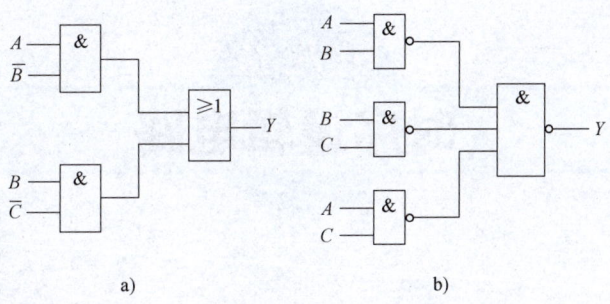

图 7-28　题 7-15 图

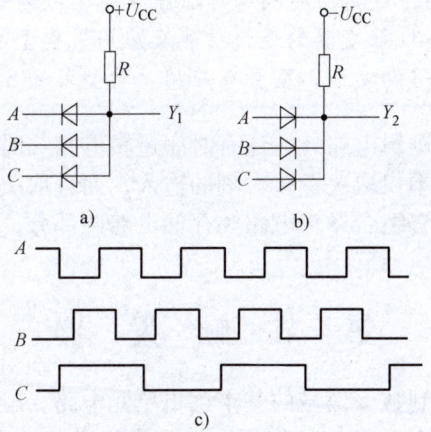

图 7-29　题 7-17 图

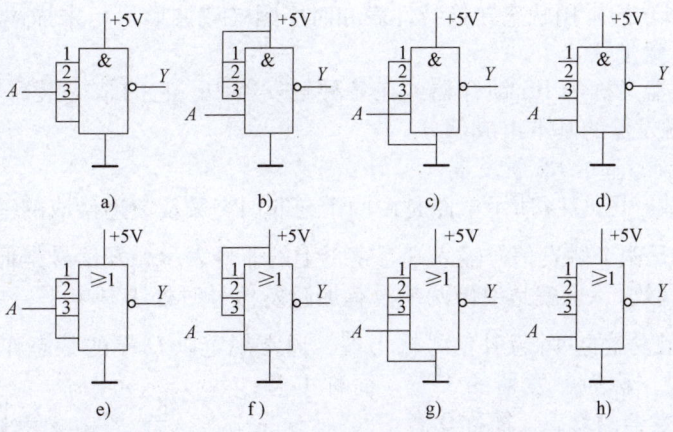

图 7-30　题 7-18 图

7-19　当 10 线-4 线优先编码器 CD40147 的输入端 I_8、I_3、I_1 接 1，其他输入端接 0 时，输出编码是什么？当 I_3 改接 0 后，输出编码有何改变？若再将 I_8 改接 0 后，输出编码又有何变化？最后全部接 0 时，输出编码又是什么？

第八章
时序逻辑电路

本章知识点

> （1）本章基本知识。典型习题 8-1～8-10。
> （2）RS 触发器的结构、逻辑功能及工作原理。典型习题 8-11。
> （3）集成 JK 触发器、D 触发器的逻辑功能及应用。典型习题 8-12、8-13。
> （4）常用时序逻辑电路的功能、型号及应用。典型习题 8-19、8-20。

在数字电路中，除组合逻辑电路外，还有时序逻辑电路。时序逻辑电路与组合逻辑电路不同，它在任何时刻的输出不仅取决于该时刻的输入，而且取决于输入信号作用前的输出状态。时序逻辑电路一般包含有组合逻辑电路和存储电路两部分，其中存储电路是由具有记忆功能的触发器组成的。

第一节 触 发 器

触发器是存储一位二进制数字信号的基本逻辑单元电路。触发器具有两个稳定状态，分别用逻辑 1 和逻辑 0 表示。在触发信号作用下，两个稳定状态可以相互转换（称为翻转），当触发信号消失后，电路能将新建立的状态保持下来，因此，这种电路也称为双稳态电路。计算机中的寄存器就是用触发器构成的。

触发器的逻辑功能常用状态转换特性表和时序图（或波形图）来描述。

一、基本 RS 触发器

基本 RS 触发器又称为 RS 锁存器，在各种触发器中，它的结构最简单，是各种复杂结构触发器的基本组成部分。

1. 与非门组成的基本 RS 触发器

（1）电路组成　图 8-1a 所示电路是由两个与非门交叉反馈连接成的基本
RS 触发器。$\overline{S}$、$\overline{R}$ 是两个触发信号输入端。字母上的非号表示触发信号是低电平（称为低电平有效），也就是说该两端没有加触发信号时处于高电平，加触发信号时变为低电平。Q、$\overline{Q}$ 为触发器的两个互补信号输出端，通常规定以 Q 端的状态作为触发器的状态。当输出端 $Q=1$ 时，称为触发器的 1 态，简称 1 态；$Q=0$ 时，称为触发器的 0 态，简称 0 态。

基本 RS 触发器的逻辑符号如图 8-1b 所示，$\overline{S}$、$\overline{R}$ 端的小圆圈也表示该触发器的触发信号为低电平有效。

（2）逻辑功能分析　在基本 RS 触发器中，触发器的输出不仅由触发信号来决定，而且当触发信号消失后，电路能依靠自身的正反馈作用，将输出状态保持下去，即具备记忆功能。下面分析其工作情况。

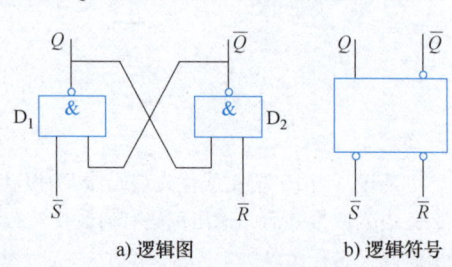

a) 逻辑图　　　　b) 逻辑符号

图 8-1　基本 RS 触发器

1）当 $\overline{S} = \overline{R} = 1$ 时，电路有两个稳定状态：$Q = 1$、$\overline{Q} = 0$ 或 $Q = 0$、$\overline{Q} = 1$，我们把前者称为 1 状态或置位状态，把后者称为 0 状态或复位状态。若 $\overline{S} = \overline{R} = 1$，这两种稳定状态将保持不变。例如，$Q = 1$、$\overline{Q} = 0$ 时，$\overline{Q}$ 反馈到 D_1 输入端，使 Q 恒为高电平 1；Q 反馈到 D_2，由于这时 $\overline{R} = 1$，使 $\overline{Q}$ 恒为低电平 0。因此，我们又把触发器称为双稳态电路。

2）当 $\overline{R} = 1$、$\overline{S} = 0$（即在 $\overline{S}$ 端加有低电平触发信号）时，$Q = 1$，D_2 门输入全为 1，$\overline{Q} = 0$，触发器被置成 1 状态。因此我们把 $\overline{S}$ 端称为置 1 输入端，又称置位端。这时，即使 $\overline{S}$ 端恢复到高电平，$Q = 1$，$\overline{Q} = 0$ 的状态仍将保持下去，这就是触发器的记忆功能。

3）当 $\overline{R} = 0$、$\overline{S} = 1$（即在 $\overline{R}$ 端加有低电平触发信号）时，$\overline{Q} = 1$，D_1 门输入全为 1，$Q = 0$，触发器被置成 0 状态。因此我们把 $\overline{R}$ 端称为置 0 输入端，又称复位端。这时，即使 $\overline{R}$ 端恢复到高电平，$Q = 0$，$\overline{Q} = 1$ 的状态也将继续保持下去。

4）当 $\overline{R} = 0$、$\overline{S} = 0$（即在 $\overline{R}$、$\overline{S}$ 端同时加有低电平触发信号）时，D_1 和 D_2 门的输出都为高电平，即 $Q = \overline{Q} = 1$，这是一种未定义的状态，既不是 1 状态，也不是 0 状态，在 RS 触发器中属于不正常状态，这种状态是不稳定的，我们称之为不定状态。在这种情况下，当 $\overline{R} = \overline{S} = 0$ 的信号同时消失变为高电平后，触发器转换到什么状态将不能确定，可能为 1 状态，也可能为 0 状态，因此，对于这种不定状态，在使用中是不允许出现的，应予以避免。

（3）逻辑功能的描述　在描述触发器的逻辑功能时，为了便于分析，我们规定：触发器在接收触发信号之前的原稳定状态称为初态，用 Q^n 表示；触发器在接收触发信号之后建立的新稳定状态叫作次态，用 Q^{n+1} 表示。触发器的次态 Q^{n+1} 是由触发信号和初态 Q^n 的值共同决定的。例如，在 $Q^n = 1$ 时，若 $\overline{S} = 0$、$\overline{R} = 1$，则 $Q^{n+1} = 1$，触发器的状态将维持不变；若 $\overline{S} = 1$、$\overline{R} = 0$，则 $Q^{n+1} = 0$，即触发器由 1 状态翻转到 0 状态。

在数字电路中，常采用下述两种方法来描述触发器的逻辑功能。

1）状态转换特性表。由上章内容可知，描述逻辑电路输出与输入之间逻辑关系的表格称为真值表。由于触发器次态 Q^{n+1} 不仅与输入的触发信号有关，而且与触发器初态 Q^n 有关，所以应把 Q^n 也作为一个逻辑变量（称为状态变量）列入真值表中，并把这种含有状态变量的真值表叫作触发器的状态转换特性表，简称特性表。基本 RS 触发器的特性表见表 8-1。表中，Q^{n+1} 与 Q^n、$\overline{R}$、$\overline{S}$ 之间的关系直观表达了 RS 触发器的逻辑功能。表 8-2 为简化的特性表。

2）时序图（又称波形图）。时序图是以波形图的方式来描述触发器的逻辑功能的。在图 8-1a 所示电路中，假设触发器的初态为 $Q = 0$、$\overline{Q} = 1$，触发信号 $\overline{R}$、$\overline{S}$ 的波形已知，则根据表 8-1 可画出 Q 和 $\overline{Q}$ 波形，如图 8-2 所示。

表 8-1　基本 RS 触发器状态转换特性表

$\overline{S}$	$\overline{R}$	Q^n	Q^{n+1}
1	1	0	0
1	1	1	1
1	0	0	0
1	0	1	0
0	1	0	1
0	1	1	1
0	0	0	不定
0	0	1	不定

表 8-2　简化的 RS 触发器特性表

$\overline{S}$	$\overline{R}$	Q^{n+1}
1	1	Q^n
1	0	0
0	1	1
0	0	不定

> **结论**：在正常工作条件下，当触发信号到来时（低电平有效），触发器翻转成相应的状态，当触发信号过后（恢复到高电平），触发器的状态将维持不变，因此，基本 RS 触发器具有记忆功能。

2. 或非门组成的基本 RS 触发器

或非门组成的基本 RS 触发器的逻辑图和逻辑符号如图 8-3 所示。

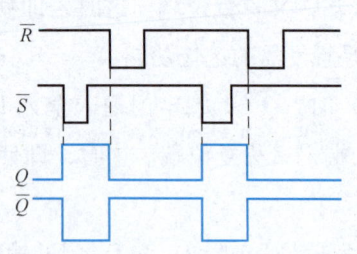

图 8-2　基本 RS 触发器时序图

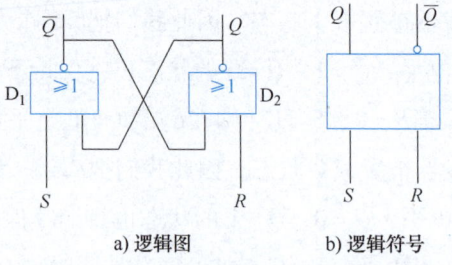

a) 逻辑图　　　b) 逻辑符号

图 8-3　或非门组成的基本 RS 触发器

触发信号输入端 R、S 在没有加触发信号时应处于低电平状态，当加触发信号时变为高电平（称为高电平有效）。例如，当 $R=1$、$S=0$ 时，D_2 输出低电平，D_1 输入全为 0 而使输出 $\overline{Q}=1$，即触发器被置成 0 状态。其特性表见表 8-3，时序图如图 8-4 所示。

表 8-3　或非门构成的 RS 触发器特性表

R	S	Q^{n+1}
0	0	Q^n
0	1	1
1	0	0
1	1	不定

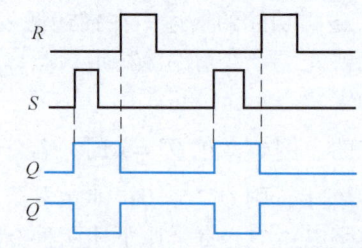

图 8-4　或非门构成的 RS 触发器时序图

二、同步 RS 触发器和 D 锁存器

前面介绍的基本 RS 触发器的触发信号直接控制着输出端的状态，而实际应用时，常常要求触发器的状态只在某一指定时段变化，这个时段可由外加时钟脉冲（简称 CP）来决定。由时钟脉冲控制的触发器称为同步触发器。同步触发器的时钟脉冲触发方式分为高电平有效和低电平有效两种类型。

同步RS触发器和同步D触发器

1. 同步 RS 触发器

（1）电路组成　同步 RS 触发器是同步触发器中最简单的一种，其逻辑图和逻辑符号如图 8-5 所示。图中 D_1 和 D_2 组成基本 RS 触发器，D_3 和 D_4 组成输入控制门电路。CP 是时钟脉冲信号，高电平有效，即 CP 为高电平时，输出状态可以改变，CP 为低电平时，触发器保持原状态不变。

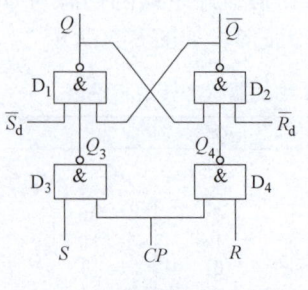

a) 逻辑图

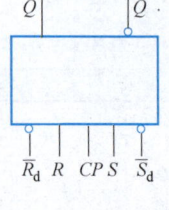

b) 逻辑符号

图 8-5　同步 RS 触发器

（2）逻辑功能分析

1）当 $CP=0$ 时，$Q_3=Q_4=1$，此时触发器保持原状态不变。

2）当 $CP=1$ 时，$Q_3=\bar{S}$，$Q_4=\bar{R}$，触发器将按基本 RS 触发器的规律发生变化。此时，同步 RS 触发器的状态转换特性表与表 8-3 相同。

（3）初始状态的预置　在实际应用中，有时需要在时钟脉冲 CP 到来之前，预先将触发器设置成某种状态，为此，在同步 RS 触发器电路中设置了直接置位端 $\bar{S}_d$ 和直接复位端 $\bar{R}_d$（均为低电平有效）。如果在 $\bar{S}_d$ 或 $\bar{R}_d$ 端加低电平，则可以直接作用于基本 RS 触发器，使其置 1 或置 0，不受 CP 脉冲限制，故 $\bar{S}_d$ 和 $\bar{R}_d$ 也称为异步置位端和异步复位端。初始状态预置完毕后，$\bar{S}_d$ 和 $\bar{R}_d$ 应处于高电平，触发器才能进入正常的同步工作状态。其工作情况可用图 8-6 所示的波形图来描述。

2. 同步 D 触发器

（1）电路组成　同步 D 触发器又称为 D 锁存器，其逻辑图和逻辑符号如图 8-7 所示。

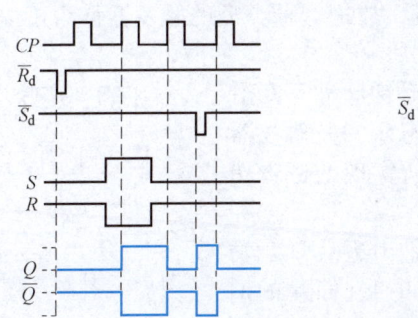

图 8-6　同步 RS 触发器时序波形图

a）逻辑图　　　b）逻辑符号

图 8-7　同步 D 触发器

与同步 RS 触发器相比，同步 D 触发器只有一个触发信号输入端 D 和一个同步信号输入端 CP，也可以设置直接置位端和直接复位端。

（2）逻辑功能分析　当 $CP=0$ 时，触发器状态保持不变。当 $CP=1$ 时，若 $D=0$，则触发器被置 0，$Q=0$；若 $D=1$，则触发器被置 1，$Q=1$。直接置位端和直接复位端的作用不受 CP 脉冲控制。同步 D 触发器的特性表和时序图不再给出，同学们可以自己分析。

3. 同步触发器的应用问题

同步脉冲（时钟脉冲）高电平有效的同步触发器，其状态在 $CP=1$ 时才可能变化，同步脉冲低电平有效的同步触发器，其状态在 $CP=0$ 时才可能变化。

同步触发器要求在 CP 有效期间 R、S 的状态或 D 的状态应保持不变，否则可能会引起触发器状态的相应变化，使触发器的状态不能严格地同步变化，从而失去同步的意义，因此，这种工作方式的触发器在应用中受到一定的限制，现已逐渐被边沿触发器所代替。

三、边沿触发器

边沿触发器的状态变化是由时钟脉冲 CP 控制，且只在某一特定的时刻（CP 上升沿或下降沿所对应的时刻）才发生变化，而在 CP 持续期间，触发器的状态保持不变。与同步触发器相比，边沿触发器的抗干扰能力和工作可靠性有了较大提高。

边沿JK触发器和边沿D触发器

按触发器状态变化所对应的 CP 时刻的不同，可把边沿触发器分为 CP 上升沿触发方式和 CP 下降沿触发方式，也称 CP 正边沿触发方式和 CP 负边沿触发方式。按实现的逻辑功能不同，可把边沿触发器分为边沿 D 触发器和边沿 JK 触发器，下面分别予以介绍。

1. 边沿 D 触发器

（1）逻辑符号　边沿 D 触发器的逻辑符号如图8-8所示。图中，$\overline{R}_d$ 为异步直接复位端，$\overline{S}_d$ 为异步直接置位端，D 为数据信号输入端。符号图中 $\overline{R}_d$、$\overline{S}_d$ 端的小圆圈表示低电平有效。该触发器为 CP 上升沿触发（图中，CP 端若有小圆圈表示触发器为 CP 下降沿触发）。

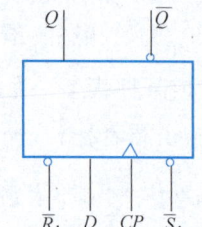

（2）逻辑功能　当 $CP=0$ 或 $CP=1$ 时，触发器的状态保持不变。当 CP 下降沿到来时，触发器的状态也保持不变。只有在 CP 上升沿到来的时刻，触发器的状态才会发生变化。若这一时刻 $D=0$，触发器的状态将被置0；若这一时刻 $D=1$，触发器的状态将被置1。

图 8-8　边沿 D 触发器的逻辑符号

综上所述，这种边沿触发器的状态只有在 CP 的上升沿到来时才可能改变，除此之外，在 CP 的其他任何时刻，触发器都将保持状态不变，故把这种类型的触发器称为正边沿触发器或上升沿触发器。

除上述正边沿触发的 D 触发器之外，还有在时钟脉冲下降沿触发的负边沿 D 触发器，与正边沿 D 触发器相比较，只是触发器翻转时所对应的时钟脉冲 CP 的触发沿不同，其所实现的逻辑功能均相同，在此不再赘述。

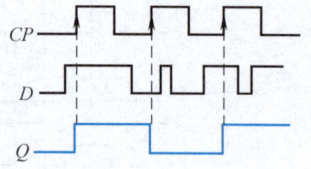

（3）逻辑功能描述　根据以上分析，可以归纳出边沿 D 触发器在 CP 上升沿到来时的状态转换特性表，见表8-4，简化的 D 触发器特性表见表8-5，时序图如图8-9所示。

图 8-9　D 触发器时序图

表8-4　D 触发器状态转换特性表

CP	D	Q^n	Q^{n+1}
↑	0	0	0
↑	0	1	0
↑	1	0	1
↑	1	1	1

表8-5　D 触发器特性表

CP	D	Q^{n+1}
↑	0	0
↑	1	1

例8-1　已知某 D 触发器的逻辑符号如图8-8所示，试根据图8-9的 CP 和 D 的波形，画出触发器输出端 Q 的波形。

解　①**判断触发器的类型**：根据图8-8知，此触发器为上升沿 D 触发器。在 CP 脉冲图上画出上升沿箭头。

②**确定 D 值**：沿 CP 脉冲的上升沿时刻，画出虚线，在 D 波形上截取相应时刻的 D 值。

③**确定 Q^{n+1} 的值**：根据 CP 脉冲的上升沿时刻的 D 值，查表8-5（要求记忆），即可确定触发器该时刻的新状态 Q^{n+1} 的值。

第一个 CP 脉冲上升沿时刻，$D=1$ 则 $Q^{n+1}=1$，触发器的输出端 Q，从初始状态0置1态。第二个 CP 脉冲上升沿时刻，$D=0$，则 $Q^{n+1}=0$，触发器的输出端 Q，从原状态置0态。第三个 CP 脉冲上升沿时刻，$D=1$，则 $Q^{n+1}=1$，即触发器的输出端 Q 从原状态置1态。

④**画 Q 波形**：根据步骤③的结果，画出触发器的输出端 Q 的波形如图8-9所示。

另外，因为构成逻辑门电路的晶体管在进行状态转换时需要一定的时间，所以逻辑门在进行状态转换过程中，输出状态的转换不可避免地滞后于输入触发信号，即会产生一定的延迟。在触发器电路中，要保证触发器工作可靠，触发器时钟脉冲的工作频率应有限制，不能超过其最高工作频率。

（4）边沿 D 触发器的应用实例　74HC74 是一种集成正边沿双 D 触发器，内含两个上升沿触发的 D 触发器。图 8-10 是利用 74HC74 构成的单按钮电子转换开关电路，该电路只利用一个按钮即可实现电路的接通与断开。

图 8-10 电路中，74HC74 的 D 端和 $\overline{Q}$ 相连接，即 D 的状态总是和 $\overline{Q}$ 的状态相同，和 Q 的状态相反。每按一次按钮 S，相当于为触发器提供一个时钟脉冲上升沿，

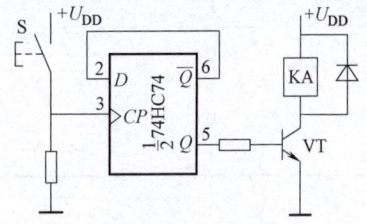

图 8-10　74HC74 应用电路

触发器状态翻转一次。假设触发器原来处于 0 状态，即 $Q = 0$、$D = \overline{Q} = 1$，当按下 S 时，触发器的状态由 0 翻转为 1，即 $Q = 1$、$D = \overline{Q} = 0$。当再次按下 S 时，触发器的状态又由 1 翻转到 0。Q 端经晶体管 VT 驱动继电器 KA，利用 KA 控制的开关即可控制其他电路。

2. 边沿 JK 触发器

（1）逻辑符号　JK 触发器的逻辑符号如图 8-11 所示，其中图 8-11a 为 CP 上升沿触发，图 8-11b 为 CP 下降沿触发，除此之外，二者的逻辑功能完全相同。图中 J、K 为触发信号输入端，$\overline{R}_d$ 为直接复位端，$\overline{S}_d$ 为直接置位端，二者均为低电平有效。

（2）逻辑功能　下降沿触发的 JK 触发器逻辑功能见表 8-6，表 8-7 为 JK 触发器简化的功能表，时序图如图 8-12 所示。从表中可以看出，当直接复位端和直接置位端不起作用（都为高电平）时，JK 触发器有四种功能：当 CP 脉冲的触发沿到来时，若 J、K 同时为 0，则触发器的状态保持不变；若

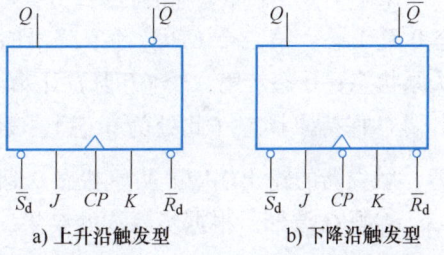

a) 上升沿触发型　　b) 下降沿触发型

图 8-11　边沿 JK 触发器

$J = 0$、$K = 1$，则触发器被置 0；若 $J = 1$、$K = 0$，则触发器被置 1；若 $J = 1$、$K = 1$，则触发器的状态和原状态相反，即 $Q^{n+1} = \overline{Q}^n$，触发器的状态翻转。

表 8-6　JK 触发器逻辑功能表

CP	$\overline{S}_d$	$\overline{R}_d$	J	K	Q^n	Q^{n+1}	功能名称
×	0	1	×	×	×	1	直接置1
×	1	0	×	×	×	0	直接置0
↓	1	1	0	0	0	0	保持
↓	1	1	0	0	1	1	保持
↓	1	1	0	1	0	0	置0
↓	1	1	0	1	1	0	置0
↓	1	1	1	0	0	1	置1
↓	1	1	1	0	1	1	置1
↓	1	1	1	1	0	1	翻转
↓	1	1	1	1	1	0	翻转

表8-7 JK触发器简化功能表

J	K	Q^{n+1}
0	0	Q^n
0	1	0
1	0	1
1	1	$\overline{Q^n}$

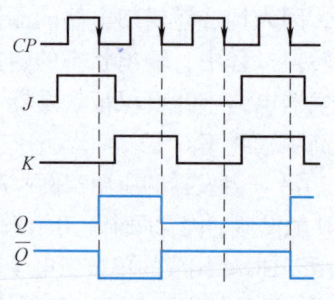

图8-12 下降沿JK触发器时序图

例8-2 已知某JK触发器的逻辑符号如图8-11b所示，试根据图8-12的CP和J、K波形，画出Q和$\overline{Q}$的波形。

解 ①**判断触发器的类型**：根据图8-11b可知，此触发器为下降沿JK触发器。在CP脉冲图上画出下降沿箭头。

②**确定J、K值**：沿CP脉冲的下降沿时刻，画出虚线，在J、K波形上截取相应时刻的J、K值。

③**确定Q^{n+1}的值**：根据CP脉冲的下降沿时刻的J、K值，查表8-7（要求记忆），即可确定触发器该时刻的新状态Q^{n+1}的值。

第一个CP脉冲下降沿时刻，$J=1$，$K=0$，则$Q^{n+1}=1$，触发器的输出端Q，从初始状态0置1态。第二个CP脉冲下降沿时刻，$J=0$，$K=1$，则$Q^{n+1}=0$，触发器的输出端Q，从原状态置0态。第三个CP脉冲下降沿时刻，$J=0$，$K=0$，则$Q^{n+1}=Q^n$，即触发器的输出端Q保持原状态（此处为0态）。第四个CP脉冲下降沿时刻，$J=1$，$K=1$，则$Q^{n+1}=\overline{Q^n}$，触发器的输出端Q，从原状态0翻转到1态。

④**画Q波形**：根据步骤③的结果，画出触发器的输出端Q的波形如图8-12所示。

⑤**画$\overline{Q}$波形**：$\overline{Q}$的波形与Q的波形相反。$\overline{Q}$的波形如图8-12所示。

（3）边沿JK触发器的应用实例 74HC112内含两个下降沿JK触发器，图8-13a是利用74HC112组成的二分频和四分频电路。所谓分频，是指电路输出信号的频率是输入信号频率的$1/N$（其中N为整数，即分频次数），也就是说，输出信号的周期是输入信号周期的N倍。

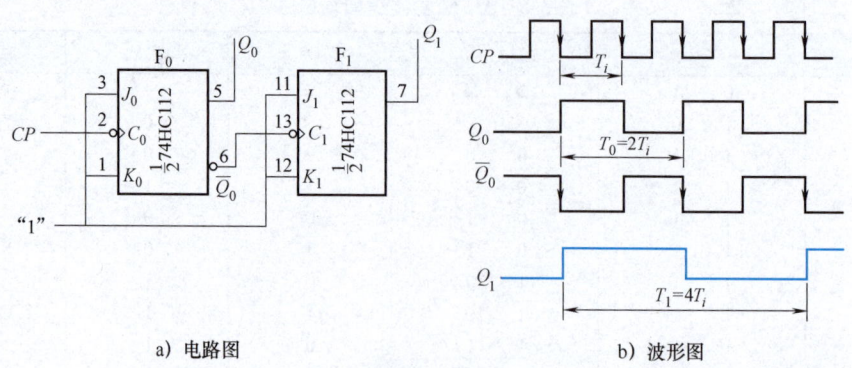

a）电路图　　　　　　　　b）波形图

图8-13 74HC112构成的分频电路

图 8-13 电路中，两个 JK 触发器的输入端均接高电平 1，由 JK 触发器的功能表可知，两个触发器在相应的时钟脉冲下降沿到来时均应翻转。这里，F_0 触发器的时钟脉冲输入端接时钟脉冲信号 CP，其输出端 $\overline{Q_0}$ 接 F_1 触发器的时钟端，作为 F_1 的时钟信号，因此，F_1 只有在 $\overline{Q_0}$ 的下降沿才翻转。

假设电路开始工作时，各级触发器的起始状态均为 0，即 $Q_0 = Q_1 = 0$、$\overline{Q_0} = \overline{Q_1} = 1$。在第一个 CP 的下降沿到来时，F_0 发生翻转，Q_0 由 0 状态变为 1 状态，$\overline{Q_0}$ 由 1 状态变为 0 状态，$\overline{Q_0}$ 的下降沿又使 F_1 发生翻转，Q_1 由 0 状态变为 1 状态。在第二个 CP 的下降沿到来时，F_0 又由 1 状态变为 0 状态，此时，由于 $\overline{Q_0}$ 为上升沿，所以 F_1 不翻转，Q_1 的状态不变。同理，在第三个 CP 的下降沿到来时，F_0、F_1 又同时发生翻转。这样，当不断输入 CP 脉冲时，就可以从 Q_0、Q_1 端分别得到相对于 CP 频率的二分频和四分频信号输出。其波形图如图 8-13b 所示。

第二节　计　数　器

一、计数器的功能和分类

计数器是一种应用广泛的时序逻辑电路，它不仅可用来对脉冲计数，而且还常用于数字系统的定时、延时、分频及构成节拍脉冲发生器等。

计数器的种类繁多，按计数长度可分为二进制、十进制及 N 进制计数器。按计数脉冲的引入方式可分为异步工作方式和同步工作方式两类。按计数的增减趋势可分为加法、减法及可逆计数器。

计数器的
分类和功能

无论哪种类型的计数器，其组成和其他时序电路一样，都含有存储单元（这里通称为计数单元），有时还增加一些组合逻辑门电路，其中存储单元是由触发器构成的。

二、异步计数器

异步计数器是指计数脉冲没有同时加到所有触发器的 CP 端。当计数器脉冲到来时，各触发器的翻转时刻不同，所以，在分析异步计数器时，要特别注意各触发器翻转所对应的有效时钟条件。

异步二进制计数器是计数器中最基本、最简单的电路，由多个触发器连接而成，计数脉冲一般加到最低位触发器的 CP 端，其他各级触发器由相邻低位触发器的输出信号来触发。

1. 异步二进制加法计数器

图 8-14 所示电路是利用三个下降沿 JK 触发器构成的异步二进制加法计数器。计数脉冲 CP 加至最低位触发器 F_0 的时钟端，低位触发器的 Q 端依次接到相邻高位触发器的时钟端，因此，它是异步计数器。

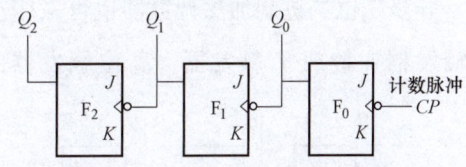

图 8-14　异步二进制加法计数器

图 8-14 中，JK 触发器的 J、K 输入端为高电平[⊖]。根据 JK 触发器的逻辑功能可知，当 JK 触发器的 J、K 端同时为 1 时，每来一个时钟脉冲，对应着时钟脉冲的触发沿，触发器的

⊖　图 8-14 中触发器为 TTL 电路，J、K 端悬空，就相当于接高电平。

状态都将翻转一次，具有这种功能的触发器也叫作计数工作方式的触发器，简称 T' 触发器。电路工作时，每输入一个计数脉冲，F_0 的状态翻转计数一次，而高位触发器是在其相邻的低位触发器从 1 状态变为 0 状态时才进行翻转计数的，如 F_1 是在 Q_0 由 1 状态变为 0 状态时翻转，F_2 是在 Q_1 由 1 状态变为 0 状态时翻转，除此条件外，F_1、F_2 都保持原来状态。该计数器的状态转换特性表见表 8-8，时序图如图 8-15 所示。

表8-8　状态转换特性表

计数脉冲 CP 序号	计数器状态			计数脉冲 CP 序号	计数器状态		
	Q_2	Q_1	Q_0		Q_2	Q_1	Q_0
0	0	0	0	5	1	0	1
1	0	0	1	6	1	1	0
2	0	1	0	7	1	1	1
3	0	1	1	8	0	0	0
4	1	0	0				

计数器的状态转换规律也可以采用图 8-16 所示的状态转换图来表示。状态转换图是用图形的方式来描述各触发器的状态转换关系的。图中，各圆圈内的数字表示三个触发器 $Q_2Q_1Q_0$ 的状态，箭头表示计数脉冲 CP 到来后各触发器的状态转换方向。可以看出，若把三个触发器 $Q_2Q_1Q_0$ 的状态看成是一个二进制数，则每来一个计数脉冲，计数器的状态加 1，所以它是一个异步 3 位二进制加法计数器。

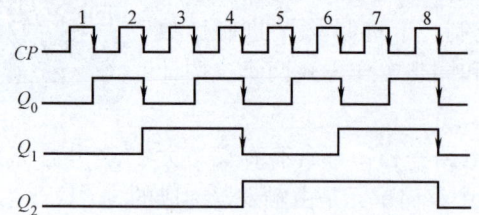

图8-15　异步二进制加法计数器时序图

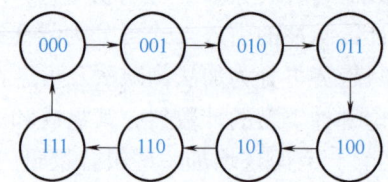

图8-16　异步二进制加法计数器状态转换图

另外，通过图 8-15 所示的时序图还可看出：Q_0 的频率只有 CP 的 1/2，Q_1 的频率只有 CP 的 $1/4(1/2^2)$，Q_2 的频率为 CP 的 1/8（$1/2^3$），即计数脉冲每经过一级触发器，输出脉冲的频率就减小 1/2，因此，计数器还具有分频功能。由 n 个触发器构成的二进制计数器，其末级触发器输出脉冲的频率为 CP 的 $1/2^n$，即可以对 CP 进行 2^n 分频。

异步 3 位二进制加法计数器也可采用上升沿 D 触发器来构成，如图 8-17a 所示。图中各 D 触发器连接成 T' 触发器，高位触发器的时钟端接相邻低位触发器的 $\overline{Q}$ 端，其时序图如

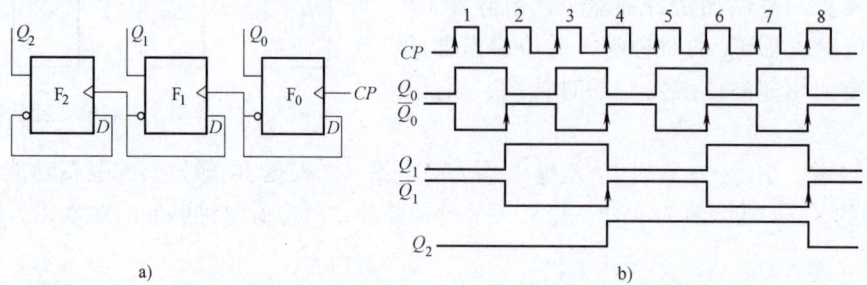

a)　　　　　　　　　　　　　　b)

图8-17　上升沿触发的异步 3 位二进制加法计数器

图 8-17b 所示。

2. 异步十进制加法计数器

虽然二进制计数器具有电路简单、运算方便等优点，但人们常用的毕竟是十进制数，因此，在数字系统中还经常用到十进制计数器。

一位十进制数有 0~9 十个数码，即一位十进制计数器应该有十个不同的状态。由于一个触发器可以表示两种状态，组成一位十进制计数器需要 4 个触发器。4 个触发器共有 $2^4 =$ 16 种不同的状态，我们可以从 16 种状态中选取 10 种状态（称为有效状态）分别表示 0、1、2、3、4、5、6、7、8、9 这十个数码，其余的 6 种多余状态（称为无效状态）不用，使计数器的状态按十进制计数规律变化，这样就得到一位十进制计数器。十进制计数器的编码方法有多种，常用的是 8421BCD 码。

异步十进制计数器通常是在二进制计数器基础上，通过一定的方法消除多余的无效状态后实现的，并且一旦电路误入多余的无效状态后，它应具有自启动功能。所谓自启动，是指计数器由于某种原因进入无效状态时，在时钟脉冲连续作用下，能自动地从无效状态返回到有效状态，正常工作后，又重新在有效状态中循环。

图 8-18 所示是由 4 个 JK 触发器构成的 8421 码异步十进制加法计数器，该电路具有自启动和向高位计数器进位的功能。下面分析其计数原理。

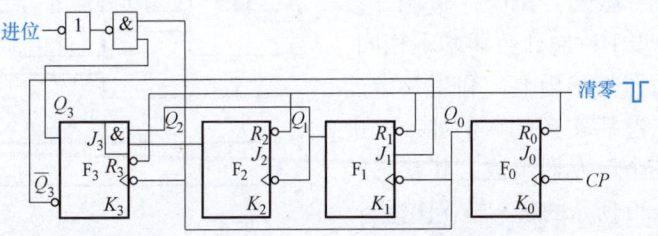

图 8-18　异步十进制加法计数器

由图可知，F_0~F_2 中除 F_1 的 J_1 端与 F_3 的 $\overline{Q_3}$ 端连接外，其他输入端均为高电平（图中使用的触发器假定为 TTL 电路，输入端悬空，相当于高电平），由此可知，在 F_3 触发器翻转前，即从 0000 起到 0111 为止，$\overline{Q_3} = 1$，F_0~F_2 的翻转情况与 3 位二进制加法计数器相同。当经过 7 个计数脉冲 CP 后，F_3~F_0 的状态为 0111 时，$Q_2 = Q_1 = 1$，使 F_3 的两个 J_3 输入端均为 1（$J_3 = Q_1 Q_2$），为 F_3 由 0 状态变为 1 状态准备了条件。当第 8 个计数脉冲 CP 输入后，F_0~F_2 均由 1 状态变为 0 状态，F_3 由 0 状态变为 1 状态，即 4 个触发器的状态变为 1000。此时 $Q_3 = 1$，$\overline{Q_3} = 0$，因 $\overline{Q_3}$ 与 J_1 端相连，所以 $J_1 = 0$，而 $K_1 = 1$，使下一次由 F_0 来的负脉冲（Q_0 由 1 变为 0 时）只能使 F_1 置 0，F_1 将保持不变。

第 9 个计数脉冲到来后，计数器的状态为 1001，同时进位端由 0 变为 1。

当第 10 个计数脉冲到来后，Q_0 产生负跳变（由 1 变为 0），由于 $\overline{Q_3} = 0$，F_1 不翻转，但 Q_0 能直接触发 F_3，使 Q_3 由 1 变 0，从而使 4 个触发器跳过 1010~1111 六个状态而复位到初始状态 0000，同时进位端 C 由 1 变为 0，产生一个负跳变，向高位计数器发出进位信号。这样便实现了十进制加法计数功能。

异步十进制加法计数器状态转换特性表见表 8-9，时序图如图 8-19 所示。

表 8-9   异步十进制加法计数器状态转换特性表

计数脉冲 CP 序号	计数器状态				进　位	对应十进制数
	Q_3	Q_2	Q_1	Q_0		
0	0	0	0	0	0	0
1	0	0	0	1	0	1
2	0	0	1	0	0	2
3	0	0	1	1	0	3
4	0	1	0	0	0	4
5	0	1	0	1	0	5
6	0	1	1	0	0	6
7	0	1	1	1	0	7
8	1	0	0	0	0	8
9	1	0	0	1	1	9
10	0	0	0	0	0	0

3. 异步 N 进制计数器

除了二进制和十进制计数器之外，在实际工作中，往往还需要其他不同进制的计数器，例如，时钟秒、分、小时之间的关系或工业生产线上产品包装个数的控制等，我们把这些计数器称为 N 进制计数器。异步 N 进制计数器的构成方式和异步十进制计数器基本相同，也是在二进制计数器的基础上，利用一定的方法跳过多余的状态后实现的。例如，五进制计数器可以用三个触发器组成，其状态转换规律可以按图 8-20 所示的状态转换图进行。

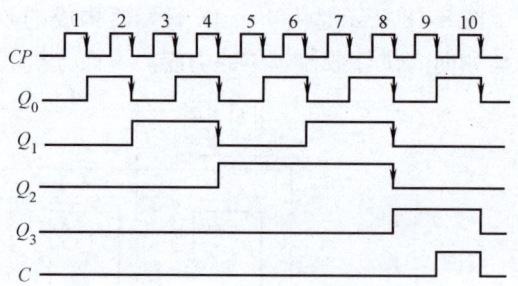

图 8-19   异步十进制加法计数器时序图

从图中可以看出，每经过 5 个时钟脉冲后，计数器的状态循环变化一次，故计数容量为 5，为五进制计数器。

由于组成异步计数器的各触发器翻转时刻不同，因而工作速度低。为提高计数器的工作速度，可以采用同步工作方式的计数器，即同步计数器。

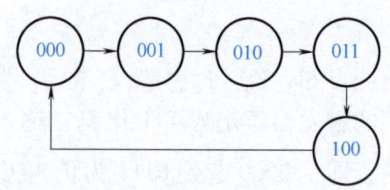

图 8-20   五进制计数器的状态转换图

三、同步计数器

所谓同步计数器，就是将计数脉冲同时加到各触发器的时钟输入端，使各触发器在计数脉冲到来时同时翻转。

1. 同步二进制加法计数器

由三个 JK 触发器构成的同步 3 位二进制加法计数器的逻辑图如图 8-21a 所示，CP 是输入的计数脉冲。由图可以看出：对于最低位的 F_0 触发器，每输入一个计数脉冲，其输出状态翻转一次；对于 F_1 触发器，只有当 F_0 为 1 态时，在下一个计数脉冲到来时才翻转；对于触发器 F_2，只有在 F_0、F_1 全为 1 态时，在计数脉冲的作用下才翻转。其时序图如图 8-21b 所示，与异步二进制计数器的时序图完全相同。不过，异步工作方式的计数器各触发器的状态转换不是由同一个触发脉冲触发的，通常是低位触发器的状态先翻转，其输出再去触发高位触发器，各触发器状态的翻转不是同一时刻进行的，但同步工作方式的计数器触发器的状态是由同一个触发脉冲触发的。同步 3 位二进制计数器的状态转换特性表与异步二进制计数器也完全相同，见表 8-8。

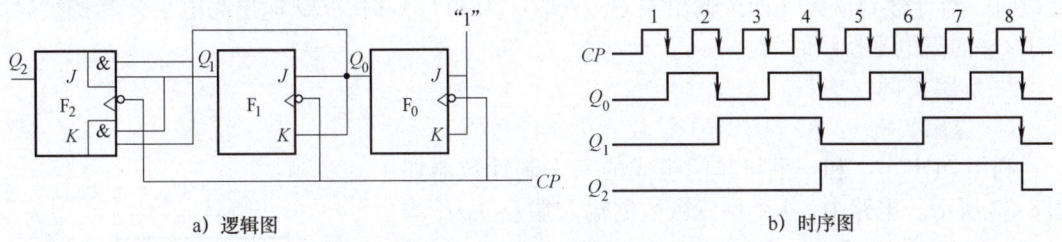

a) 逻辑图　　　　　　　　　　　　　　　　b) 时序图

图 8-21　同步 3 位二进制加法计数器

2. 同步十进制计数器

和异步十进制计数器的构成一样，若在同步二进制计数器的基础上通过一定的方法跳过多余的无效状态后，也可构成同步十进制计数器，其电路不再给出。同步十进制计数器的时序图和状态转换特性表与异步十进制计数器的完全相同。

通过上述分析可以看出，与异步计数器相比，由于异步计数器的触发信号通常是逐级传递的，触发信号要被延时，因而使其计数速度受到限制，工作频率不能太高；而同步计数器的计数脉冲是同时触发计数器中的全部触发器，各触发器的翻转与 CP 同步，所以工作速度较快，工作频率较高。

四、通用集成计数器

目前使用的计数器通常是集成计数器。为了增强集成计数器的功能，集成计数器通常设有一些附加功能，称为通用集成计数器，这样，就可以用通用集成计数器组成各种进制的计数器。下面介绍典型的集成计数器 74HC161。

通用集成计数器的应用

74HC161 是一种可预置数的同步计数器，在计数脉冲上升沿作用下进行加法计数，其主要功能如下。

1. 清零

74HC161 有一个低电平有效的异步（直接）清零端 $\overline{R}$，当异步清零端 $\overline{R}$ 为低电平时，可使计数器直接清零，这种清零方式称为异步（直接）清零。

2. 预置数

在实际工作中，有时在开始计数前，需将某一设定数据预先写入到计数器中，然后在计数脉冲 CP 的作用下，从该数值开始作加法或减法计数，这种过程称为预置数。74HC161 有 4 个并行预置数数据输入端 $D_0 \sim D_3$ 和一个低电平有效的预置数控制端 $\overline{LD}$。当预置数控制端 $\overline{LD}$ 为低电平时，在计数脉冲 CP 上升沿的作用下，并行预置数数据输入端 $D_0 \sim D_3$ 所输入的数据被送入计数器，使计数器的状态和并行预置数数据输入端的状态相同，这种预置数方式称为同步预置数。当 $\overline{LD}$ 为高电平时，预置数数据输入端不起作用。

3. 计数控制

74HC161 有两个计数控制端 ET 和 EP，当计数控制端 ET 和 EP 均为高电平时，在 CP 上升沿的作用下计数器进行计数，$Q_0 \sim Q_3$ 同步变化；当 ET 或 EP 有一个为低电平时，则禁止计数。

4. 进位

74HC161 有一个进位输出端 CO，该输出端在其他情况下为低电平，只有当计数器的 $ET = 1$，并且计数器的输出全部为 1 时，CO 才为高电平，即 $CO = Q_3 Q_2 Q_1 Q_0 \cdot ET$。计数器计数时，当计数到最大（四个输出端 $Q_3 Q_2 Q_1 Q_0$ 为 1111）时，CO 输出高电平，其持续时间等于 Q_0 的高电平持续时间。

5. 实用实例

1）应用实例 1：将 74HC161 接成六进制计数器。

利用 74HC161 和一个与非门组成的六进制计数器如图 8-22 所示。电路中，4 个预置数数据输入端 $D_0 \sim D_3$ 均接低电平，清零端 $\overline{R}$ 接高电平，Q_2、Q_0 经与非门与预置数控制端 $\overline{LD}$ 相连。不难分析，当计数器计到 $Q_3 Q_2 Q_1 Q_0 =$ 0101（对应十进制数 5）时，$\overline{LD}$ 为低电平，在第 6 个 CP 上升沿到来后将 $D_3 D_2 D_1 D_0 = 0000$ 的数据置入计数器，使 $Q_3 Q_2 Q_1 Q_0 = 0000$，所以计数器的输出只有 0000 ~ 0101 六种有效状态，计数器为六进制计数器。

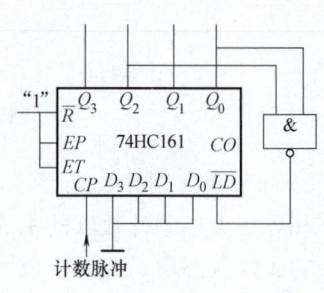

图 8-22　74HC161 构成的六进制计数器

2）应用实例 2：74HC161 的级联。

当需要位数更多的计数器时，可按如图 8-23 所示电路进行级联。图中，同步清零端 $\overline{R}$、预置数控制端 $\overline{LD}$ 及计数脉冲端 CP 均分别并接在一起。第一级（最低位）的计数控制端 EP 和 ET 接 $+U_{DD}$，使它处于计数状态。第一级的进位输出端 CO 接第二级的 ET，第二级的进位输出端 CO 接第三级的 ET；第二级和第三级的 EP 接 $+U_{DD}$。这样只有当第一级的输出状态 $Q_3 Q_2 Q_1 Q_0 = 1111$，进位输出端 CO 为高电平时，第二级才能计数。只有当第一级和第二级的 8 个输出状态为 11111111（都为 1）时，第一级的进位输出端 CO（第二级的 ET 端）为高电平，第二级的 CO 也为高电平，第三级才能计数。三级的 EP 端也可以接在一起，作为整个计数器的计数控制端，为 1 时计数器计数，为 0 时计数器状态保持不变。

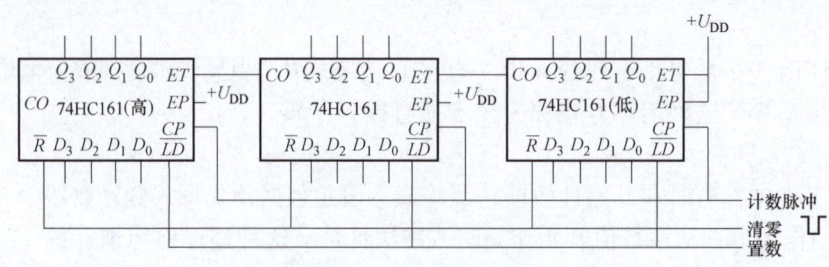

图 8-23　74HC161 的级联电路

第三节　寄　存　器

一、寄存器的功能和分类

数码寄存器和移位寄存器

在数字系统中，常常需要将一些数码存放起来，以便随时调用，这种存放数码的逻辑部件称为寄存器。寄存器必须具有记忆单元——触发器。因为触发器具有 0 和 1 两个稳定状态，所以一个触发器只能存放一位二进制数码，存放

N 位数码就应具备 N 个触发器。

寄存器一般都是在时钟脉冲的作用下把数据存放或送出触发器的，故寄存器还必须具有起控制作用的电路，以保证信号的接收和清除。

寄存器按所具备的功能不同可分为两大类：数码寄存器和移位寄存器。

二、数码寄存器

数码寄存器只具有接收数码和清除原有数码的功能，在数字电路系统中，常用于暂时存放某些数据。

1. 数码寄存器原理

图 8-24 是一个由 4 个 D 触发器构成的 4 位数码寄存器。4 个触发器的数据输入端 $D_3 \sim$ D_0 作为寄存器的数码输入端，时钟脉冲输入端 CP 接在一起，作为送数脉冲控制端。这样，在 CP 上升沿的作用下，就可以将 4 位数码寄存到 4 个触发器中。

在上述数码寄存器中要特别注意，由于触发器为边沿触发，故在送数脉冲 CP 的触发沿到来之前，输入的数码一定要预先准备好，以保证触发器的正常寄存。

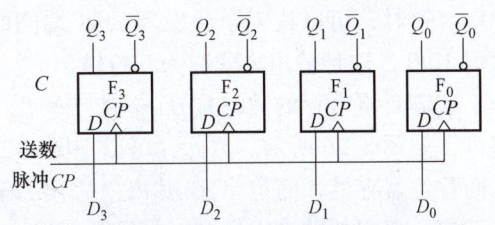

图 8-24　4 位数码寄存器

2. 集成数码寄存器

将构成寄存器的各个触发器以及有关控制逻辑门集成在一个芯片上，就可以得到集成数码寄存器。集成数码寄存器种类较多，常见的由触发器构成的有四 D 触发器（如 74HC175）、六 D 触发器（如 74HC174）及八 D 触发器（如 74HC374、74HC377）等。由锁存器（同步 D 触发器）组成的寄存器，常见的有八 D 型锁存器（如 74HC373）。锁存器与触发器的区别是：锁存器的时钟脉冲触发方式为电平触发，此时，时钟脉冲信号又称为使能信号，分高电平有效和低电平有效两种。当使能信号有效时，由锁存器组成的寄存器，其输出跟随输入数码的变化而变化（相当于输入直接接到输出端）；当使能信号结束时，输出保持使能信号跳变时的状态不变，因此，这一类寄存器有时也称为"透明"寄存器。

三、移位寄存器

移位寄存器除具有存储数码的功能外，还具有使存储的数码移位的功能。所谓移位功能，是指寄存器中所存的数据可以在移位脉冲作用下逐次左移或右移。根据数码在寄存器中移动情况的不同，又可把移位寄存器分为单向移位型和双向移位型。从输入数码和输出数码的方式来看，又可分为串入、并入，串出、并出等。

1. 单向移位寄存器

图 8-25 所示是用 D 触发器组成的单向移位寄存器。其中每个触发器的输出端 Q 依次接

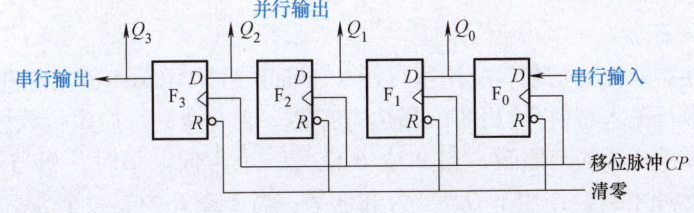

图 8-25　单向移位寄存器

到高一位触发器的 D 端，只有第一个触发器 F_0 的 D 端接收数据。所有触发器的复位端 R 并联在一起作为清零端，时钟端并联在一起作为移位脉冲输入端 CP，所以它是同步时序电路。

每当移位脉冲上升沿到来时，输入数据便一个接一个地依次移入 F_0，同时每个触发器的状态也依次转移给高一位触发器，这种输入方式称为串行输入。假设输入的数码为 1011，那么在移位脉冲作用下，寄存器中数码移动过程的时序图如图 8-26 所示。可以看到，当经过 4 个 CP 脉冲后，1011 这 4 位数码就全部移入寄存器中，$Q_3 Q_2 Q_1 Q_0 = 1011$，这时，可以从 4 个触发器的 Q 端同时输出数码 1011，这种输出方式称为并行输出。

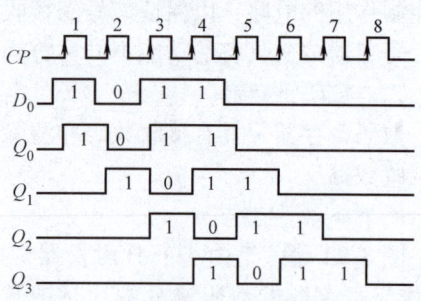

图 8-26　单向移位寄存器数码移动过程时序图

若需要将寄存的数据从 Q_3 端依次输出（即串行输出），则只需要再输入几个移位脉冲即可，如图 8-26 所示。因此，可以把图 8-25 所示电路称为串行输入、并行输出、串行输出单向移位寄存器，简称串入/并出（串出）移位寄存器。

移位寄存器的输入也可以采用并行输入方式。图 8-27 所示是一个串行或并行输入、串行输出的移位寄存器电路。在并行输入时，采用了两步工作方式：第一步先用清零负脉冲把所有触发器清零；第二步利用送数正脉冲，打开与非门，通过触发器的直接置位端 S 输入数据，然后，再在移位脉冲作用下进行数码移位。

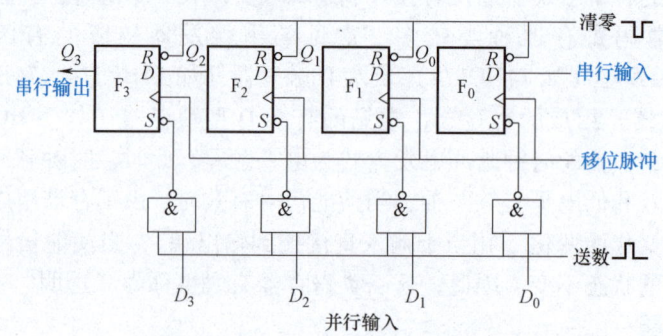

图 8-27　串并输入/串行输出移位寄存器

在上述各单向移位寄存器中，数码的移动情况是自右向左，完成自低位至高位的移动功能，所以又称为左移位寄存器。若将各触发器连接的顺序调换一下，让左边触发器的输出作为右邻触发器的数据输入，也可构成右移位寄存器。

另外，若在单向移位寄存器中再添加一些控制门，可以构成在控制信号作用下既能左移又能右移的双向移位寄存器。

2. 集成移位寄存器

集成移位寄存器的种类较多，应用很广泛，下面介绍 74HC164 的功能和应用。

74HC164 为串行输入/并行输出 8 位移位寄存器。它有两个可控串行数据输入端 A 和 B，串行输入的数据等于二者的与逻辑。当 A 或 B 任意一个为低电平时，相当于输入的数据为 0，在时钟端 CP 脉冲上升沿作用下 Q_0^{n+1} 为低电平；当 A 或 B 中有一个为高电平时，就相当于从另一个串行数据输入端输入数据，并在 CP 脉冲上升沿作用下决定 Q_0^{n+1} 的状态。

图 8-28 所示电路是利用 74HC164 构成的发光二极管循环点亮/熄灭控制电路。电路中，Q_7 经反相器与串行输入端 A 相连，B 接高电平。R、C 构成上电复位电路，当电路的直流电源才接通时，电容 C 两端的电压为零，直接清零端 $\bar{R}$ 为低电平，使 74HC164 的输出全部清零，随后，电容 C 被充电到高电平，清零端 $\bar{R}$ 就不起作用了。

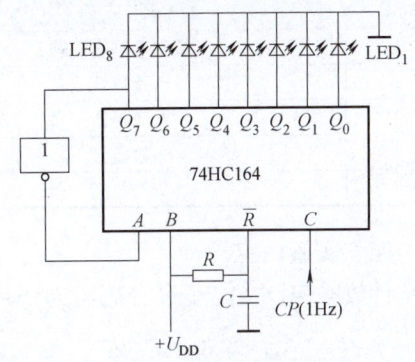

图 8-28　发光二极管循环点亮/熄灭控制电路

电路接通电源后，$Q_7 \sim Q_0$ 均为低电平，发光二极管 $\text{LED}_1 \sim \text{LED}_8$ 不亮，这时 A 为高电平。当第一个秒脉冲 CP 的上升沿到来后，Q_0 变为高电平，LED_1 被点亮，第二个秒脉冲 CP 上升沿到来后，Q_1 也变为高电平，LED_2 被点亮，这样依次进行下去，经过 8 个 CP 上升沿后，$Q_0 \sim Q_7$ 均变为高电平，$\text{LED}_1 \sim \text{LED}_8$ 均被点亮，这时 A 为低电平。同理，再来 8 个 CP 后，$Q_0 \sim Q_7$ 又依次变为低电平，$\text{LED}_1 \sim \text{LED}_8$ 又依次熄灭。

当需要位数更多的移位寄存器时，可利用多片 74HC164 进行级联。图 8-29 是利用两片 74HC164 级联组成的 16 位移位寄存器。电路中各级采用公用的时钟脉冲和清零脉冲，低位的 A、B 并联在一起作为串行数据输入端，Q_7 与高位的 A、B 端相连。在移位脉冲的作用下，从串行数据输入端向 IC_1 输入数据，同时 IC_1 的 Q_7 状态又送入 IC_2。

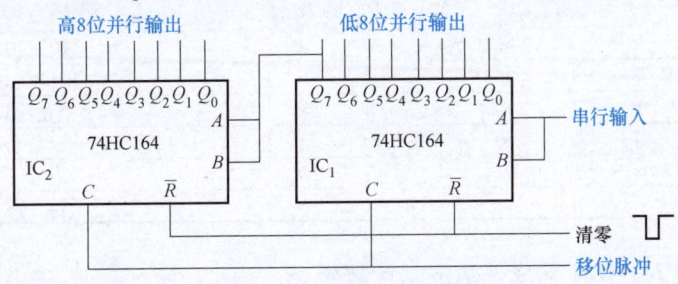

图 8-29　74HC164 的级联

实验七　计数器的应用

一、实验目的
1）熟悉中规模集成计数器构成任意进制计数器的方法。
2）掌握集成计数器 74LS161 的级联应用方法。

二、预习要求
1）掌握集成计数器构成任意进制计数器的方法。
2）复习计数器的一般分析和设计方法。
3）熟悉集成计数器、共阴极七段显示译码/驱动器的功能特点和使用方法。

三、实验仪器
实验仪器见表 8-10。

表 8-10 实验仪器清单

序号	名　称	型号或规格	数　量	备注
1	数字电路实验箱	自定	1	
2	计数器	74LS161	2	
3	译码器	74LS48	2	
4	数码管	共阴极	2	
5	与非门	74LS00	1	

四、实验内容

计数器 74LS161、显示译码器 74LS48 的引脚图如图 8-30 所示。74LS161 的功能表见表 8-11。

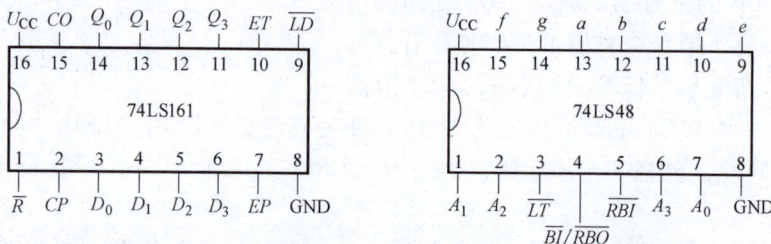

图 8-30　计数器 74LS161 和显示译码器 74LS48 引脚图

表 8-11　74LS161 功能表

输　入									输　出			
CP	$\overline{R}$	EP	ET	$\overline{LD}$	D_3	D_2	D_1	D_0	Q_3	Q_2	Q_1	Q_0
×	0	×	×	×	×	×	×	×	0	0	0	0
×	1	1	0	1	×	×	×	×	禁止计数和进位			
×	1	0	1	1	×	×	×	×	禁止计数			
×	1	0	0	1	×	×	×	×	禁止计数和进位			
↑	1	×	×	0	d_3	d_2	d_1	d_0	d_3	d_2	d_1	d_0
↑	1	1	1	1	×	×	×	×	加计数			

【任务 1】　用 74LS161 构成任意进制计数器

按图 8-31 连接电路，图 8-31a 是利用预置数功能实现的 N 进制计数器，图 8-31b 是利用复位法实现的 N' 进制计数器，输入单次脉冲，观察记录输出 $Q_3Q_2Q_1Q_0$ 的状态，分析它们分别是几进制计数器。

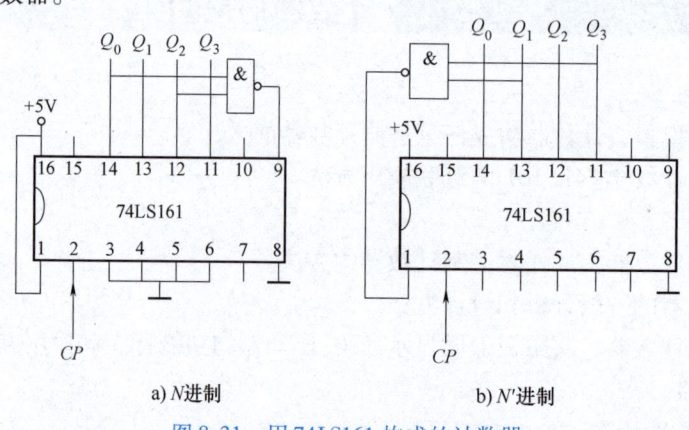

a) N 进制　　　　　　　　b) N' 进制

图 8-31　用 74LS161 构成的计数器

【任务2】 **用两个 74LS161 计数器构成数字秒表**（即六十进制计数器）

实验电路如图 8-32 所示。两个计数器 74LS161 采用预置数功能实现个位十进制、十位六进制计数。

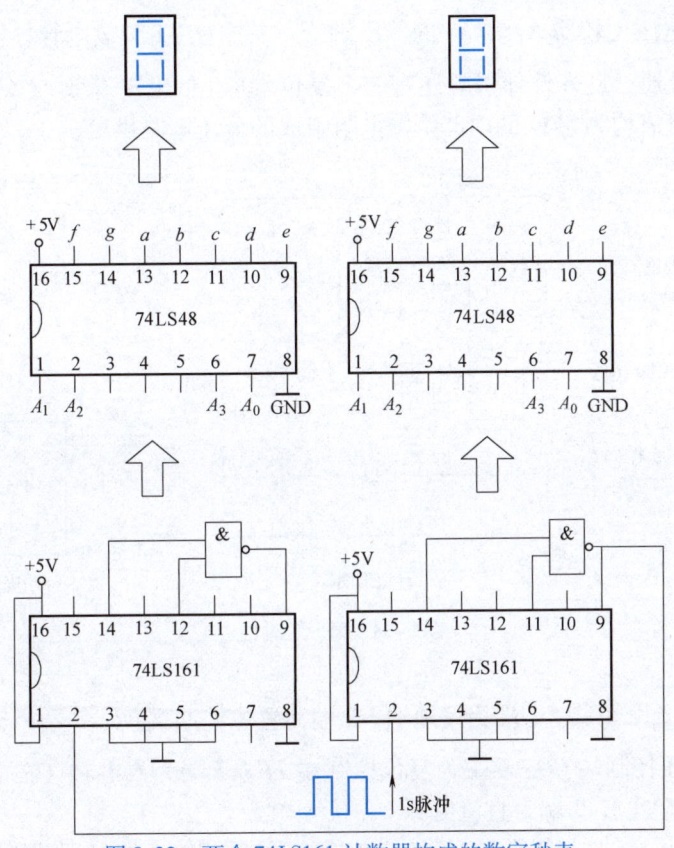

图 8-32 两个 74LS161 计数器构成的数字秒表

计数器级联构成六十进制计数器。将计数器的输出 $Q_3Q_2Q_1Q_0$ 分别送到两个共阴极 BCD 七段显示译码/驱动器的输入端 A_3、A_2、A_1、A_0，再将译码器的输出 a、b、c、d、e、f、g 对应连接到共阴极数码管的输入端，送入周期为 1s 的脉冲信号（俗称秒脉冲），观察记录数码管的显示状况。

五、注意事项

1）注意集成芯片的电源连接，不可将电源和地接反。

2）注意集成芯片的型号。

3）注意所用的集成芯片每个芯片都要接上电源，以保证它们正常工作。

边学边练四　555时基电路

读一读1　555 时基电路的功能

555 时基电路又称 555 定时器，是一种中规模集成电路，只要在外部接上简单的辅助电路，便能构成各种不同用途的脉冲数字电路，它在工业自动控制、定时、仿声、电子乐器及防盗报警等方面都有广泛的应用。

图 8-33 所示为一种典型的 555 定时器原理图。其核心是一个 RS 触发器，触发器的输入 $\overline{R}$、$\overline{S}$ 分别由两个电压比较器 A_1 和 A_2 的输出供给，晶体管 VT 为放电管，当其基极为高电平时，放电管饱和导通。此外外部引脚还有一个复位端 $\overline{R}$（低电平有效）。两个电压比较器的参考电位由三个阻值均为 5kΩ 的内部精密电阻组成的分压电路供给。

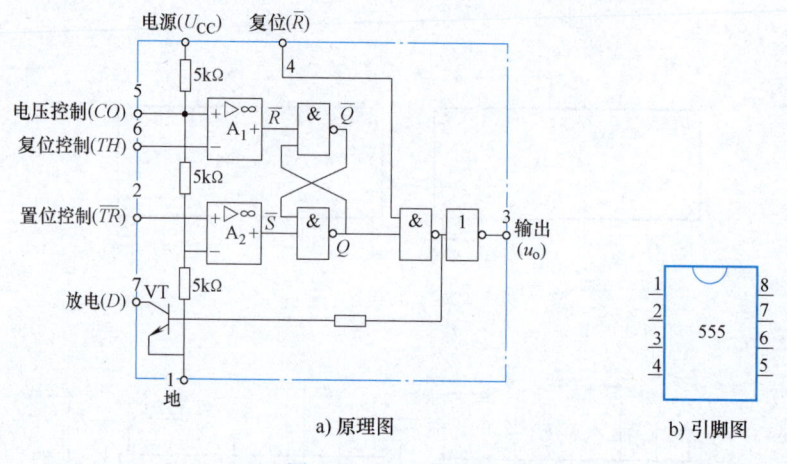

a) 原理图 b) 引脚图

图 8-33 555 定时器

555 定时器有八个引脚：1 端为接地端，2 端为置位控制端 $\overline{TR}$，3 端为输出端，4 端为复位端 $\overline{R}$，5 端为电压控制端 CO，6 端为复位控制端 TH，7 端为放电端（在电路内部，7 端和地之间接有放电管 VT），8 端为直流电源 U_{CC} 接入端。

由原理图可知，当加上电源 U_{CC} 后，比较器 A_1 的同相输入端（即控制端 CO）参考电位为 $2U_{CC}/3$，比较器 A_2 的反相输入端参考电位为 $U_{CC}/3$。

555 时基电路的功能如下：

1）当复位端 $\overline{R}$ 为低电平时，可使触发器直接复位，输出 u_o 为低电平，用 0 表示，同时放电管 VT 导通。当 $\overline{R}$ 不用时，可将该端接高电平。

2）当复位端 $\overline{R}$ 为高电平、置位控制端 $\overline{TR}$ 电位低于 $U_{CC}/3$ 时，A_2 的输出为 0，使 $Q=1$，输出 u_o 为高电平，用 1 表示，同时放电管 VT 截止。

3）当复位端 $\overline{R}$ 为高电平、置位控制端 $\overline{TR}$ 电位高于 $U_{CC}/3$、复位控制端 TH 电位高于 $2U_{CC}/3$ 时，A_2 的输出为 1，A_1 输出为 0，使触发器复位，输出 u_o 为低电平，用 0 表示，同时放电管 VT 导通。

4）当复位端 $\overline{R}$ 为高电平、置位控制端 $\overline{TR}$ 电位高于 $U_{CC}/3$ 而复位控制端 TH 电位低于 $2U_{CC}/3$ 时，A_1 和 A_2 均输出为 1，这时 u_o 状态取决于触发器原来的状态。

5）当在控制电压端 CO 外加控制电压时，可改变比较器 A_1、A_2 的参考电位。当不需要控制时，CO 端一般与地之间接 $0.01\mu F$ 电容，以防干扰的侵入，使控制端电压稳定在 $2U_{CC}/3$ 上。

555 定时器的逻辑功能见表 8-12。

表 8-12 555 定时器的逻辑功能表

输　入			输　出	
复位端$\overline{R}$	置位控制端$\overline{TR}$	复位控制端 TH	输出	放电管 VT
0	×	×	0	导通
1	$< U_{CC}/3$	×	1	截止
1	$> U_{CC}/3$	$> 2U_{CC}/3$	0	导通
1	$> U_{CC}/3$	$< 2U_{CC}/3$	不变	不变

 读一读2　**555 时基电路的应用**

1. 构成施密特触发器

施密特触发器又称为施密特门电路，它同时具有触发器和门电路的特点。它具有两个稳定状态，这点和前面所谈到的触发器相同，但施密特触发器输入电平的变化又可以引起输出状态的变化，这点和门电路类似。

如果把施密特触发器看作门电路，则可看出它和一般的门电路不同，它有两个阈值电压：一个称为正向阈值电压，用 U_{T+} 表示；另一个称为负向阈值电压，用 U_{T-} 表示。当输入信号小于负向阈值电压 U_{T-} 时，输入端相当于低电平；当输入信号高于正向阈值电压 U_{T+} 时，输入端相当于高电平；当输入信号处于负向阈值电压 U_{T-} 和正向阈值电压 U_{T+} 之间时，输入端的状态不影响输出状态，输出状态原来是什么状态，现在就是什么状态，这点和触发器类似。

施密特触发器主要用于把其他不规则的信号转换成矩形脉冲，也可用于滤除信号中的干扰。

图 8-34a 所示电路是 555 定时器构成的施密特反相器，图中，555 定时器的 7 端（放电端 D）悬空，2 端和 6 端并在一起接输入信号 u_i。图 8-34b 中，$U_{T-} = \frac{1}{3}U_{CC}$，$U_{T+} = \frac{2}{3}U_{CC}$。

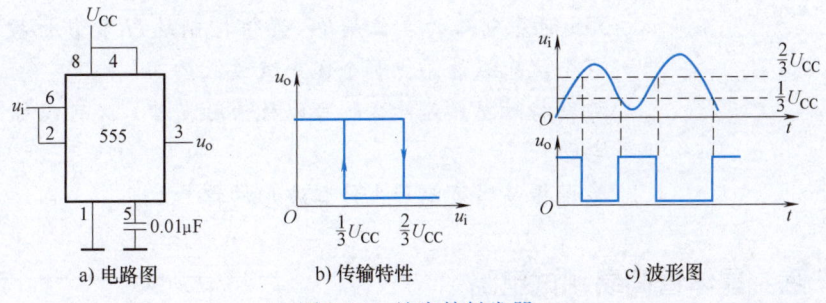

图 8-34 施密特触发器

其工作原理如下：当 $u_i < U_{CC}/3$ 时，u_o 输出高电平；当 $u_i > 2U_{CC}/3$ 时，u_o 输出低电平；当 $U_{CC}/3 < u_i < 2U_{CC}/3$ 时，输出 u_o 保持原来状态不变。可见，这种电路的输出不仅与 u_i 的大小有关，而且与 u_i 的变化方向有关：u_i 由小变大时，$u_i > 2U_{CC}/3$ 时输出状态翻转；u_i 由大变小时，$u_i < U_{CC}/3$ 时输出状态才翻转。其输出对输入的滞后特性如图 8-34b 所示，图 8-34c 为其波形图。

2. 多谐振荡器

多谐振荡器就是矩形脉冲发生器，又叫无稳态电路。多谐振荡器没有稳定状态，只有两个暂稳态，它不需外加触发信号便能产生一系列矩形脉冲，在数字系统中常用作矩形脉冲源。多谐是指电路所产生的矩形脉冲中含有许多谐波的意思。

555 时基电路构成的多谐振荡器如图 8-35a 所示，它是在图 8-34a 所示施密特触发器基础上增加 R_1、R_2 及 C 等定时元件构成的。

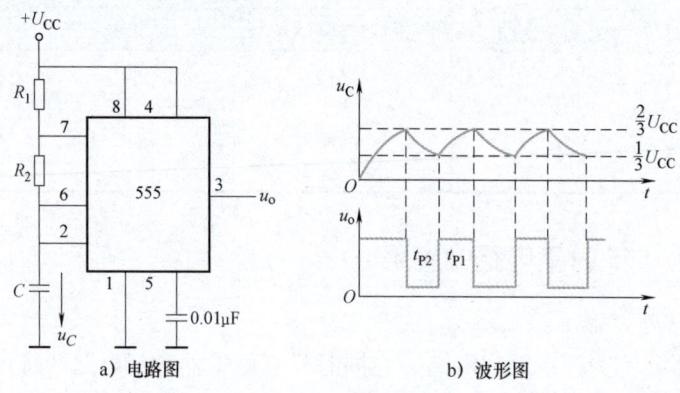

a) 电路图 b) 波形图

图 8-35 多谐振荡器

电源刚接通时，u_C 等于 0，u_o 为高电平，放电管 VT 截止，电源 U_{CC} 经 R_1、R_2 给电容 C 充电，使 u_C 逐渐升高，只要 $u_C < U_{CC}/3$，u_o 就为高电平。当 u_C 上升到超过 $U_{CC}/3$ 时，输出状态保持不变，u_o 仍为高电平。当 u_C 继续上升超过 $2U_{CC}/3$ 时，u_o 翻转为低电平，同时放电管 VT 饱和导通。随后，C 经 R_2 及引脚 7 内部导通的放电管到地放电，u_C 下降。当 u_C 下降到低于 $U_{CC}/3$ 时，输出状态又翻转为高电平，同时放电管截止，电容又再次充电，其电位再次上升。如此循环下去，输出端 u_o 就连续输出矩形脉冲，电路的输出波形如图 8-35b 所示。其振荡周期为

$$T \approx 0.7(R_1 + 2R_2)C$$

议一议　**555 时基电路可以构成什么电路？**

555 时基电路的复位端 $\overline{R}$、置位控制端 $\overline{TR}$ 和复位控制端 TH 中哪个优先级最高，哪个优先级最低？

施密特触发器为什么既可以称为触发器，又可以称为施密特门电路？

多谐振荡器可以产生什么波形的信号？

练一练　晶体管简易测试电路

图 8-36 所示电路是 NPN 型晶体管简易测试电路。该电路中，555 时基电路构成多谐振荡器电路，输出信号频率为

$$f = \frac{1}{0.7 \times (51 \times 10^3 + 2 \times 100 \times 10^3) \times 0.01 \times 10^{-6}} \text{Hz}$$

$$\approx 570 \text{Hz}$$

输出频率属音频范围。

按图 8-36 连接电路，将晶体管的基极接入电

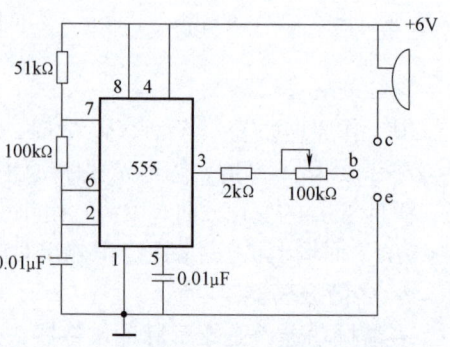

图 8-36 晶体管简易测试电路图

路的 b 点，集电极接入 c 点，发射极接入 e 点，如蜂鸣器发声则该晶体管是好的，否则是坏的，且 β 值越高，声音越响。

分别接入不同的晶体管，根据声音大小判断晶体管 β 值的相对大小，并用万用表测量晶体管的 β 值，进行验证。

 思考题与习题

一、填空题

8-1 时序逻辑电路的输出不仅取决于该时刻的输入，而且取决于（　　　　　）。

8-2 时序电路中的存储电路一般由（　　　　　）构成。

8-3 边沿触发器分为（　　　　）触发和（　　　　）触发两种工作方式。

8-4 触发器有两种稳定状态，分别称为（　　）状态和（　　）状态。

8-5 寄存器可分为（　　　　）寄存器和（　　　　）寄存器。

二、单项选择题

8-6 D 锁存器是指（　　　）。

a）同步 D 触发器　　　　　b）上升沿 D 触发器　　　　c）下降沿 D 触发器

8-7 正边沿触发器的状态只在（　　　）可能改变。

a）CP 由 1 到 0 时　　　　b）CP 等于 1 时　　　　c）CP 由 0 到 1 时

8-8 要组成六进制计数器，最少需要的触发器数目是（　　　）。

a）2 个　　　　　　　　　b）3 个　　　　　　　　c）4 个

8-9 计数器除用于对脉冲计数外，还具有（　　　）功能。

a）分频　　　　　　　　　b）译码　　　　　　　　c）逻辑运算

8-10 触发器中逻辑功能最完善的是（　　　）触发器。

a）RS 触发器　　　　　　b）D 触发器　　　　　　c）JK 触发器

三、综合题

8-11 设同步 RS 触发器初始状态为 0，R、S 端的波形如图 8-37 所示。试画出其输出端 Q、$\overline{Q}$ 的波形。

8-12 电路如图 8-38a 所示，B 端输入的波形如图 8-38b 所示，试画出该电路输出端 G 的波形。设触发器的初态为 0。

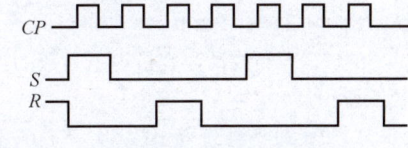

图 8-37 题 8-11 图

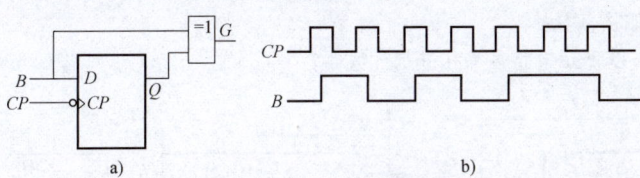

图 8-38 题 8-12 图

8-13 JK 触发器如图 8-39a 所示，波形如图 8-39b 所示，设触发器的初始状态为零，试画出触发器输出端 Q 的波形。

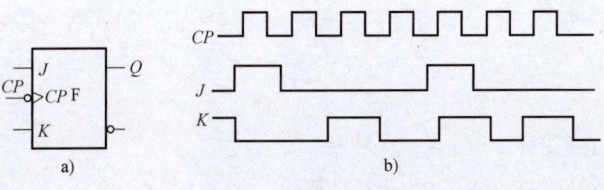

图 8-39 题 8-13 图

8-14 由两个边沿 JK 触发器组成如图 8-40a 所示的电路，若 CP、A 的波形如图 8-40b 所示，试画出 Q_1、Q_2 的波形。设触发器的初始状态均为 0。

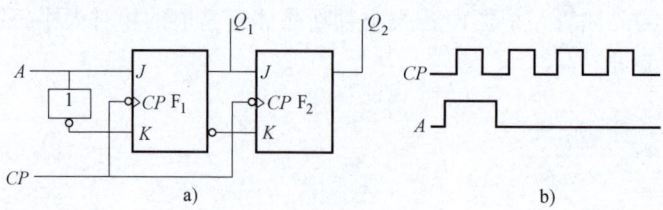

图 8-40 题 8-14 图

8-15 图 8-41a 所示各触发器的 CP 波形如图 8-41b 所示，试画出各触发器输出端 Q 的波形。设各触发器的初态为 0。

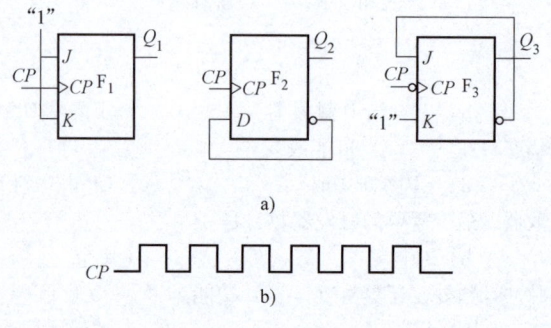

图 8-41 题 8-15 图

8-16 由下列数目的触发器组成二进制加法计数器，能有多少种状态？

1）4 2）8 3）10

8-17 要组成计数容量为下列数的计数器，最少需要多少个触发器？

1）3 2）5 3）7 4）14 5）60

8-18 分析图 8-42 所示电路的逻辑功能，并画出 Q_0、Q_1、Q_2 的波形。设各触发器的初始状态均为 0。

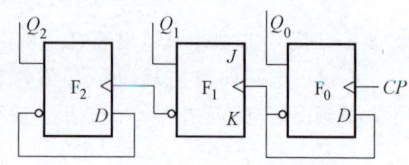

图 8-42 题 8-18 图

8-19 试分析图 8-43 所示电路各为几进制计数器？

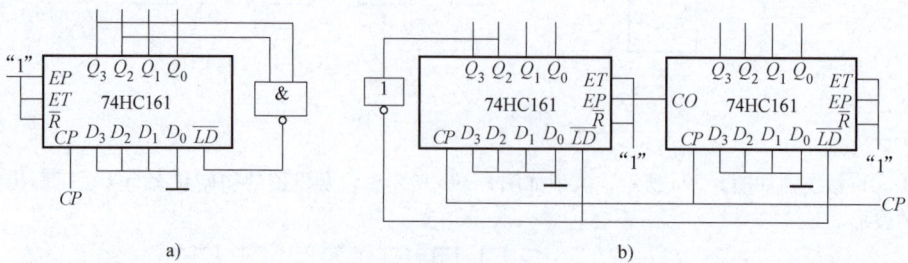

图 8-43 题 8-19 图

8-20 试利用 74HC161 设计一个十进制计数器。

8-21 试利用 74HC161 设计一个二十五进制计数器。

附　　录

附录 A　常用阻容元件的标称值

电阻的标称阻值和云母电容、瓷介电容的标称电容量，符合表中所列标称值（或表列数值乘以 10^n，其中 n 为正整数或负整数）。

E24	E12	E6	E24	E12	E6
允许误差 ±5%	允许误差 ±10%	允许误差 ±20%	允许误差 ±5%	允许误差 ±10%	允许误差 ±20%
1.0	1.0	1.0	3.3	3.3	3.3
1.1			3.6		
1.2	1.2		3.9	3.9	
1.3			4.3		
1.5	1.5	1.5	4.7	4.7	4.7
1.6			5.1		
1.8	1.8		5.6	5.6	
2.0			6.2		
2.2	2.2	2.2	6.8	6.8	6.8
2.4			7.5		
2.7	2.7		8.2	8.2	
3.0			9.1		

电阻器的阻值及精度等级一般用文字或数字印在电阻器上，也可由色点或色环表示。对不表明精度等级的电阻器，一般为 ±20% 的允许误差。

附录 B　国产部分检波与整流二极管的主要参数

型号	最大整流 电流 I_{FM}/mA	最大整流电流时的 正向压降 U_F/V	反向工作峰值电压 U_{RM}/V
2AP1	16		20
2AP2	16		30
2AP3	25		30
2AP4	16	≤1.2	50
2AP5	16		75
2AP6	12		100
2AP7	12		100
2CZ52A			25
2CZ52B			50
2CZ52C			100
			150
2CZ52D			200
	100	≤1.5	250
2CZ52E			300
			350
2CZ52F			400
2CZ52G			500
2CZ52H			600
2CZ55C			100
2CZ55D			200
2CZ55E			300
2CZ55F			400
2CZ55G	1000	≤1	500
2CZ55H			600
2CZ55J			700
2CZ55K			800
			50
2CZ56C			100
2CZ56D			200
2CZ56E	3000	≤0.8	300
2CZ56F			400
2CZ56G			500
2CZ56H			600

附录 C　国产部分硅稳压管的主要参数

型号	稳定电压① U_Z/V	稳定电流① I_{FM}/mA	耗散功率② P_Z/mW	最大稳定电流② I_{ZM}/mA	动态电阻① r_z/Ω
2CW52	3.2 ~ 4.5	10	250	55	≤70
2CW53	4 ~ 5.5	10	250	45	≤50
2CW54	5 ~ 6.5	10	250	38	≤30
2CW55	6 ~ 7.5	10	250	33	≤15
2CW56	7 ~ 8.5	5	250	29	≤15
2CW57	8 ~ 9.5	5	250	26	≤20
2CW58	9 ~ 10.5	5	250	23	≤25
	10 ~ 12	5	250	20	≤30
2CW60	11.5 ~ 14	5	250	18	≤40
	13.5 ~ 17	5	250	15	≤50
2DW230	5.8 ~ 6.6	10	200	30	≤25
2DW231	5.8 ~ 6.6	10	200	30	≤15
2DW232	6.1 ~ 6.5	10	200	30	≤10

① 稳定电压、稳定电流、动态电阻的测试条件是：工作电流等于额定电流。

② 耗散功率、最大稳定电流的测试条件是：-60 ~ +50℃。

注：型号

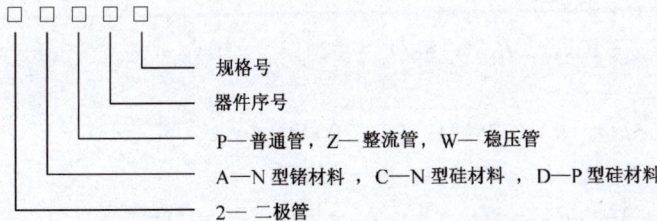

规格号

器件序号

P—普通管，Z—整流管，W—稳压管

A—N 型锗材料 ，C—N 型硅材料，D—P 型硅材料

2— 二极管

附录 D 部分思考题与习题答案

第一章

1-1 (a) $U_{ab}=30V$ (b) $I=0.5A$ (c) $U_{ab}=6V$ (d) $I=0$

1-2 $I=1A$

1-3 $U_{ab}=28V$

1-4 $V_a=15V$, $V_b=13V$, $V_c=3V$, $I=0.5A$

1-5 $U_{ac}=\dfrac{R_1}{R_1+R_2//R_3}U_S$, $U_{cb}=\dfrac{R_2//R_3}{R_1+R_2//R_3}U_S$

1-6 $I_1=\dfrac{R_3}{R_2+R_3}I_S$, $I_2=\dfrac{R_2}{R_2+R_3}I_S$

1-7 (a) $I_S=8A$, $R'_S=5\Omega$ (b) $I_S=2A$, $R'_S=5\Omega$

1-8 (a) 2.67Ω (b) 2.4Ω (c) 0 (d) 1.33Ω (e) 6Ω

1-9 a 1-10 c 1-11 a 1-12 a 1-13 b

1-14 (1) 40W，耗能 (2) −72W，供能

1-15 (1) 24W，耗能 (2) −36W，供能

1-16 $U_1=6V$, $U_2=-1V$, $P=6W$

1-17 $I_1=-2A$, $I_2=4A$；$I_3=1A$, $P=20W$

1-18 $I=5A$, $U=25V$

1-19 (1) $R_{ab}=10k\Omega$, $R_{ao}=15k\Omega$ (2) $V_b=10V$

1-20 $V_a=7V$

1-21 $R_1=22.5k\Omega$, $R_2=475k\Omega$, $R_3=2000k\Omega$

1-22 $R_1=0.2778\Omega$, $R_2=27.5\Omega$, $R_3=250\Omega$

1-23 a) $I_S=2A$, $R'_S=5\Omega$ b) $I_S=7A$, $R'_S=2\Omega$ c) $U_S=20V$, $R_S=4\Omega$
d) $U_S=20V$, $R_S=2\Omega$

1-24 $I=1A$

1-25 $I=4A$

1-26 a) $U_{oc}=U_{abo}=16V$, $R_S=4\Omega$ b) $U_{oc}=U_{abo}=-7V$, $R_S=12\Omega$

1-27 $I=3A$

第二章

2-1 $u=310\sin(314t+30°)V$

2-2 8A；314rad/s；0.02s；50Hz，$-\pi/3$

2-3 $i=10\sin(314t-20°)A$；$u=100\sin(314t+70°)V$；90°；电压；电流

2-4 537V

2-5 $i=8\sin(\omega t+\pi/3)A$

2-6 b 2-7 b 2-8 c   2-9 c 2-10 b

2-11　$220\underline{/0°}\text{V}$；$10\underline{/30°}\text{V}$；$5\underline{/-60°}\text{A}$

2-12　$u_1=220\sqrt{2}\sin(314t+50°)\text{V}$；$u_2=380\sqrt{2}\sin(314t+120°)\text{V}$

2-13　$5.7\sqrt{2}\sin(300t-14.84°)\text{A}$

2-14　$2\sqrt{2}\sin(314t-60°)\text{A}$

2-15　250W；$50\sqrt{2}\sin(314t+\pi/4)\text{V}$

2-16　18Ω；2688.9var；$12.2\sqrt{2}\sin(300t-90°)\text{A}$

2-17　$5\text{k}\Omega$

2-18　$2\sqrt{2}\sin(100t+90°)\text{A}$；$800\text{var}$

2-19　$29\mu\text{F}$

2-20　a）141.4V；b）100V

2-21　$3.7\sqrt{2}\sin(\omega t-60°)\text{A}$

2-22　$5\underline{/53.1°}\Omega$；$44\text{A}$；$5808\text{W}$

2-23　$4.4\underline{/60°}\text{A}$；$110\underline{/60°}\text{V}$；$190.5\underline{/-30°}\text{V}$

2-24　125W；125var；176.8VA

2-25　0.45；78.6var

2-26　2.2A；871.2W

2-27　220V；7.15A

第三章

3-1　铁心；绕组；能量

3-2　电压；电流；阻抗

3-3　瞬时极性；相同

3-4　$S_\text{N}=\dfrac{U_\text{2N}I_\text{2N}}{1000}$；$S_\text{N}=\dfrac{\sqrt{3}\,U_\text{2N}I_\text{2N}}{1000}$

3-5　铜损耗；铁损耗

3-6　b　3-7　a　3-8　b　3-9　a　3-10　c

3-12　（1）不能；（2）烧坏

3-13　烧坏

3-14　$N_{21}=220$ 匝；$N_{22}=72$ 匝

3-15　增大；$N_2'=85$ 匝

3-17　$U_\text{2N}=229.2\text{V}$

第四章

4-1　变极调速；变频调速；改变转差率调速

4-2　转速；调速

4-3　220；380

4-4　转子的转速；同步转速

4-5 不能；能

4-6 b 4-7 a 4-8 c 4-9 c 4-10 a

4-12 $s = 0.0233$

4-13 $I_N = 5.04A$；$s_N = 0.0533$；$T_N = 14.8N \cdot m$

4-14 $\cos\varphi = 0.87$；$T_N = 194.9N \cdot m$；$s = 0.02$

4-15 $T_N = 196.9N \cdot m$；$T_m = 393.8N \cdot m$；$T_{st} = 354.4N \cdot m$

4-16 （1）能 $T_{st} = 65.6N \cdot m$；（2）不能 $T'_{st} = 41.9N \cdot m$

第五章

5-1 单向导电性；最大整流电流；最高反向工作电压；反向电流

5-2 0.1V；0.5V

5-3 交流；直流

5-4 发射；集电

5-5 电流；电流

5-6 相反；相同

5-7 开路，短路，短路

5-8 差动放大；好；大；差模电压放大倍数与共模电压放大倍数

5-9 阻容；变压器；直接；光

5-10 a 5-11 b 5-12 a 5-13 b

5-14 a 5-15 b 5-16 a

5-17 a) 0；b) 6V；c) $-12V$

5-18 13.5V，6.75mA

5-19 89V

5-20 （1）$I_{BQ} = 25.5\mu A$；$I_{CQ} = 2.55mA$；$U_{CEQ} = 4.35V$

　　　（2）$A_u \approx -115.4$；$r_i = 1.3k\Omega$；$r_o \approx 3k\Omega$

5-21 $U_{BQ} = 4V$；$U_{EQ} = 3.3V$；$I_{CQ} \approx I_{EQ} = 1.65mA$；$I_{BQ} \approx 0.033mA$；$U_{CEQ} \approx 10.225V$

5-22 $r_i = 67.6k\Omega$；$r_o = 22\Omega$

5-23 10^5；100dB

5-24 $u_{od} = 10mV$；$u_{oc} = 0.20005mV$

第六章

6-1 直接；输入；中间；输出；差动

6-2 反相，同相；差动

6-3 静态工作点；放大倍数；通频带；非线性失真

6-4 电压；减小；增强；电流；增大；增大；减小

6-5 电压串联；电压并联；电流串联；电流并联

6-6 a 6-7 c 6-8 b 6-9 b 6-10 c

6-11 $-5V$；$-13V$；$+10V$；$+13V$

6-13 -2；$6.67k\Omega$

6-14　$12\text{k}\Omega$；$27\text{k}\Omega$

6-15　-7.5V

6-16　-3V

6-18　图 a　$u_{\text{o}} = -\dfrac{R_{\text{f}}}{R_1}u_{\text{i}}$；图 b　$u_{\text{o}} = \dfrac{R_5}{R_4}\dfrac{R_2}{R_1}u_{\text{i1}} + \left(1 + \dfrac{R_5}{R_4}\right)u_{\text{i2}}$

第七章

7-1　BCD

7-2　与；或；非

7-3　真值表；逻辑函数表达式；逻辑图

7-4　TTL；CMOS

7-5　编码器；译码器

7-6　a　7-7　c　7-8　b、c　7-9　a、c　7-10　b

7-11　$(1011)_2 = (11)_{10}$；$(11010)_2 = (26)_{10}$；$(1110101)_2 = (117)_{10}$；$(110101)_2 = (53)_{10}$；$(10100011)_2 = (163)_{10}$；$(11111111)_2 = (255)_{10}$

7-12　$(10101111)_2 = (\text{AF})_{16}$；$(1001011)_2 = (4\text{B})_{16}$；$(10101001101)_2 = (54\text{D})_{16}$；$(1001110110)_2 = (276)_{16}$

7-13　$(5\text{E})_{16} = (1011110)_2$；$(2\text{D}4)_{16} = (1011010100)_2$；$(47)_{16} = (1000111)_2$；$(6\text{CA})_{16} = (11011001010)_2$；$(\text{F}0)_{16} = (11110000)_2$

7-14　1）010、100、101、110；2）011、101、110、111；3）010、100、101

7-15　$Y = A\bar{B} + B\bar{C}$；$Y = \overline{\overline{AB} \cdot \overline{BC} \cdot \overline{AC}}$

7-18　图 a、b、d、e、g 是正确的

7-19　1000；1000；0001；1111

第八章

8-1　输入信号作用前的输出状态

8-2　触发器

8-3　上升沿（正边沿）、下降沿（负边沿）

8-4　1、0

8-5　数码、移位

8-6　a　8-7　c　8-8　b　8-9　a　8-10　c

8-16　16；256；1024

8-17　2；3；3；4；6

8-19　13；65

参 考 文 献

[1] 申凤琴. 电工电子技术及应用 [M]. 3版. 北京：机械工业出版社，2016.

[2] 田培成，沈任元，吴勇. 数字电子技术基础 [M]. 3版. 北京：机械工业出版社，2015.

[3] 田培成，沈任元，吴勇. 模拟电子技术基础 [M]. 3版. 北京：机械工业出版社，2015.

[4] 宋耀华，张怡典. 电工电子技术 [M]. 2版. 北京：机械工业出版社，2022.

[5] 黄文娟，陈亮. 电工电子技术项目教程 [M]. 2版. 北京：机械工业出版社，2019.

[6] 于建华. 电工电子技术基础 [M]. 2版. 北京：人民邮电出版社，2011.